MANUAL OF SECTION

단면의 정석

옮긴이 **남수현**

명지대학교 건축대학 부교수.
서울대학교 건축학과 학사(B.S.), 석사(M.S.), 예일건축대학(M.Arch, Yale School of Architecture)를 졸업하였고 건축사이다. 이로재에서 실무경험을 쌓고, 뉴욕 Gruzen Samton Architects에서 건축설계 후 귀국, HAUS2, 온고당에서 소장을 역임하였다. 건축작업으로 A-house, 더원빌딩, Y-house, 푸르니빌딩 등이 있으며 근대건축가의 합리성에 대해 연구를 하였다.
저서로 HOUSE CONTENTS (공저, 2009), MEDIUMNESS (중형성, 2012),
역서로 인터랙티브 건축공간 (2010), 르 꼬르뷔제 200분의 1 (2012), 설계와 주거공간의 기초 (2012), 크로스오버 (2015) 등이 있다.

단면의 정석
초판 1쇄 2017년 1월 20일
초판 2쇄 2017년 7월 5일
초판 3쇄 2020년 3월 20일
초판 4쇄 2022년 10월 5일

저자 : Paul Lewis, Marc Tsurumaki, David J. Lewis
역자 : 남수현
발행인 : 김기현
발행처 : 시공문화사(Spacetime)
출판등록: 1993년 3월 12일
주소: 서울시 서대문구 독립문공원길 13 (03733) 극동프라자 5층
전화: 02) 3147-1212
팩스: 02) 3147-2626

http://www.spacetime.co.kr / mail: spacetime@korea.com

ISBN: 978-89-5592-372-8
정가: 20,000원

MANUAL OF SECTION
단면의 정석

PAUL LEWIS, MARC TSURUMAKI, DAVID J. LEWIS
남수현 옮김

Spacetime Pub.

ESSAYS

SECTIONS

APPENDIX

단면-수직 절개

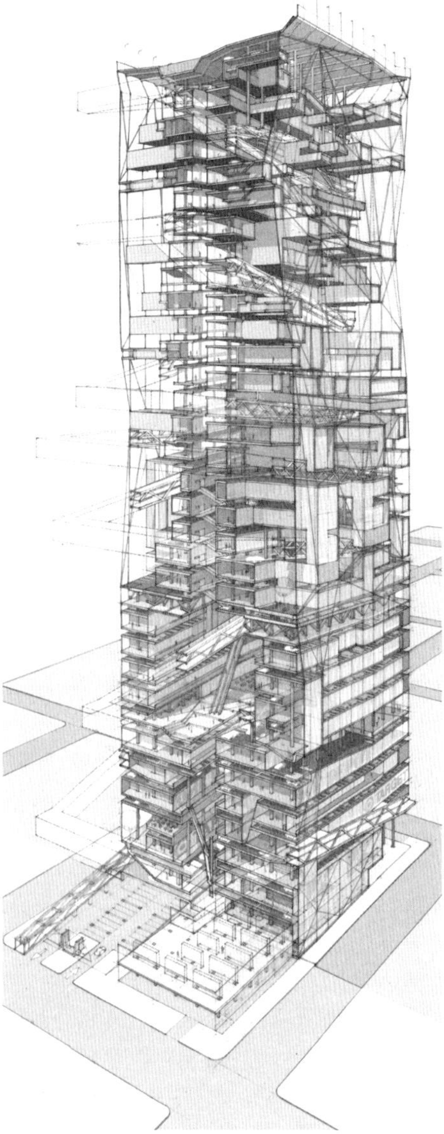

LTL Architects, Park Tower, 2004

서문

이 책은 단면이 건축 계획design과 실무에서 수행하는 복잡하고 중요한 역할을 이해할 수 있는 방법을 제시한다. 단면에 대한 토론과 논의는 건축연구와 실무에서 흔히 나타난다. 하지만, 단면을 평가하거나 결정하기 위한 공유된 틀shared framework은 어디에도 없다. 단면의 종류에는 어떤 유형이 있으며, 이들은 어떤 역할을 수행하는가? 이러한 단면은 어떻게 계획될 수 있는가? 왜 하나의 단면 구성을 다른 구성 대신 선택하는가? 이 책은 이러한 질문들을 탐구하고, 건축을 창조할 수 있는 수단으로서의 단면을 이해하기 위한 개념서로서, 자료로서, 그리고 수단으로의 틀을 제공한다.

우리의 작업은 건축 단면이 건축 기술 혁신의 핵심 요소라는 믿음에 의해 시작되었다. 21세기의 건축이 당면한 환경적, 물질적 과제를 고려할 때, 단면은 구조, 열에너지 및 기능적인 힘이 교차하는 곳으로, 창의적으로 상상하기 위한 풍부하면서도 아직 완전히 탐구되지 않은 기회를 제공한다. 더욱이, 단면은 공간, 형태, 자재(재료)가 인간의 경험과 교차하는 장소로, 건축물과 컨텍스트 사이의 상호 작용뿐만 아니라, 사람과 건물 사이의 관계를 명확히 규명할 수 있는 수단이다.

전문가와 교육자로서, 우리는 단면을 표현의 방식으로, 또한 공간과 재료 발명의 투영 도구로 생각할 수 있다. 우리는 이 책을 건축의 단면 탐사를 향한 대화의 공유기반을 제공하면서, 탐험적이고 실험적인 건축과의 담론적 기반을 확립하기 위한 명확한 체험적heuristic 구조로서 제공한다. 책은 새롭게 제작된 의미 있는 63개의 빌딩의 단면으로 구성되어 있고 7개의 유형으로 구별되어, 학생들과 건축가들 그리고 일반 독자들에게 단면의 새로운 발전을 위한 토대를 제공할 것이다.

단면이란 무엇인가?

이 글은 '단면이란 무엇인가?' 라는 일견 명백한 질문으로 시작한다. 그 의미를 건축 도면 측면에서 살펴보자면, 단면의 의미는 건축물의 본체(몸체)를 통과하는 수평선에 수직인 절개(cut)로 정의된다. 단면 드로잉은 일반적으로 물체 또는 건축물을 중요한 축을 따라 횡단하는 수직 컷vertical cut을 보여 준다. 단면에서는 일반적으로 볼 수 없는 물체의 모습view을 제공하며, 내부와 외부의 윤곽profile, 실내 공간, 재료, 멤브레인 또는 외부와 내부를 구분하는 벽을 동시에 보여준다. 이 표현 기법은 다양한 형태와 그래픽 기교를 사용하게 되는데, 이런 기법들은 건축지식의 어느 특정 부분을 강조하기 위해서 만들어 졌다. 형태의 윤곽을 강조하기 위해 벽을 단색으로 채우거나solid fill, 포세기법poche을 쓰는 건물의 단면에서부터, 선 종류 및 그래픽 규칙을 통해 자재를 그림으로 보여주고, 시공의 디테일을 표현에 이르기까지 그 테크닉은 다양하다. 정사영(正射影) 투영 단면orthographic section에서, 실내는 내부입면으로 그려지고, 반면 단면투시도 section with perspective에서 건축 내부는, 원근 투영 기법을 적용하여 공간을 심층적으로 묘사한다.

단면은 보이지 않는 것을 보이게 하는 시각화 과정이기 때문에, 사진이나 렌더링을 통해 건축을 이해할 수 있는 일반적인 방식보다 추상적이다. 단면은 독특한 형태의 지식을 제공하는데, 그 표현방식에 의해 이미지만이 아닌 성능performance으로, 단순한 건축의 표면이 아닌 축조tectonic 논리를 포함하는 재료와 구조물의 교차intersection가 강조되는 독특한 형태의 지식을 제공한다. 동시에, 단면은 경험과 건축 공간 사이에서 발생하는 여러 측면들 간의 교류를 보여주어, 평면에서는 느낄 수 없는 스케일과 비율, 시야와 전망sight and view, 질감과 거리touch and reach의 관계망intersection을 명확히 보여 준다. 단면에서는, 벽과 내부 입면이 동시에 표현되어 구조와 장식, 외피와 실내의 관계가 드러나 검토 및 탐사를 가능하게 한다.

평면과 단면은 유사한 재현적 규약에 기초해서 중요한 비교 및 대비가 가능하다. 이 둘은 모두 건물을 실제로 보아서는 알 수 없는, 건물의 매스mass와 공간 사이의 관계를 묘사한다. 평면은 건물의 수평면을 자르고, 단면은 수직면으로 자른다. 평면의 수평적 절개cut는 바닥이 아닌 벽을 주로 통과한다. 반면에, 단면은 벽과 바닥을 모두 가로지르는 절개를 보여주며, 직립한인간과 관련해 건물의 규모와 크기를 측정할 수 있다. 평면은 디자인을 매개하는 도면매체로 여겨지는 반면, 단면은 평면의 효과effects가 반영되어 구조 및 인클로저enclosure로 나타나는 도면으로 여겨진다. 평면 유형은 주로 공간적 차이에 의해서 구분된다면, 단면 유형은 대개 절개의 규모에 의해 구분되어 대지 단면site sections, 건물 단면building sections, 벽 단면wall sections, 세부 단면detail sections 등으로 나누어진다. 벽 단면과 세부 단면에서는 기술적인 문제들이 우선시 되어 라인, 해치hatch, 톤 등의 그래픽 규칙을 사용하여 재료 시스템과 구법tectonics을 논한다. 대지 단면에서는 건축물의 전반적 형태massing와 주변 환경과의 관계가 강조되고, 내부 공간에 대한 관심은 크지 않다. 그러나 건물 단면에서는 상당히 많은 이슈들이 동시에 다루어져, 형태적formal, 사회적, 조직적, 정치적, 공간적, 구조적, 열에너지적 및 기술적 요소 등을 모두 고려하게 된다.

단면의 현대적인 담론

단면의 역할은 재현적인 표현기술에 국한되지 않는다. 오늘날 단면은 건축설계를 설명illustrate하고, 시험하고, 그리고 탐구하기 위해 사용된다. 단면은 건물의 구조와 골조와 지붕 사이의 둘러싸인 모든 공간의 상호 작용을 조명한다. 단면의 측면으로 얼마나 바람의 하중이 부가되는지, 구조의 중력 부하가 어떻게 수직적으로 내려 땅에 닿는지 보여준다. 이러한 하중을 창의적으로 수용하기 위해 필요한 재료 연구와 공간적 혁신은 건축단면을 통해 가장 잘 살펴볼 수 있다.

에너지와 생태학의 이슈들이 건축 설계에서 점점 더 중요해져 감에 따라, 단면은 좀 더 두드러진 역할을 맡게 될 것이다. 열에너지 운동은 단면에서 가장 잘 드러난다. 차가운 공기는 무거워 내려앉고 뜨거운 공기는 상승한다. 해는 지평선 위로 떠서 다시 진다. 공간의 수직적인 조정calibration은 환경 성능을 고려한 건축물을 창조하고 발전invent시키게 할 것이다. 건축가는 최적의 태양 복사열을 받아들이기 위해 돌출부overhang와 개구부aperture

Revealing Cuts

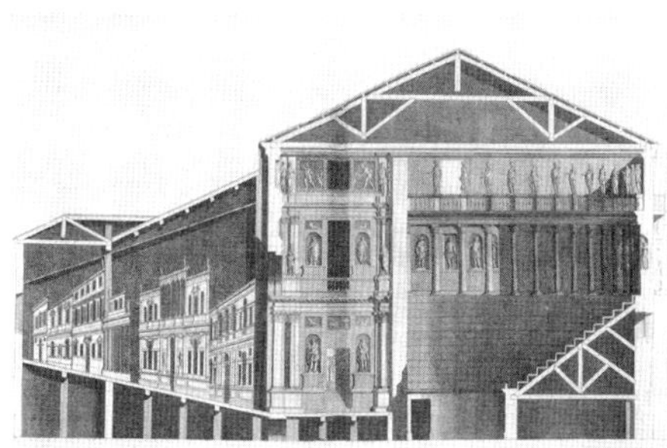

Ottavio Bertotti Scamozzi after Andrea Palladio, Teatro Olimpico, 1796

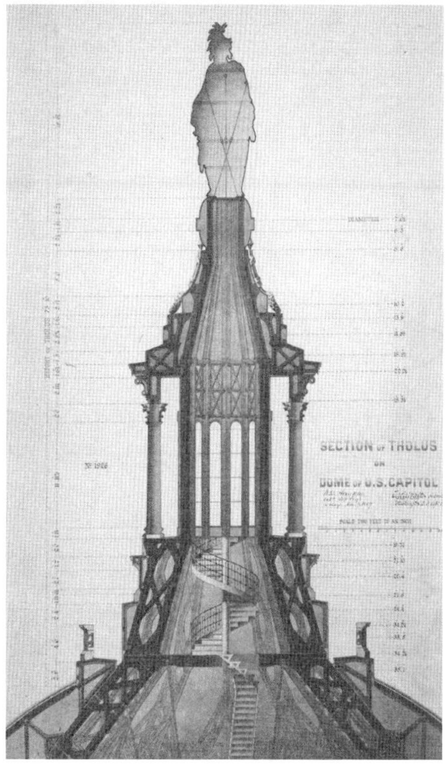

Thomas Ustick Walter, US Capitol Dome, 1859

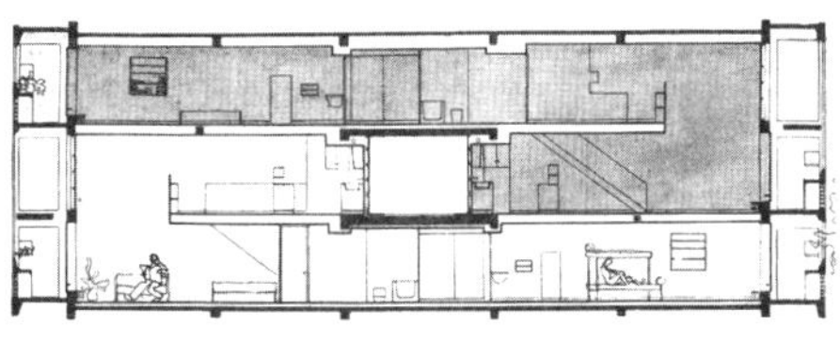

Le Corbusier, Unité d'Habitation, 1952

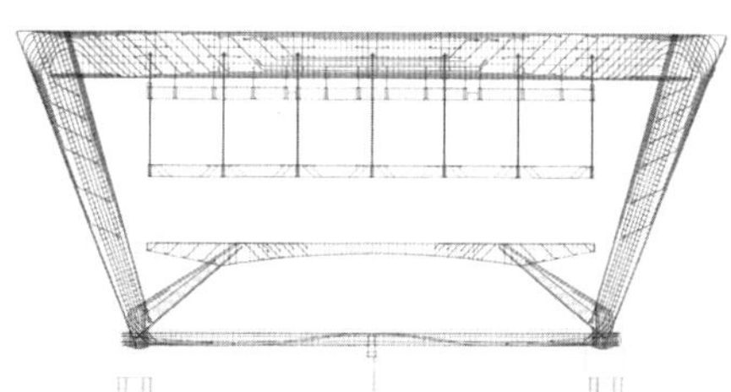

Affonso Eduardo Reidy, Museum for Modern Art, 1967

Thermal Sections

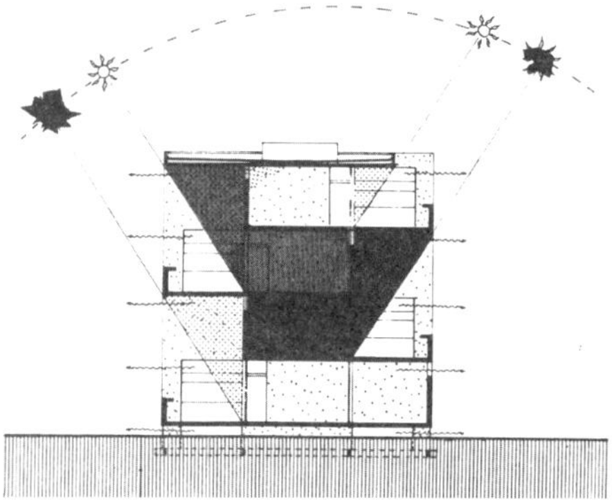

Candilis Josic Woods, Shading Diagram, 1968

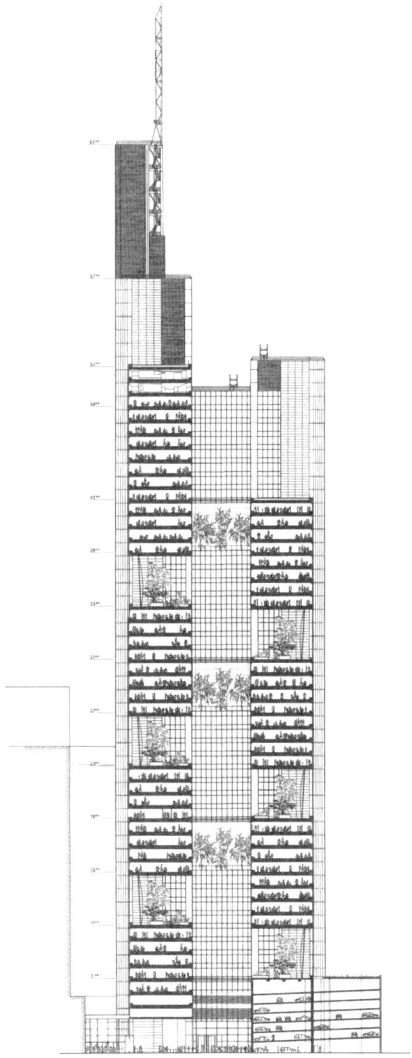

Foster + Partners, Commerzbank Headquarters, 1997

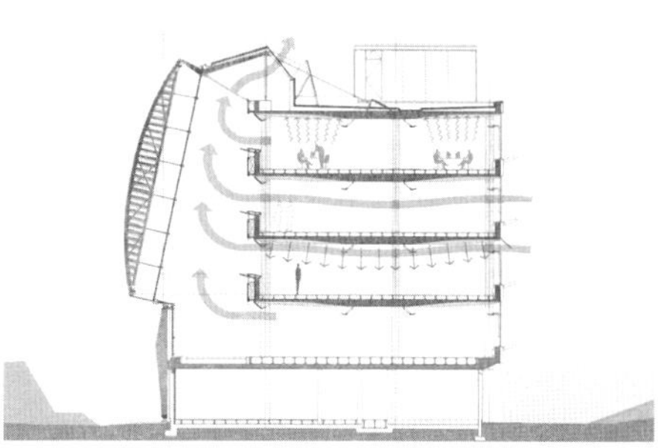

Bucholz McEvoy Architects, Limerick County Council, 2003

를 보정해야 한다. 내부는 최적의 공기 이동을 유도하도록 구성되어야 한다. 지붕의 각도는 태양열 집열판의 효율성을 고려해 설정되어야 하며, 벽두께는 단열 계산에 의해 결정되어야 한다. 이외에도 고려요소는 많다. 친환경 인증 기준을 충족하고자 건축가와 엔지니어는 열 성능 유지를 위한 규범을 따랐다는 것을 단면 도면에 열역학에서 쓰이는 힘을 표현하는 화살표를 그려 증명한다. 열 효율에 대한 강조는 단면의 가능성을 드러내고 있지만, 이는 역설적으로 단면 기술 혁신을 단지 기능적 요구에만 국한시킴으로써 단면의 공간적 및 경험적 잠재력을 제한하게 된다.

그러나, 구조 설계 및 열 성능을 최적화하기 위한 핵심 방법으로서의 단면의 중요성에도 불구하고, 단면에 관한 심도 있는 비평적 태도나 담론은 여전히 부족한 부분relative paucity이 있다. 평면의 역사와 그 영향에 대해서는 충분히 논의가 있었던 반면, 역사를 통틀어 단면에 대한 역사나, 발전, 혹은 건축 실무 속 단면의 중요성에 대한 논의가 된 책은 지금까지 단 한 권도 없다. 25년여 전에 쓰여진 단면에 관한 몇 편의 에세이만이 지금까지도 자주 인용되고 있을 뿐이다; 불프강 로츠Wolfgang Lotz's의 '르네상스 건축 도면의 인테리어 렌더링'[1] 자끄 기레르메Jacques Guillerme와 엘렌 베린Hélène Vérin의 '단면의 고고학'[2]이 그것인데, 흥미롭게도 이들 에세이들 모두 건축 단면 자체를 묘사하거나 전파cultivate하는 것 이상의 숨은 의도를 가지고 있다.

이러한 무관심은 단면이 차지하는 애매한 위치에서 비롯되었다고 볼 수 있다. 단면은 건축 형태의 탐구를 위한 중요한 도구가 아니라, 흔히 건축 설계 단계의 마지막 과정에서 생산되는 환원주의적인 도면 타입으로, 구조와 물질적인 조건을 시공하기 위해 그리는 것이라고 여겨진다. 우리는 단면의 재현적 특성에 관심이 있지만 단면의 의미가 그것만이 전부는 아니며, 단면을 통해 생각하고 디자인을 할 수 있고, 단면을 새로운 생각invention을 위한 중요한 도구로서 인지한다.

단면에 대한 발견적 구조

단면의 의미 있고 접근 가능한 논의를 위한 최초의 과제는 참조할 만한 공유 프레임을 제공하는 언어가 없다는 것이다. 이 공극을 해결하기 위해 다음과 같은 7가지 단면 유형에 기초한 분류 체계를 고안해 내었다: 압출, 적층, 전단, 형상, 관통, 경사 및 중첩이 그것이다. 대부분의 단면에서 보이는 관계는 이 중 하나의 범주 또는 몇 개의 조합을 통해 설명될 수 있다. 이러한 유형은 명확한 인지를 돕기 위해 의도적으로 환원적reductive이다. 단면들은 대부분 하나의 유형만을 적용해 순수하게 만들어지기가 쉽지 않다. 사실 자세히 살펴보면, 어떤 프로젝트도 한 가지의 유형만을 완벽하게 보여주고 있지는 않으며, 두 가지 이상의 측면을 지니고 있다. 그러나 한 단면에서 하나의 지배적인 유형이 있는 경우에는, 그 유형으로 간주하였다.

우리의 목적은 이러한 유형들이 새로운 종류의 이상주의적인 유형이 되어 이들만을 추구하여야 한다는 것이 아니다. 건물의 단면이 이러한 형식 중 하나에 포함된다는 사실이 특정한 의미나 중요성을 자동으로 의미하지는 않는다. 오히려, 건축의 잠재성을 존중하기 위해, 우리는 재료, 문화, 자연적 시스템의 교차점에 대한 단면에 대해 담론을 만들기 위한 탐구적인 틀로서 이들을 제시한다. 우리의 목표는 어떤 단면 유형 또는 유형의 조합이 어떻게 사용되며 이 이해가 건축의 규범discipline에 도움이 될 수 있는지에 대해 더 깊게 고민하는 것이다. 우리가 주장하는 바는, 각 단면의 유형은, 자신이 내포한 특별한 가능성distinct capacity들이 있으며, 이런 가능성에는 공간을 분리해 열 성능을 향상한다든지, 공간 위계의 확립, 또는 외부와 내부와의 상호 작용의 강화 등을 포함한다.

다음의 용어와 정의는 다음 장에서 더욱 자세히 설명될 예정이지만 간단히 묘사하면 다음과 같다:

extrusion 압출(壓出) (밀어올리기) : 계획된 평면을 수직으로 올려 계획된 용도를 위해 충분한 높이로 만듦.

stack 적층(積層) (쌓기) : 층 위에 층을 직접적으로 겹쳐 놓은 것; 변주variation의 경우도 있는 단면의 압출

Shape 형상 (形象) (모양 만들기) : 건축물의 1개 혹은 그 이상의 기본 바닥 표면을 변형하여 공간을 조각sculpt함.

Shear 전단(剪斷) (찢기) : 단면적 차이를 만들기 위한 건물의 수평 또는 수직 축으로 하나의 절단 또는 균열의 사용

Hole 관통(貫通) (뚫기) : 슬래브를 관통한 다양한 크기와 개수의 침투, 단면에서 손실된 바닥 면적은 단면의 이점으로 환원.

Incline 경사(傾斜) (기울이기) : 활용 가능한 평면을 기울이는 조정 방식으로, 단면에서 평면이 기울어지게 됨.

Nest 중첩(重疊) (포개기) : 인지되는legible 볼륨의 상호 작용 또는 중복 겹침을 통해 단면적 결과를 생성

63개의 1점 투시법one-point-perspective을 적용한 단면 드로잉은 이 책의 가장 중요한 내용이다. 이 프로젝트들의 선정기준은 더 많은 연구, 개발, 그리고 조사를 통해 단면의 영역에 대한 다양한 접근법을 제시할 수 있는 가능성이 있는 건축물이었다. 일련의 건축물들은 명확하고 예시적으로 단면 유형 중 하나를 보여 준다. 다른 프로젝트들은 하나의 유형을 썼을 때 생기는 한계를 넘기 위해 두 개 이상의 유형을 포함하는 복잡하고 창의적인 접근법을 보여 준다.

모든 프로젝트는 20세기 초 또는 그 이후의 건축물인데, 이 시기는 건축분야에 표준화되고 산업화된 방식의 확산과 맞물려 있다. 이러한 방식은 반복적으로 적층되는 단면을 일반화시켜, 단면이 연구investigation 및 창의invention의 대상이 되었다. 우리는 단면의 구축적tectonic 논리를 보여 주기 위한 충분한 증거가 있는지 확인하고, 단면의 복잡성으로 인해서 시공이 불가하지 않다는 것을 입증하기 위해 오직 완공된 프로젝트만을 포함하였다.

기존의 많은 출판물들이 이 63개의 프로젝트들을 분석하고 평가하고 있지만, 대부분은 각각의 프로젝트를 불연속이면서 쉽게 이해할 수 있는 부분으로 분리해 묘사하고 있다. 이러한 환원적reductive 접근법은 건물의 복잡성을 각각 분리된 개념으로 유형화 시키면 쉽게 이해될 수 있다고 보는 입장에

Section Perspectives

Charles de Wailly, Comédie-Française, 1770

Jacques-Germain Soufflot, Pantheon, drawing by Alexandre-Théodore Brongniart, ca. 1796

Henry Bessemer, saloon steamer, 1874

Louis-Auguste Boileau, system of interlocking arches, drawn by Tiburce-Sylvain Royol, ca. 1886

McKim, Mead & White, Interborough Rapid Transit Powerhouse, 1904

Jacques Hermant, Société Générale, 1912

Paul Rudolph, Yale Art and Architecture Building, 1963

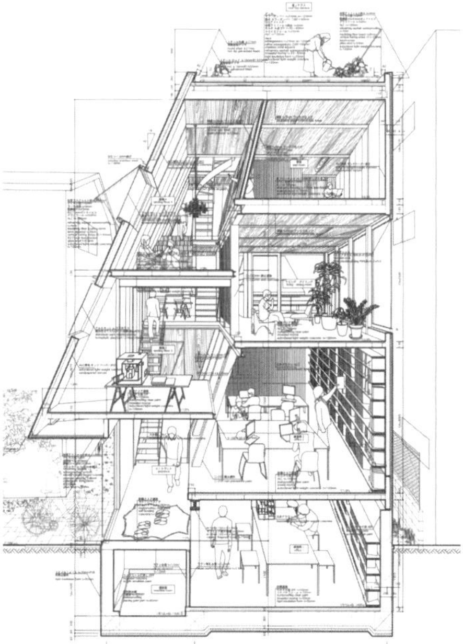

Atelier Bow-Wow, Bow-Wow House, 2005

기초한다. 그러나 우리의 접근 방식은 정반대이다. 우리는 건축을 매력 있게 만드는 얽혀 있는 복잡한 이슈들의 다양함range을 한꺼번에 보여 주기 위해 단 하나의 자세한 도면을 제시한다. 단면 투시도는 객관적인 시각적 정보를 전달하는 전통 단면과 주관적 시각의 투시도를 의도적으로 결합한다. 이를 통해, 이 책을 위해 제작된 도면들은 건축물의 객관적 사실과 증거를 기술하면서 동시에 독자들에게 풍부한 공간적 경험을 전달할 것이다. 도면들은 추상적이면서도 실감나고immersive, 분석적이면서도 설명적이다. 도면들은 에콜 데 보자르École des Beaux-Arts의 정교한 그림, 산업시대의 분석적이고 기술적인 드로잉the analytical, technical drawings of the industrial era, 폴 루돌프의 스펙터클한 선드로잉Paul Rudolph's line rendering of complex spectacles, 그리고 아틀리에 바우와우Atelier Bow-Wow의 인테리어의 행위 요소를 포함한 상세한 건축 도면의 하이브리드식 단면과 같은 다양한 출처를 아우르는 표현 기법이 사용된다.

균일한 시점의 단면 투시도를 통해 각 프로젝트를 표현하는 것은, 다른 프로젝트와의 비교를 가능하게 한다. 각각의 도면을 작성하기 위해, 우리는 디지털 모델을 만들고, 경사면이나 투시도가 아닌 페이지의 방향에 맞는 단면을 작성했다. 그 다음 우리는 투시도 렌즈를 조절하여 내부 또는 외부 표면을 볼 수 있도록 하나의 소실점을 설정하여, 프로젝트를 구성하는 평면과 수직면 사이의 시각적인 관련성correspondence을 극대화 하였다. 각 모델에서, 우리는 2차원의 라인 도면을 만든 후, 벡터 라인 프로그램으로 수정하고 발전시켰다.

완성된 도면은 단면 도면의 규준을 따르는 데, 예를 들어 견고한 표면의 가장 자리를 구분하고, 요소 뒤에 공간이 떨어져 있는 경우 가장 두꺼운 선으로 표시하고, 얇은 선들은 2차적인 재료의 분리나 단면 뒤로 보이는 디테일을 보이는 데 쓰였다. 이러한 도면들은 고고학적 유물의 그림에서 건물이 붕괴되어 단면이 실제로 보이는 상황과는 다르다. 완성된 건축물을 직접 잘라 볼 수 없기 때문에, 우리의 재현representation은 건물의 정확한 평가를 위해 다른 도면과 이미지에 의존할 수밖에 없다. 참고의 대상인 이 도면들은 시공 전에 그려지는 경우가 빈번하여, 역사적 정확성과 지식구축construction of knowledge에 대한 의문을 제기한다. 이 책의 작업은 사진, 도면, 묘사, 그리고 가능하면 실제 시공도면을 참고하고 있으며, 건축사사무소에서 직접 입수한 디지털 파일에 기초하고 있다. 이 책의 도면은 주어진 자료에 기초해 가능한 정확하게 표현하고 있지만, 단면이 재현수단의 목적을 내포하고 있는 한계에 의해 절대적인 정밀도를 가지는 것은 불가능하다.

63개의 단면 투시도 외에도, 우리는 역사적으로 중요하거나, 또는 매력적인compelling 단면 도면들을 선정하였다. 이 책의 에세이와 함께 실리는 이 단면 이미지들은, 단면을 사용해 건축 형태를 보여주고 만들 수 있는 다양한 가능성을 보여주기 위해 지어지지 않은 프로젝트를 포함하고 있다. LTL Architects 건축 사무실에서 단면의 생성을 위한 도구로서 쓰인 예시를 마지막에 실어 63개의 프로젝트를 보완한다. 이 작업들은 부차적으로 단면과 투시도를 결합시킬 때 단면 자체를 투시도 형식으로 재현하는 방식을 소개하고, 또한 단면이 공간과 프로그램의 상호작용을 위한 도구로서 쓰이는 실험적인 프로젝트를 소개한다.

단면의 유형과 성능

압출, 적층, 전단, 형상, 관통, 경사 및 중첩은 단면에서 사용가능한 독립된 기본적primary 방법들이다. 명확성을 기하기 위해, 이들은 별도의 양식으로 묘사되지만 이들이 실제 건축물에서 따로 적용되는 경우는 드물다. 복잡하고 섬세한 단면을 보이는 건축물들은 다양한 종류의 조합을 포함하고 있다. 그럼에도 불구하고, 이러한 유형의 구별은 건축적으로 단면이 어떻게 생성되는지를 명확히 하고 그 효과를 극대화하는 방법을 이해하는 데 도움을 준다.

Extrusion Sections

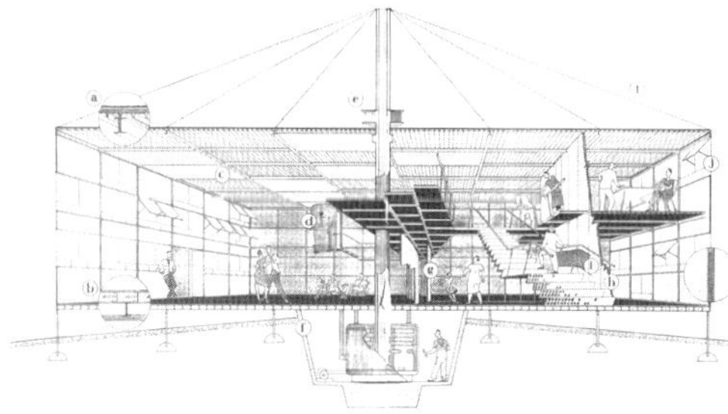

Ralph Rapson and Eero Saarinen, Demountable Space, 1942

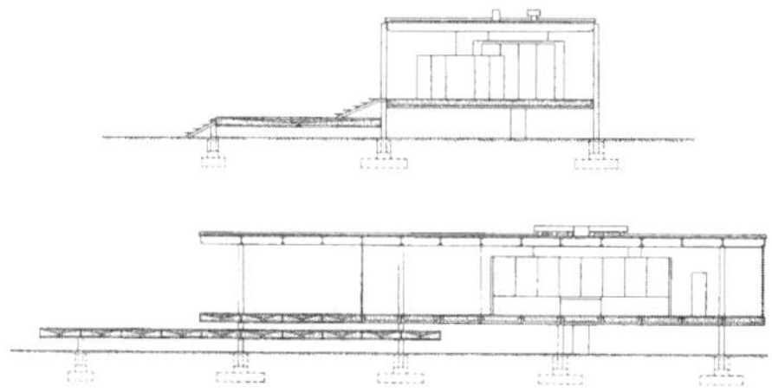

Ludwig Mies van der Rohe, Farnsworth House, 1951

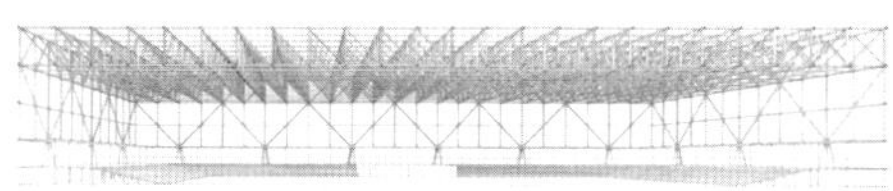

Ludwig Mies van der Rohe, Chicago Convention Center, 1954

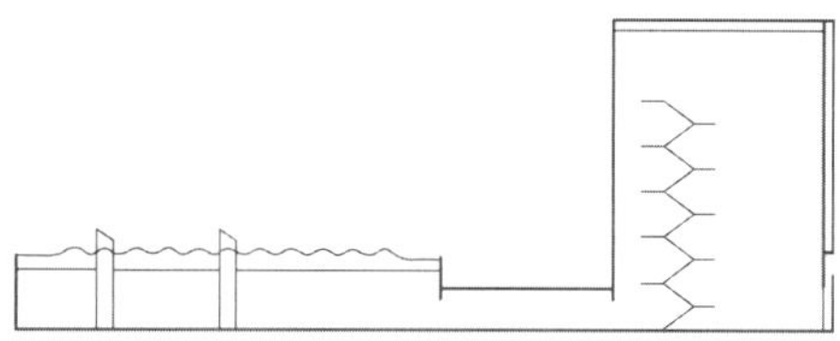

Arne Jacobsen, National Bank of Denmark, 1978

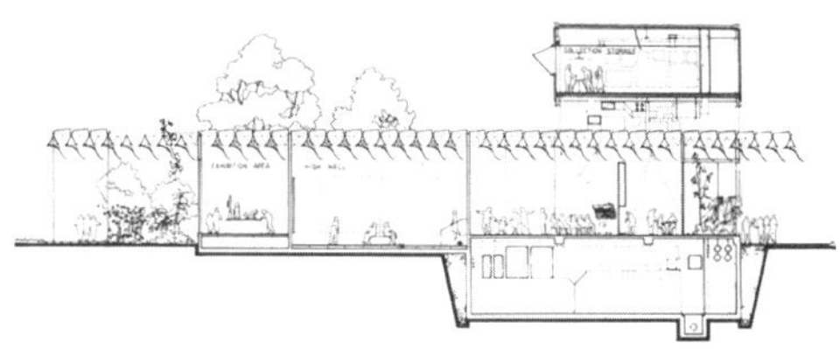

Renzo Piano, the Menil Collection museum, 1986

압출

계획된 활동에 충분한 높이까지 수직으로 밀어내는 평면의 압출은 가장 기본적인 단면의 형태이다. 압출 단면은 수직축으로 변화가 거의 없다. 단층의 오피스 빌딩, 소매상점, 대형상업공간, 공장, 주택 등을 포함한 대다수의 건물들은 이 효율적 단면에 기초하고 있다. 일반적으로 평평한 콘크리트 슬래브와 곧은 강철 또는 목재 프레임으로 만들어지는 이 건축유형은, 전체적인 건물 용적에 비해 사용 가능한 최대 면적을 생성한다. 더욱 복잡한 단면의 정교함은 이 효율을 위한 단면에서는 용납되지 않는다. 좀 더 복잡한 단면은 결과적으로 면적을 줄여 부동산의 가치를 떨어뜨리는 결과를 가져오기때문이다. 압출 단면은 대개 평면을 통해 구성이 되며, 여기에 입면은 큰 영향을 끼치지 못한다. 이 유형의 단면은 다른 단면의 발전 또는 유형의 단면을 이해할 수 있는 기본적 기반이 된다. 이러한 유형의 단면은 특별한 특징이 없지만, 효율성을 전제로 한 이 모델의 특징과 달리 높이가 변하면, 밀실 공포증claustrophobia이나 광장공포증agoraphobia을 포함한 흥미로운 효과를 낳을 수 있다. 예를 들어, 스파이크 존스Spike Jonze의 영화 *'존 말코비치'* 에서 보이는 반 층half-floor 단면은 극단적으로 낮은 압출extrusions의 예시가 될 수 있으며 반대로 극단적으로 높은 실내 공간으로서 네르비Pier Luigi Nervi의 노동의 궁전Palace of Labor을 들 수 있다. 압출 단면 유형에서, 디자인의 대상은 주로 천창이 되는데, 이는 구조적인 명료도, 그리고 천정의 넓은 표면적 때문이다.

압출 단면은 거의 특성이 없기 때문에, 이 책의 예에서 단순히 압출 단면만을 적용한 건축물은 거의 없다. 압출단면의 주요 관심사key condition는 천장 또는 지붕과 바닥을 분리하는 구조의 역할이다. 필립 존슨Philip Johnson에 의해 디자인된 글라스 하우스The Glass House는 평면에서 평범한 장소에서 상승하는 강철 기둥들에 특별한 강조를 주었다. 유리 벽glass walls의 효과로 인해, 입면은 단면처럼 보이게 되었다. 시스템에서 벗어난 특징anomaly은 화장실과 벽난로를 결합한 공간으로, 단면 다이어그램의 투명성을 보존하기 위해 모든 배관과 난방 시스템을 결합하여 압출된 벽돌 실린더 안에 숨겼다. 존슨은 거주 공간을 위해, 기둥들을 바깥으로 향하는 창문에 결합한 반면에, 준야 이시마기Junya Ishigami는 가나가와Kanagawa 공과 대학 워크숍에서 정반대로 기둥들을 때지어aggregate 내부에 위치시켜 공간을 채

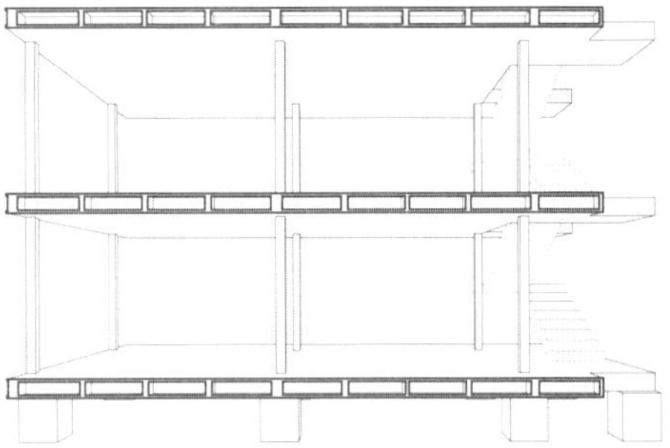

Le Corbusier, Maison Dom-ino, 1914

Antonin Raymond and Ladislav Rado, prototype for a department store, 1948

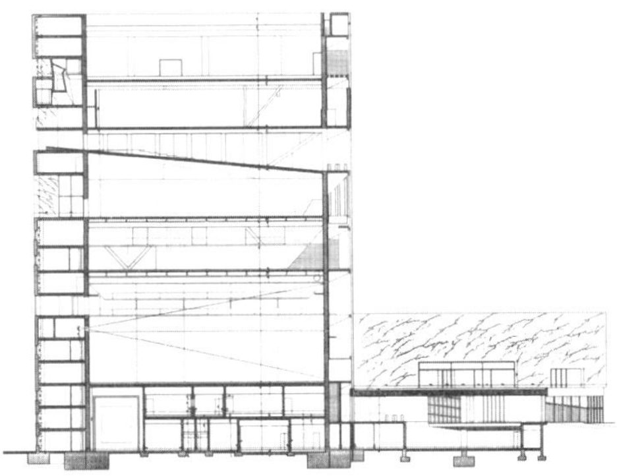

OMA, Center for Art and Media Technology, 1989

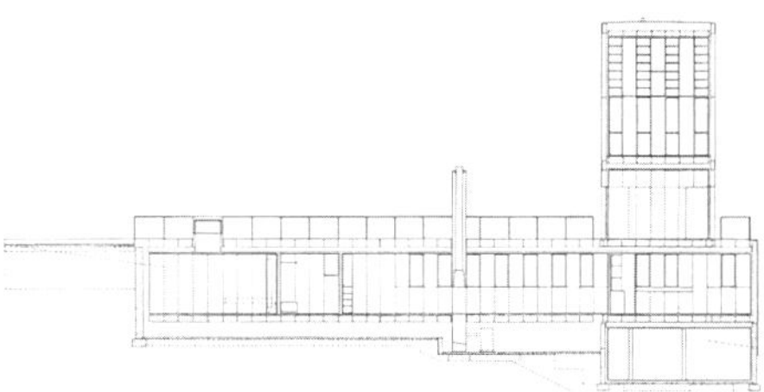

Simon Ungers, T-House, 1992

우고 규정하여 다양하고 다른 용도로 사용할 수 있게 하였다. 이시가미에게 압출 단면은 단단한 콘크리트 기초 인케이싱encasing과 캔틸래버 식의 얇은 기둥과 높은 연결 강관(철제) 천장 사이의 차이를 뚜렷하게 보여주는 방식이 된다. 이 두 가지 사례는 일반적인 압출 천장 높이에서 구현되지만, 토리노의 노동의 궁전에서 피에르 루이지 네르비는 거대한 스케일의 (버섯형태) 기둥을 이용해 전시장 공간을 강화aggrandize하였다. 16개의 반복적인 구조적 단위는 70피트(21m) 높이 공간을 만든다. 시공 속도와 효율성에 의해 계획된, 견고하면서 테이퍼 형태tapered(점점 가늘어지는)의 기둥이 있는 격자 모양의 공간은, 이 돌출 단면 공간을 스펙터클한 공간으로 전환시킨다.

적층

적층은 하나 이상의 층을 그 위에 겹쳐지도록 얹는 것을 의미하며, 개별적인 층 사이에는 공간적 연결이 거의 없다. 적층은 면적을 확장시키고 대지에 접하는 건축바닥의 크기를 늘리지 않고도 건물의 면적을 늘림으로써 부동산 가치를 높인다. 재정적 이익은 건축에서 적층 단면을 사용하는 기본적인 동기이다. 반복적인 적층은 압출 단면과 유사하며, 건축법, 비용 또는 구조적 안정성에 의해 제한될 때까지 무한 반복ad nauseam하여 쌓여질 수 있다. 여기에 더해, 층마다 다른 바닥 유형과 모양의 적층도 가능하다. 적층 단면은 자체적으로는 내부의 공간적 효과를 발생시키지 않는다. 사무실이나 아파트의 예를 들면 각 층은 필요한 수직 동선이나 설비의 개수가 더 필요할 때까지 계속 쌓여질 수 있다. 이런 적층의 용이성은 어떠한 단면적 변화를 무력화시키는 이유이기도 하다. 유형의 효율성은 단면의 동질성에 기반을 두고 있다. 단일 반복적인 평면은 공사비를 절감시킨다. 테일러주의Taylorism적인 표준화가 적용되어, 도면에서부터 거푸집, 시공순서까지가 모두 반복적이다.

단일한 프로그램을 위한 건축물은 층마다 차이가 없다. 그러나 건축가들은 각 층의 높이의 차이를 만들어 프로그램의 변주가 가능하도록 하였다. 잘 알려진 대표적인 예는 스타렛과 반 블랙Starrett & Van Vleck의 '다운타운 헬스클럽' Downtown Athletic Club이 있는데, 19개의 독특한 층고로 구성된 35층의 스포츠클럽인 이 건물은, 6 피트(1.8m) 높이의 "침실" 부터 23피트 6인치(7.2m) 높이의 "헬스장" 까지를 포함된다. 렘 콜하스Rem Koolhaas의 저서 '*광기의 뉴욕* Delirious New York' 에는 이 건물에 대한 유명한influential 분석이 있는데, 그는 "밀집의 문화" culture of congestion가 이 건물안에서 시작되어, 각각의 "중첩된 플랫폼" superimposed platform(적층된 각 층)은 다른 용도, 공간 및 경험을 제공한다고 분석하였다. 건물의 힘은 각 층의 자율성에서 비롯되며, 쌓여 있는 단면은 유혹의 형태를 만든다. "클럽의 각 층은 대도시 삶의 불안정에 대한 완전한 투항surrender을 유도하는 예측 불가능하면서도 무한한 흥미intrigue를 불러일으키는 장치installment이다."[3] 이런 해석에서 중요한 것은 시내 체육 클럽의 단면은 시각적으로나 시간적으로나 동시에 경험할 수 없다는 점이다. 엘리베이터의 통시적인 diachronic 메커니즘을 통해서만 프로그램이나 단면의 괴리disjunction가 전개된다. 다운타운 헬스 클럽은 프로그램과 단면의 관계가 너무도 적합하게 맞아 떨어진precisely aligned 프로젝트이다. 수영장, 체육관, 핸드볼, 스쿼시 코트는 모두 명확한 천장 높이를 필요로 하고, 상대적으로 작은 대지의 크기는 각각의 프로그램들이 한 층을 모두 사용하게 하였다.[4]

다운타운 헬스클럽이 조용한 입면muted facade 뒤에 단면의 변형을 숨기는 반면, 다른 건물에서는 중첩 단면의 층간 변형은 자신을 상징하는 입면의 이미지로 사용되어 왔다; 일례로, MVRDV의 엑스포 2000년 네덜란드 파빌리온이 있다. 다층의 케이크multilayered cakes를 쌓듯이, MVRDV는 풍력 터빈을 설치한 트러스 지붕 아래로, 나무로 덮인 기둥 모양의 현관halls부터 콘크리트로 만들어진 작은 동굴과 같은 공간cast-concrete grotto까지 완전히 다른 건축 공간들을 병치juxtapose시킨다. 각 층은 독특하고 다양하며, 단면을 통해 건축이 환경 시스템과 다양한 방식으로 결합하는 것을 보여준다. 층 사이의 연결은 오직 계단 및 구조물의 외부에 고정된 엘리베이터를 통해서만 이루어져, 각 층의 독립성을 강화시킨다.

적층 유형은 다수의 층multiple에 기초하므로, 차이를 만들기 위해 층고의 높이를 변화시켜 차이를 생성한다. 각 층의 형태profile를 유지하면서 바닥 높이의 조정을 통해 SANAA는 '디올 플래그십 스토어' 를 위해 독특한 건물을 만들었으며 이 건물은 건축 디자인architectural operation의 우아함을 상징하는 건축물이 되었다. 이와는 대조적으로, 피터 줌터Peter Zumthor는 쿤스트하우스 브레겐즈Kunsthaus Bregenz에서 각 갤러리를 독립적인 볼륨으로 해석하여, 각 층 사이에 공간을 띄워 쌓아staggered and stacked 나갔다. 설비와 조명은 갤러리 층 사이에 있는 공간에 위치하고 있으며, 전체 구성ensemble은 유리 셸 안double-skin glass shell에 중첩nest되어 있다.

루드비히 미스 반 데어 로에의 작품인 IIT 대학의 크라운홀S. R. Crown Hall은 단순한 건축 형태 뒤로 적층 단면을 숨기고 있다. 건물의 윤곽을 결정짓는 건물의 기념비적인 빔 구조structural beams는 오직 지붕만을 떠받치고 있다. 보다 실용적인 하부 층은 아래에 위치하고, 땅으로 반쯤 내려앉아 내력벽load-bearing walls으로 지탱되고 있다. 연속적인 수직형 강철 부재로 구성된 외부 커튼월은 단면의 적층을 가리고cloak 단일공간singular spatial volume의 인상을 강화시키고 있다.

적층 단면은 공기와 물의 열역학적인 운동을 제한한다. 관계된 시스템을 설치하려면, 층을 넘어 수직적으로 펌프하거나, 밀거나, 배관을 설치하여야 한다. 루이스 칸Louis I. Kahn의 솔크 연구소Salk Institute 디자인은 효율성을 위해 이 분리 조건을 활용한다. 실험실에 필요한 대규모 설비 서비스를 위한 공간을 마련하고, 실험실을 기둥 없이 설계하기 위해 칸은 각 실험실의 상단층에 비렌딜 트러스open Vierendeel truss system로 만들어진 중간층을 계획해 설비시스템을 여기에 설치했다. 실험실 및 서비스 영역이 겹친 단위pair가 세 번 쌓여 적층단면을 구성하고 있다.

형상

형상Shaping은 연속적인 수평 표면 또는 표면의 변형을 통해 공간을 조직sculpt하는 것이다. 이를 통해 특정한 모양의 볼륨이나 형태를 단면에 부여할 수 있으며, 이는 바닥 또는 천장 등 모든 위치에서 발생할 수 있다. 형상

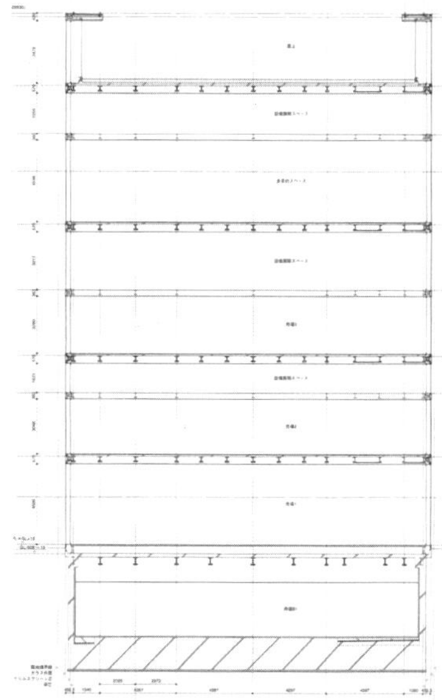

SANAA, Christian Dior Omotesando, 2003

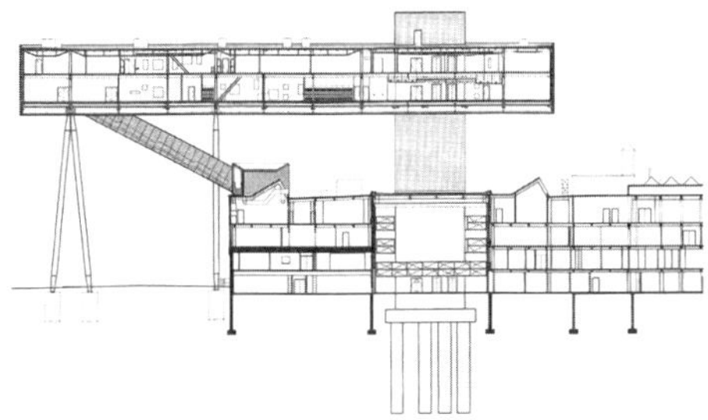

Will Alsop, Ontario College of Art and Design, 2004

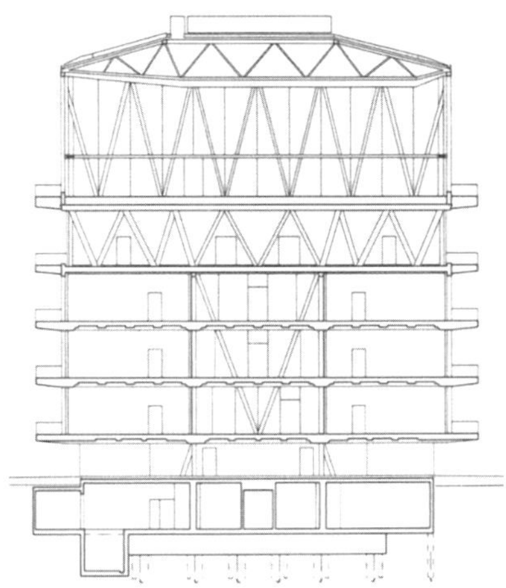

Christian Kerez, school in Leutschenbach, 2009

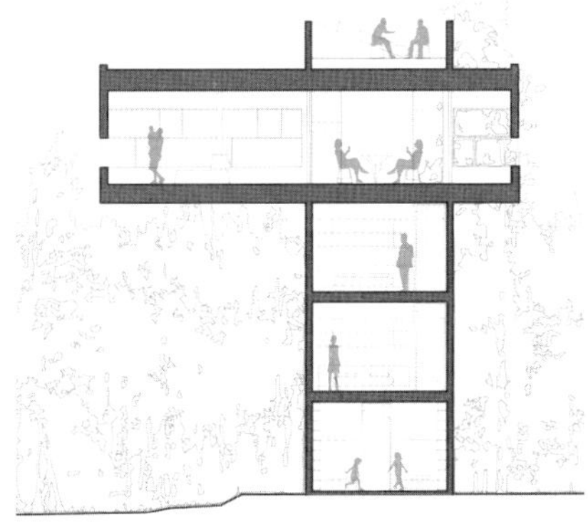

GLUCK+, Tower House, 2012

Shape Sections

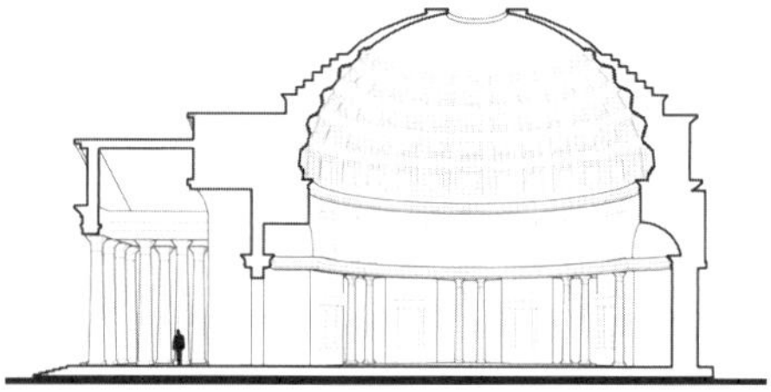

Pantheon, AD 128

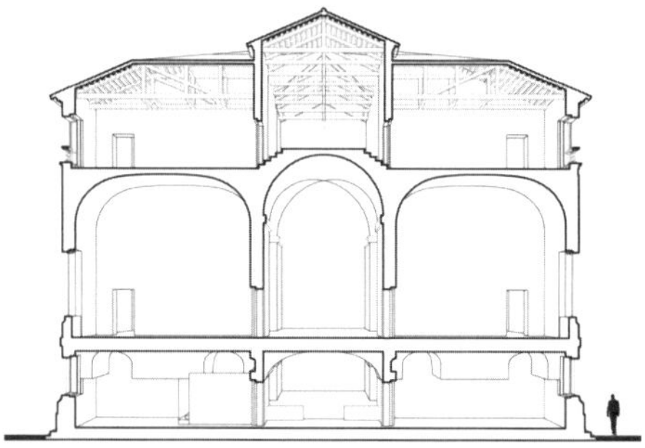

Andrea Palladio, Villa Foscari, 1560

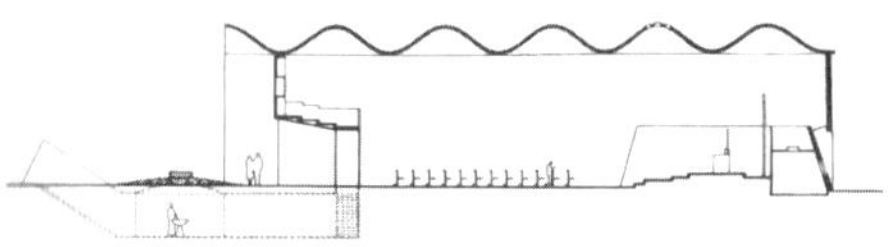

Eladio Dieste, Church of Christ the Worker, 1952

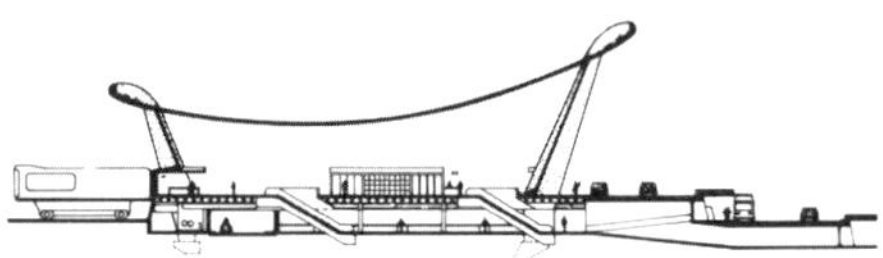

Eero Saarinen, Dulles Airport, 1962

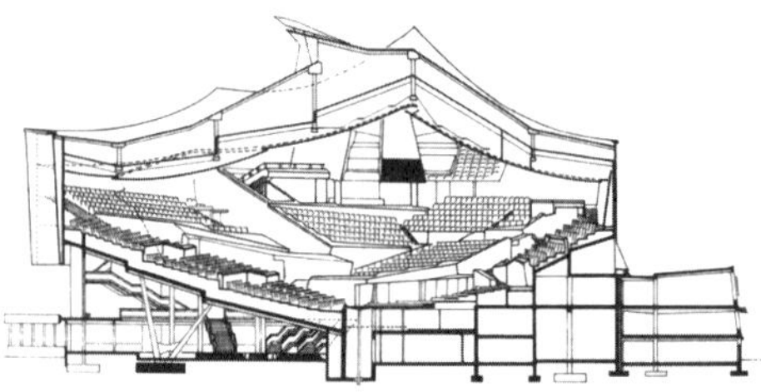

Hans Scharoun, Berlin Philharmonic Concert Hall, 1963

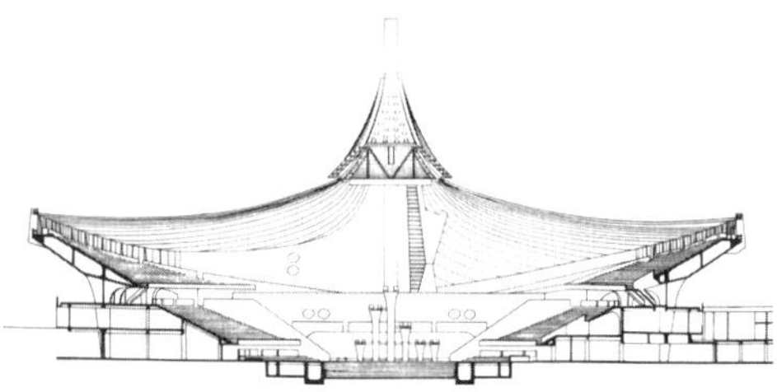

Kenzo Tange, Yoyogi National Gymnasium, 1964

단면은 매우 광범위한 공간형태topologies를 보여 줄 수 있다.[5] 천장은 평면의 효율성에 영향을 미치지 않기 때문에 바닥보다 이 변조에 더 어울리는 일반적인 위치이다. 내력 벽돌 대성당Load-bearing masonry cathedrals, 지붕이 있는 스타디움, 이글루, 텐트들은 모두 형상 단면의 예들이다. 형상 단면으로 지어진 건물들은, 구조와 단면의 관계가 밀접한 것을 자주 발견할 수 있는데, 하중 경로와 구조적 간격span이 지붕의 형태와 연관되어, 볼트(둥근 아치 천장), 쉘, 돔, 그리고 인장 멤브레인tensile membrane 등을 적용하고 있다. 펠릭스 칸델라Félix Candela의 많은 작업들은 형상 단면과 구조적 힘의 교차점을 잘 보여주는데, 쌍곡선 포물선 모양으로 주조된 얇은 강화 콘크리트 지붕thin shell concrete roof으로 이뤄진 로스 마난티아레스Los Manantiales 레스토랑이 대표적이다. 이 프로젝트는 본질적으로 구조 다이어그램의 물리적인 직관적 표현이다. 마르셀 브로이어Marcel Breuer의 헌터 대학 도서관은 반복되는 형상 단면으로 꽃 모양 기둥 모듈을 사용한 또 다른 예이다. 보다 전통적인 구조틀framing을 사용한 루돌프 쉰들러Schindler의 베나티 오두막 Bennati Cabin은 A 프레임 주택A-frame house의 초기 예시를 보여주고 있으며, 스터드two-by stud로 구성된 삼각형 모양에 기초한다. 이 형태는 구조적으로 효율적이며, 로프트loft의 좁은 침실 아래로 커다란 생활공간을 가지고 있고, 외관의 삼각형 형태는 지역의 조례였던 알프스 양식의 외관alpine exterior aesthetics을 만족시키고 있다.

지난 세기에 걸친 평슬래브flat-slab 구조의 우위(유행)dominance는 이 유형 단면의 사용빈도를 감소시켰는데, 르 꼬르뷔제의 매종 도미노Maison Dom-ino housing prototype에서 예시하듯 구조가 외피enclosure로부터 분리되면서, 공간의 표현articulation이 단면에서 평면으로 바뀌었기 때문이다. 콜린 로우Colin Rowe는 '이상적 빌라의 수학' The Mathematics of the Ideal Villa에서 르 꼬르뷔제Le Corbusier의 빌라 슈타인 Villa Stein을 논하며 '자유로운 평면 free plan은 자유로운 단면free section을 희생시킨다'[6]고 비꼬듯이wryly 지적하고 있다. 형상 단면은 대부분의 집단 예배 건축을 포함하여, 사회적 공간과 집회가 필요한 건물들에서 찾을 수 있다. 교회와 유대교 회당synagogue에서 천장은 통일된 볼륨 내에 초점을 생성하는 데 이용된다.

판테온과 르 꼬르뷔제의 롱샹 예배당Notre Dame du Haut은 하나는 오목하게, 다른 하나는 볼록한 특성을 가진 신성한 형상 단면 건축물이다. 둘 다 공간의 자연스러운 빛을 받아들이기 위해 이 유형의 단면을 적용하고 있으며, 양쪽 천장 모두 구조와 연관을 맺는다. 좀 더 세속적인 맥락에서, 알바 알토Alvar Aalto는 세아나요키 도서관library in Seinäjoki에서 단일 공간 내에 있는 서로 다른 영역의 가독성을 강화하기 위해 복잡하고 조각된 반자형 천장을 구축했으며 이는 또한 일광을 통제한다. 또한, 알토는 대출대circulation desk에서의 시야를 유지하면서도 개인 공간을 확보하기 위해 중앙의 열람실을 반 층 정도 낮추었다.

변조된 천장modulated ceiling은 흔히 단층 건물 또는 건물의 최상층으로 제한되는데, 이러한 천장의 상부는 포셰poche, 달아맨 천장, 처마soffit의 도입 없이는 사용이 불가능하기 때문이다. 이런 상황에서, 외부로부터 내부 공간을 보호하기 위한 목적은 구조물의 외관을 만드는데 적합한 이 단면 유형을 사용하는 이유가 될 수 있으며 지붕의 형태를 결정한다. 이 유형의 예는, 복잡한 곡면의 내부천장이 단순한 직선형 헛간shed 형태로 2차적으로 덮여 있는 요른 웃존Jørn Utzon의 바구스바도 교회Bagsværd Church에 사용된 이중double-layered 지붕 시스템에서 볼 수 있다. 이 단면에서 외부 기후에 반응하는 외부 형상과 빛, 소리, 성스러운 공간을 조절하는 실내 천장의 느슨한 조합의 잠재력을 보여 주고 있다. 스티븐 홀Steven Holl의 프로젝트Cité de l'Océan et du Surf presents에서는 형상 지붕shaped roof을 만드는데 다른 이유를 제시한다. 이 건물의 지붕은 서핑(파도타기)과 관련된 파동을 반영하는 형태로 구성되었으며, 실제 사용될 수 있는 외부공간이 된다.

형상 단면이 바닥에서 나타나면 수평적 평면에 변화disruption를 야기하며, 특히 안정성stasis을 기반으로 하는 집단을 대상으로 하는 프로그램collective program에서 무리 짓게cluster하거나 유도choreograph시킬 수 있다. 흔히 극장, 강당 그리고 교회 건축물의 바닥에 형상 단면을 적용한다. 또한 이러한 건축 형식은 음향적 이유로 천장 또한 조절하는 것이 일반적이다. 경사진 바닥 때문에 언급이 많이 되는 끌로드 파랭과 폴 비릴로의 상 버나데트 듀 반레이 성당Sainte-Bernadette du Banlay 또한 형상에 의해서 변화된 단면을 보여주고 있는데, 경사로 계획된 볼륨의 공간적인 느낌을 강화하기 위해 지붕과 바닥 모두가 경사지고 형상되었다. 마찬가지로 SANAA의 롤렉스 센터Rolex Learning Center는 바닥 슬래브와 천장 슬래브의 형상을 맞추고align 있으나, 지면까지rectilinear envelope는 그대로 열린 채로 유지한다. 따라서 밑면underside과 지면 사이의 공간이 열려있고 활성화된다. 하이브리드 단면 유형으로서, 롤렉스 센터는 구멍으로 활성화된 압출 단면과 형상 단면의 독특한 조합으로 특징지어질 수 있다. 유사하게 도요 이토Toyo Ito의 타이충 메트로폴리탄 오페라 하우스도 다른 단면 유형과 함께 형상 단면을 사용하고 있다. 하지만, 오페라 하우스에서 가장 강력한 요소는 형상화된 콘크리트 형태로, 반복적으로 중첩된 바닥 플레이트와 대비되어 단면에서 가장 드러나고, 프로젝트의 중요한 공간을 구성하고 있다.

형상 바닥의 단면적 변화와 평면의 복잡한 지형topography 유형을 구분하는 것은 중요하다. FOA의 요코하마 페리 터미널Yokohama Ferry Terminal, 또는 만프레디Manfredi의 올림픽 조각 공원 등 의 대규모 프로젝트에서, 단면의 형상은 랜드스케이프에 가까워져, 내부공간을 만들려는 것이 목적이 아닌 듯하게not oriented 느껴진다. 프로젝트 스케일이 커지고 대지의 지형적 조건과 결합되면서, 이들의 단면들은 형상 표면으로 경험되지 않고, 랜드스케이프의 확장, 혹은 변화로서 이해된다.

전단

전단은 단면의 수평 또는 수직 축에 평행한 균열rift 또는 절단cut과 연관된다. 수직 및 수평 전단을 나누는 것은 각각이 완전히 다른 단면의 작동과 효과를 생성하므로 필요하다.

수직 전단은 바닥 플레이트가 절단되고 레벨이 수직적으로 변동됨을 의미하는데, 이는 평면에서 생겨난 불연속이 단면에서의 새로운 연속성과 결합된다는 것을 의미한다. 수직 전단 유형은 압출 또는 적층 단면에서 반

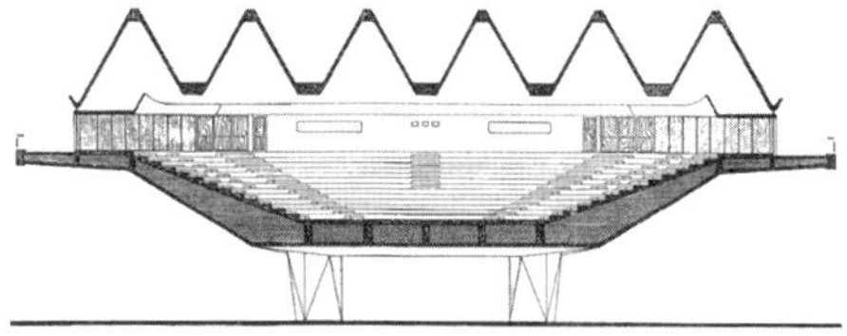

Johannes Hendrik van den Broek, Delft Auditorium, 1966

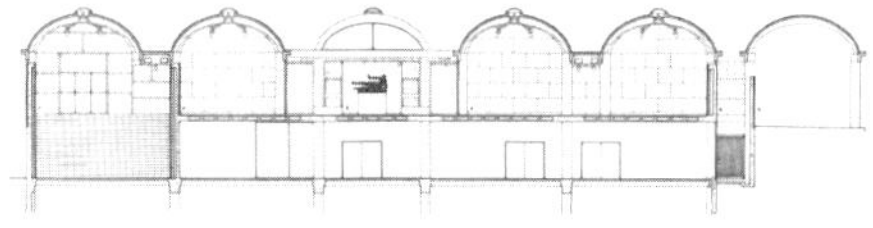

Louis I. Kahn, Kimbell Art Museum, 1972

OMA, Agadir Convention Center, 1990

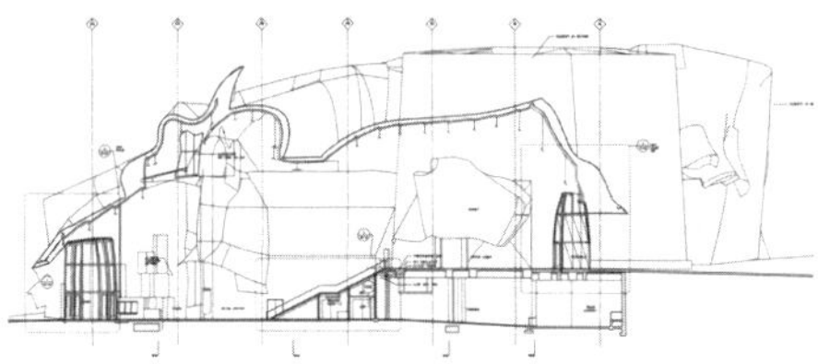

Frank Gehry, Experience Music Project, 2000

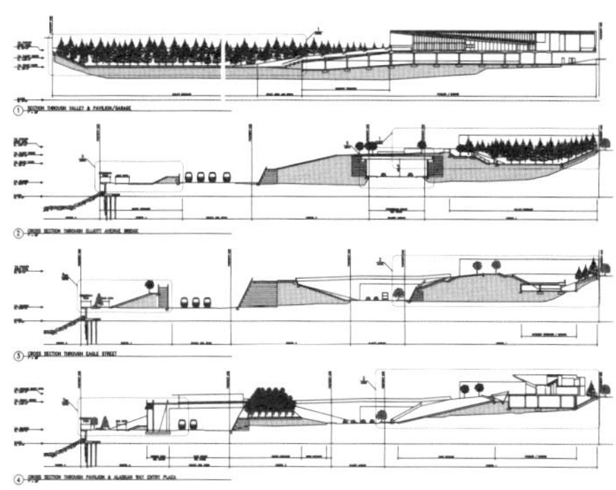

Weiss/Manfredi, Seattle Art Museum: Olympic Sculpture Park, 2007

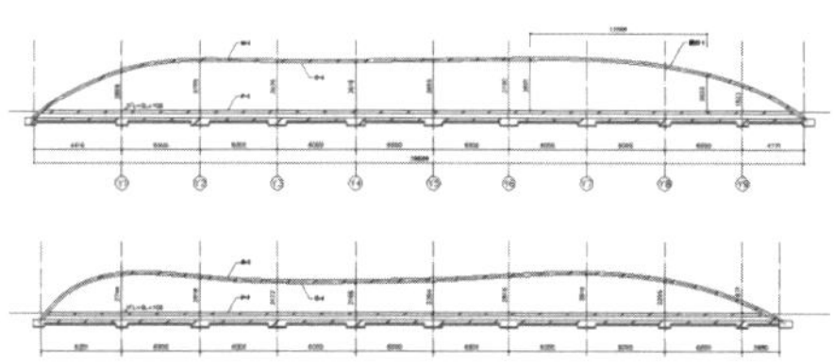

Ryue Nishizawa, Teshima Art Museum, 2010

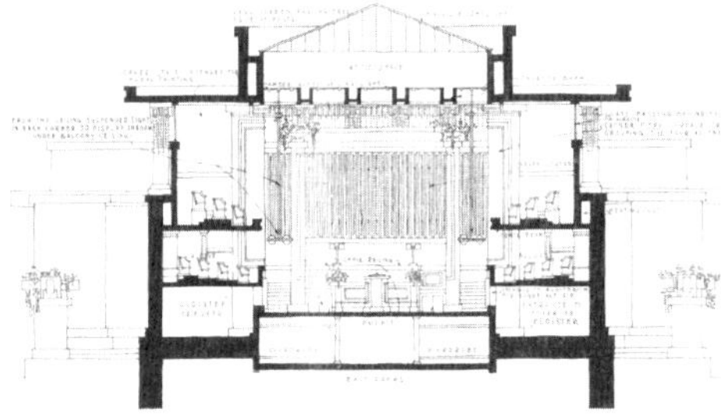

Frank Lloyd Wright, Unity Temple, 1906

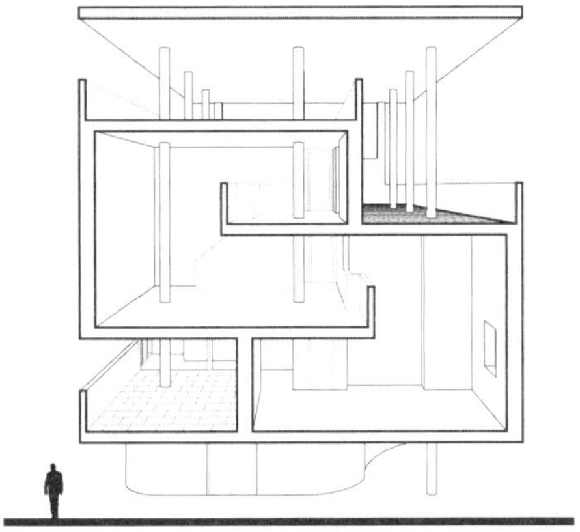

Le Corbusier, Villa Baizeau, 1928

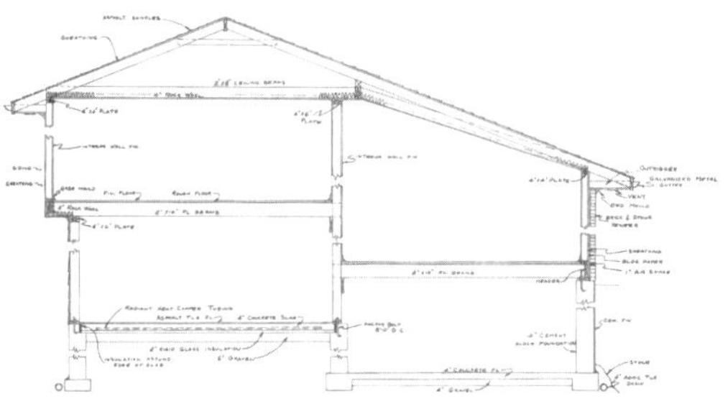

A. J. Rynkus, Split-Level House, 1958

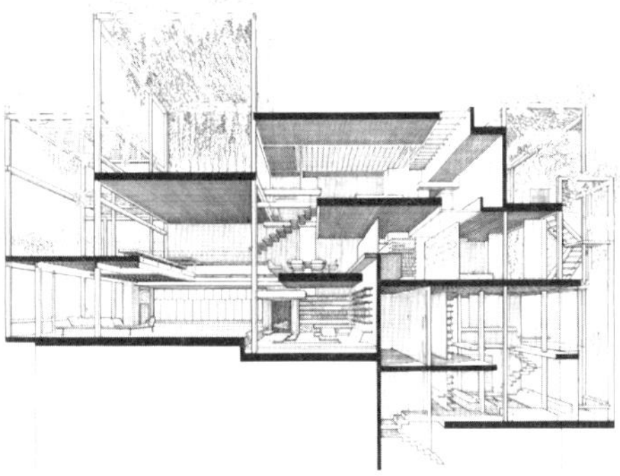

Paul Rudolph, Beekman Penthouse Apartment, 1973

복의 구축적 효율을 크게 손상시키지 않으면서 시각적, 열역학적, 또는 음향적 연결을 유도하는데 효과적이다. 이 흥미로운 마찰friction은 다른 목적을 위해 사용될 수 있다. 반 층씩 이동하는 주택spilit-level은 일반적인 2층 집보다 더 큰 시각적인 연결과 흐름을 제공한다. 이런 집에서 주방 및 식당과 결합된 현관은 차고보다 반 층 높고 거실보다는 반 층 낮으며, 침실은 현관 위에 위치한다. 스플릿레벨의 주택에서 계단은 단순히 층간 연결을 하는 것과는 달리, 각 층과 긴밀하게 연결되어 있다고 볼 수 있으며, 따라서 주택은 계단 논리logic의 확장으로 볼 수 있다.

헤르만 헤르츠버거Herman Hertzberger가 디자인한 아폴로 학교에서, 수직 전단은 교실과 복도 사이의 시각적 교환을 강화하여 의도적인theatrical 사회적 역동성을 고무시키면서도 동시에 대부분의 학급 내부 공간을 대각선 방향으로 감출 수 있다. 이는 디자이너인 헤르만 헤르츠버거가 "시선과 은둔 사이의 적절한 균형"[7]이라고 부르는 것을 공간화시킨 것이다. 평면과 단면 사이의 보다 극단적인 병치juxtaposition는 수직 전단을 통해 강화될 수 있다. 스코피디오Diller Scofidio+Renfro는 그라노프 창의 예술센터Brown University's Granoff Center for the Creative Arts에 수직 전단을 사용하여 교류가 없는 프로그램 사이의 시각적 연결dialogue를 유도하여 각 프로그램의 숨겨짐hidden이나 분리seclusion를 최소화하였다. 프로그램 전반에 걸친 이러한 시각적 병치의 강화는 전단선shear line에 설치된 유리 벽에 의해 나타나며registered, 또한 유리벽은 음향 차단에 도움을 준다. 수직 전단은 건물의 둘레에 제한되지 않고 건물의 내부와 외부 사이에 전단의 하부나 상부에서 복잡한 관계를 형성할 수 있게 하는데, 건물의 레벨변화staggering of levels가 바닥에서부터 최상부층까지 연결시킬 수 있기 때문이다. 수직 전단은 건물의 외부 벽이나 대지의 앉은 모양footing에 미미한 영향을 주기 때문에, 비좁은 장소에 위치한 건물의 내부 공간의 변화를 일으키기 위해 자주 적용된다.

수평 전단은 평면의 연속성을 유지하고 압출 바닥 플레이트의 논리를 유지하면서도 세트백setback과 캔틸레버 사이의 상호 작용을 통해 공간을 만들어 낸다. 수직 전단은 내부에 직접적으로 영향을 미치지만, 수평 전단은 주로 외부에 영향을 미친다. 또 다른 두 가지 요인이 수평 전단을 사용한 건물에 영향을 미친다. 하나는 전단이 각 층마다 얼마나 규칙적으로 적용되는가이다. 다른 요인은 첫 번째 요인과 직접적으로 관련된 것으로, 각 층 플레이트 사이의 유사점이다. 앙리 소바쥬Henri Sauvage의 계단식 주택Stepped houses 중 최고의 작품으로 꼽히는 13 Rue des Amiraux in Paris에서는 일관되게 반복되는 수평 전단 및 거의 유사한 바닥 플레이트를 통해 전단의 세트백setback되는 측면에 일련의 테라스들을 만들어 낸다. 이 비스듬한 다이어그램에서raked diagram, 건물의 한쪽 면은 태양과 하늘을 향해 열려 있고, 반면에 다른 쪽은 그림자와 지면 사이에 그림자를 드리운 공간을 구성한다. 소바주Sauvage는 같은 유형의 두 개의 경사진 건물을 상부에서 잇고, 그 사이에 수영장을 위치시켜, 테라스라는 개인공간의 이점과 수영장pool이라는 집단공간의 이로움collective benefits을 동시에 효과적으로 충족시켰다. 이 다이어그램은 집합 주거 유형에 적용되면 매우 매혹적인데, 채광 및 전망의 이점과 공동주거의 가능성collective potential을 모두 갖추고 있기 때문이다. 차이를 극대화하기 위해 반복을 전개한 효율성이 돋보인다. 더욱이, 부분과 전체의 관계를 드러내, 건물과 랜드스케이프 사이의 더 넓은 연속성을 허용했다. 수평 전단은, 월터 그로피우스의 본베르크Wohnberg 프로젝트(1928년, 계획안), 르 꼬르뷔제의 듀랑 프로젝트Durand Project (1933년 알제리) 등 다수의 프로젝트와 건물에서 중요한 역할을 했다.

수평 전단은 일련의 테라스가 하나의 열린 볼륨으로 결합될 때 공동의 사회적 공간을 형성할 수 있다. 바나드 대학 다이아나 센터Barnard College Diana 센터에서 바이스/멘프레디Weiss/Manfredid는 다층의 아카데미 건물에 수펑 전단을 사용해 공공라운지들을 긴물 내부에 계획하여, 도시 캠퍼스로 대각선의 시각적 연결성을 만들어 낸다. 유사하게 뉴틀링스 리덱Neutelings Riedijk의 음향 영상 네덜란드 연구소Netherlands Institute for Sound and Vision에서도 수평 전단으로 이루어진 공간적 연속성을 최대한 활용하였는데, 대지의 아래위로 90° ninety-degree 각도인 전단을 사용하였다. 입구 로비는 건물의 지하 창고와 계단식으로 된 층을 통해 시각적으로 연결되어 있다. 적층된 상부층 또한 직각으로 전단되어, 천창을 통해 메인 공간은 채광이 되고, 동시에 최상층에 다양한 전시회 공간을 생성하였다. 누적된 효과는 건물 매스building mass 에서 지구라트ziggurat 형상의 보이드로 귀결된다.

유사한 바닥 플레이트에 반복적으로 수평 전단이 적용되면 엇갈린staggered 외부 공간을 발생되고, 안정성을 위해 내물림 구조corbelling가 적용된다. 다양한 양의 수평 전단을 사용하는 것은, 건물 주위로 단면효과sectional moments를 만들어, 구조적 균형을 위해선 중심 코어가 필요하다. 이러한 효과moment는 반복적인 경사면보다 더 국소적이며, 집합적인 공간이 아닌 발코니, 돌출부 및 채광창이 아닌 플랫폼의 형태를 취할 수 있다. 프랭크 로이드 라이트의 낙수장Fallingwater은 건물 외부에 작용하는 단면적 효과를 주기 위해 퍼져있는 다양한 크기의 바닥층 슬래브를 사용한 좋은 예이다. 그들은 건물 외관 전체를 회전하며 진동하는 듯하여 상승과 하강의 느낌을 주며, 내부는 압축한 상태로 수직이 아닌 수평으로 뻗어나가는 느낌을 부여한다.

관통

실용적이고 빈번하게 사용되는 단면의 방식으로, 관통은 슬래브를 관통 또는 절개해 손실된 바닥 부위를 단면의 이익을 위해 희생하는 방식이다. 관통은 수직적 효과를 위해 전술적으로 배치될 수 있는 유용한 공간 요소이다. 관통은 두 개 층 사이의 작은 개구부opening부터 건물 전체를 구성하는 커다란 복합 아트리움에 이르는 다양한 크기와 양(개수)이 가능하다.

작은 개구부는 계단riser, 덕트 및 설비공간chaser과 같은 건물의 인프라를 수용할 수 있지만 이들은 일반적으로 바닥의 구조적 안전성에 영향을 미칠 정도로 크지 않다. 엘리베이터(샤프트)나 비상계단은, 견고한 벽을 이용하여 측면 전단력에 저항하도록 하여 구조물을 강화하는데 사용된다. 이들은 수직적인 개구부에 삽입되지만 시각적인 연속성에는 기여하지는 않는다.[8] 단일바닥Floor Plate를 통과하는 작은 구멍은 평면의 요구에 따라 전략적으로 배치될 수 있다.

Horizontal Shear Sections

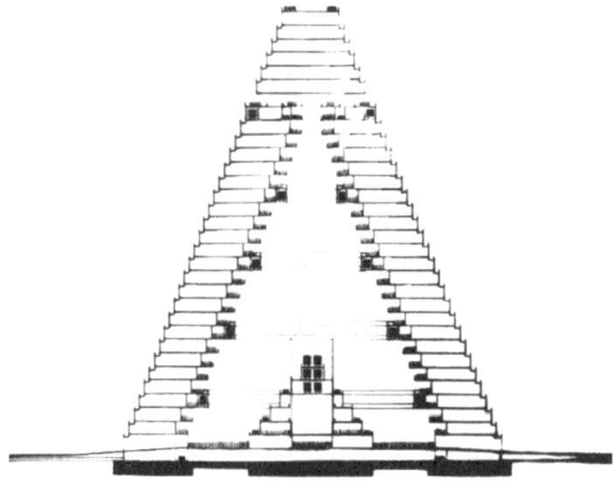
Walter Gropius, Wohnberg proposal, 1928

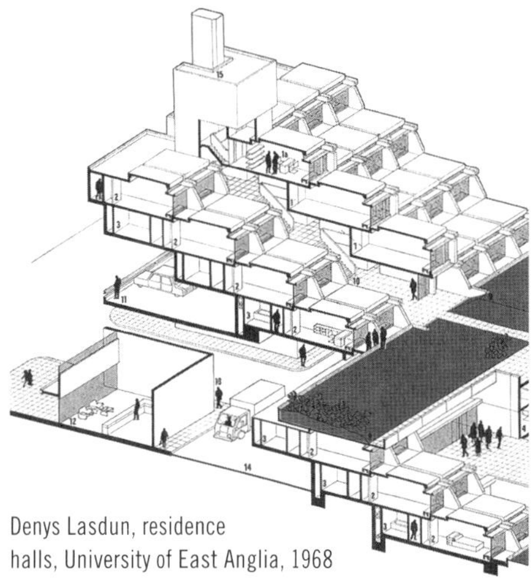
Denys Lasdun, residence halls, University of East Anglia, 1968

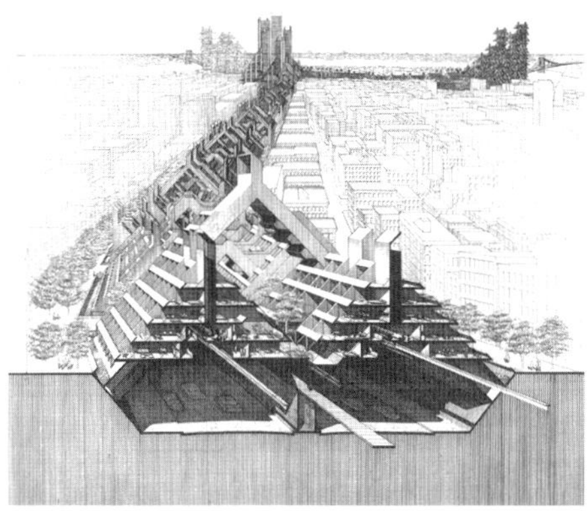
Paul Rudolph, Lower Manhattan Expressway proposal, 1972

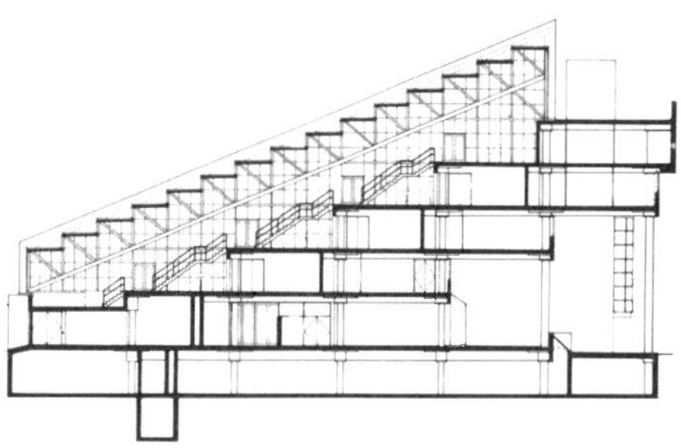
John Andrews, Gund Hall, Harvard Graduate School of Design, 1972

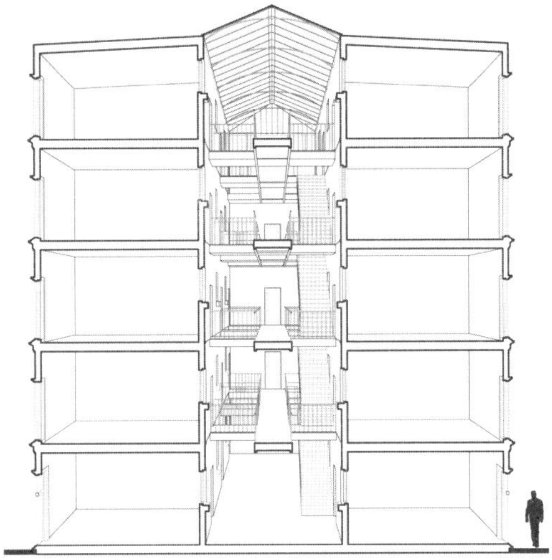

Marie-Gabriel Veugny, la Cité Napoléon, 1853

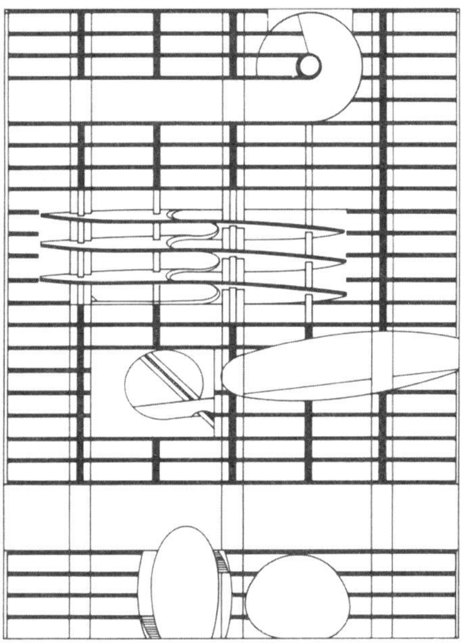

OMA, Très Grande Bibliothèque, 1989

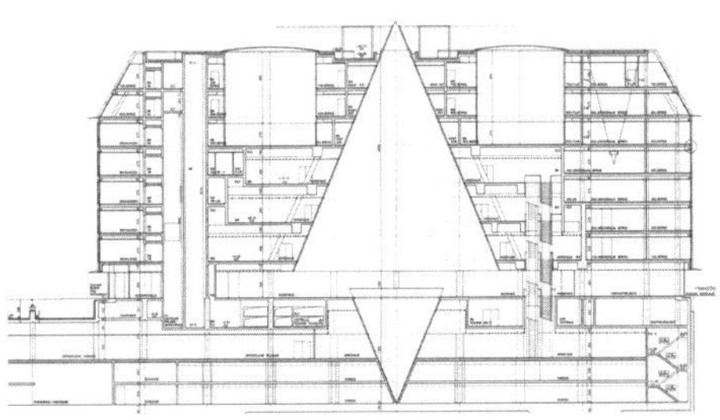

Jean Nouvel and Emmanuel Cattani & Associates, Galeries Lafayette, 1996

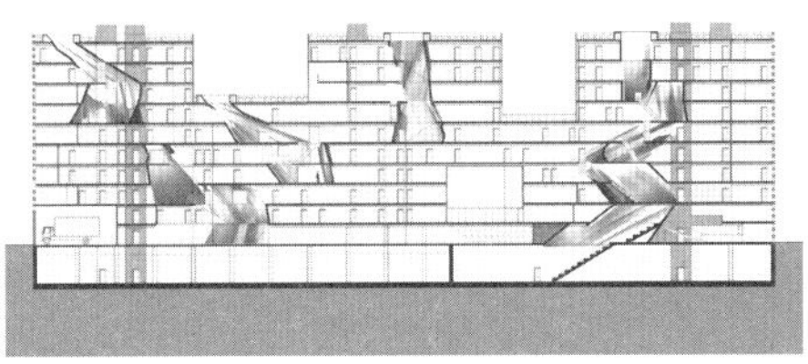

Steven Holl Architects, Simmons Hall, MIT, 2002

넓은 관통구는 다층 건물에서 더 큰 공간을 차지하며 층 사이의 실질적인 공간의 연속성을 부여한다. 이러한 관통부들은 층 사이의 시각적 교환이나, 건물 내의 빛, 음향, 후각 및 열역학적 연속성을 만든다. 관통 단면은 지정된 단일 또는 다단계 적층 단면에 작용하는, 단면적 방식의 두 번째 순서second order로 쓰여진다.

방 하나 크기의 관통부의 명료하고 기본적인 방식manifestation은, 르 꼬르뷔제의 메종 시트로앵Maison Citrohan에서 발견되는데, 이 건축물은 1927년 독일 슈투트가르트에서 열린 바이젠호프 주거단지Weissenhofsiedlung 전시회에 전시되었다. 중앙 집중식 공간의 구성 요소는 2층의 상당한 부분을 절단함으로써 만들어진 보이드void이다. 빛의 교환, 시각 및 소리를 허용하는 것 외에도, 이 보이드는 공공과 사적공간, 도형과 배경figure and ground 및 부분과 전체와 같은 위계를 설정한다. 이 2층 단면에는 명확성과 간결성이 있다. 그것은 새로운 구조 시스템을 필요로 하지 않는다; 그것은 단지 주어진 구조를 부분적으로 편집할 뿐이다. 이 관통부의 크기는 주변 공간의 중요성과 위계에 영향을 미치는데, 여기에서는 공식적인 2층 높이의 공간formal double-height을 구성한다. 로비, 중앙 회의실, 실내 중정, 가정용 거실 등에 이러한 유형의 프로그램에 적합하도록program-specific 크기가 정해진scaled 관통부를 사용한다.[9]

아트리움Atria은 이런 작은 관통부의 크기를 증폭시켜, 폭이나 적용되는 바닥의 면적이 거대해져 일반적인 관통부의 효과를 뛰어 넘는다. 증가된 스케일로 인해 외부 자연광을 효과적으로 분포하며(주로 천창을 통해 유입된다), 실내 공기의 이동을 극대화하고 인테리어의 공간의 질을 높인다. 라이트의 라르킨 빌딩Larkin Building은 중앙 아트리움을 이용해 사무실의 프로그램을 구성하고, 태양광의 분산을 돕고, 공기의 기계적 조절을 보조하는 역할을 하도록 한다. 게다가, 주변의 철로의 소음과 그을음을 피하기 위해 넓고 폐쇄적으로 계획된 이 건물에서, 아트리움은 건물의 초점(매력)으로 작동한다.

이 스케일이 되면, 아트리움은 층에 뚫린 관통부가 아니라 오히려 층들이 아트리움 주위로 배치된다는 느낌이 되는데, 이는 루이스 칸Louis I. Kahn이 디자인한 엑스터 도서관Phillips Exeter Academy의 아트리움의 구조를 보면 쉽게 알 수 있다. 케빈 로쉬Kevin Roche John Dinkeloo and Associates에 의해 디자인된 비대칭의 포드 재단 사옥Ford Foundation Headquarters에서 아트리움은 남쪽 및 동쪽으로 열려 햇빛을 수용하고, 공기조절이 가능한 사계절 정원four-season garden으로서 기능한다. 북쪽과 서쪽에 위치한 사무실은 아트리움을 둘러싸고 있으며, 수평 전단 단면을 사용해 지상층에 테라스를 만들고, 지붕층을 둘러쌓는다rooftop enclosure.

존 포트만John Portman은 아트리움의 사용을 극대화되어 전통적인 외관과 스펙터클한 실내공간 사이의 급진적인 대비가 있는 호텔들을 계획하였다. 그의 인테리어의 광대한 아트리움은 무한대로 끝이 안보이게 오르는 듯 보이는데, 이 효과는 아트리움 주변의 적층된 복도와 발코니를 지나는 노출 유리 엘리베이터들에 의해 강화된다. 포트만의 뉴욕 메리어트 호텔New York Marriott Marquis hotel 아트리움은 37개 층의 객실로 구성되고, 국부 수평 전단local horizontal shear을 보여 주는 5개의 층의 집합으로 제작되었다. 1912년 파리의 라파예트 백화점과 20세기 후반 베를린에서 같은 회사를 위한 장 누벨의 디자인에서 예증 되듯이, 아트리움의 시각적 즐거움과 스펙터클은 소비공간places of consumption, 특히 백화점에서 소비자들의 빈번한 소비 행태를 반영한다.

관통부는 도요 이토의 센다이 미디아테크Sendai Mediatheque의 핵심 구성 요소로서, 평면에 대한 함축적인 균형과 단면의 가독성 사이의 절묘한 균형을 맞추고 있다. 이 건물은 7개 층의 슬래브를 관통하는 약 13개의 구멍으로 구성되어 있다. 관통부는 동선, 설비 샤프트, 에너지, 공기, 빛, 그리고 소리의 흐름flow 역할을 하며 동시에 역설적으로 구조까지 담당한다. 이러한 강관 기둥steel tube으로 만들어진 중공hollow 튜브는 단면을 생성할 뿐만 아니라, 각 층의 프로그램 구성을 좌지우지하는 평면의 구성 요소가 된다. 센다이 미디어 테크에서, 구조역할을 하는 관통부holes ringed by structure는 반복적이고 독립적인 적층 바닥에 생기를annimate불어 넣는다.

경사

경사 단면은 흔히 다른 층들을 연결하는 경사면의 존재를 뜻한다. 경사는 수평면의 각도를 변경하여 평면이 단면으로 전환되는 효과를 만든다. 적층, 전단, 그리고 관통과 달리, 경사는 평면과 단면 사이의 구분을 모호하게 한다. 경사 단면 유형에서는 단면의 조정이 평면의 일부 희생을 강요하지 않는다. 관통 단면처럼, 경사가 단면에 끼치는 영향은 그들의 규모에 달려 있다; 이들은 좁은 경사로에서부터 전체 바닥, 혹은 끌로드 빠랭과 폴 비릴로가 그들의 사선의oblique 도시 질서에서 비전을 보였듯이, 전체적인 환경까지 범위를 넓힐 수 있다. 르 꼬르뷔제는 램프의 연속성을 통한 공간의 연속성을 토대로 한 건축 산책로the promenade architecturale를 제안했다. 그 첫 번째 실현은 1923년 지어진 빌라 라 로쉐Villa La Roche-eanneret로, 단일 램프가 갤러리를 통해 한 층을 가로 지른다. 이 스케일에서 보면, 경사면은 건물 단면의 완전한 구성 요소fully formed component 라기 보다 2층 높이 공간double-height space 안에 있는 물체에 더 가깝다. 이 램프는 평면에서 오히려 두드러지는데, 램프의 곡선이 벽의 돌출부를 강조하기 때문이다. 이와는 대조적으로, 빌라 사보이Villa Savoye의 경사는 건축 산책로로서 건물 전체를 구성organize하고 활성화 하는데 훨씬 더 중요한 역할을 한다. 램프는 공간 안으로 들어가고, 공간을 위로 연결하고, 뚫고 지나가 두 개 층을 지나 건물의 위 지붕정원으로 연결한다. 그러나, 단면의 수직 공간은, 램프를 설치하기 위해 바닥을 들어내기 때문에 그만큼 평면이 잘리게 된다. 게다가, 램프는 내부에서 외부로 이동하고, 르 꼬르뷔제는 단면을 만들기register 위해 램프에 인접한 벽의 연속성에 의존하기 때문에 빌라의 내부는 둘로 분리disconnect된다. 이는 그의 전생애작품집Oeuvre complète에 포함된 빌라 사보이의 초기도면을 보면 이 벽이 확장되어 평면상으로 한 층 더 올라가게 되있음을 보면 더 확연해진다. 약간 아이러니하게도, 빌라 사보이에 쓰인 좁은 경사로는 평면의 연속성보다 더 많은 불연속성을 만들어 낸다. 경사로는 폭이 4피트(1.2m) 밖에 되지 않지만, 두 층 사이를 연결하려면 32피트(9.6m)의 길이가 필요하다.[10] 램

Incline Sections

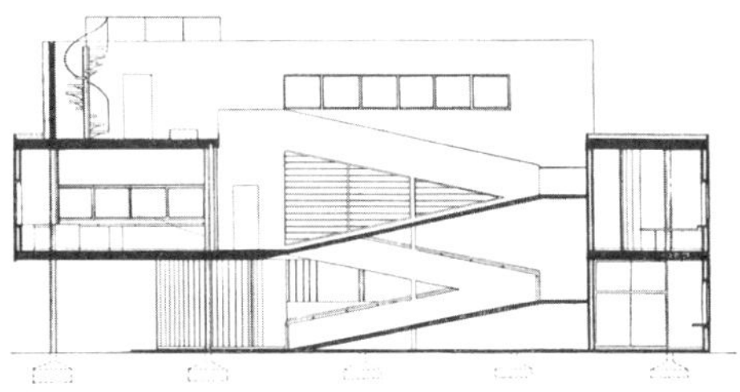

Le Corbusier, Villa Savoye, 1931

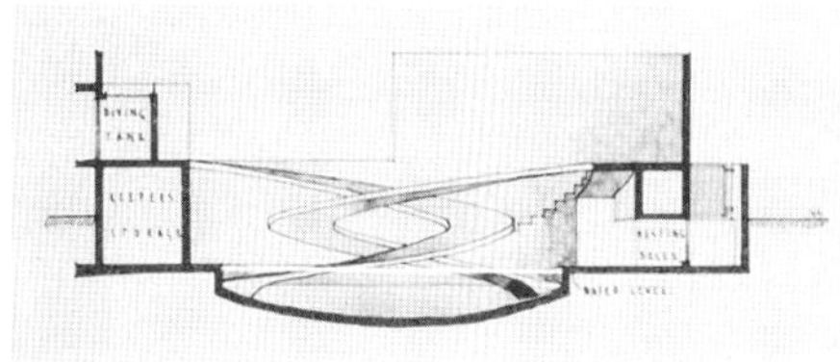

Tecton, Penguin Pool, 1934

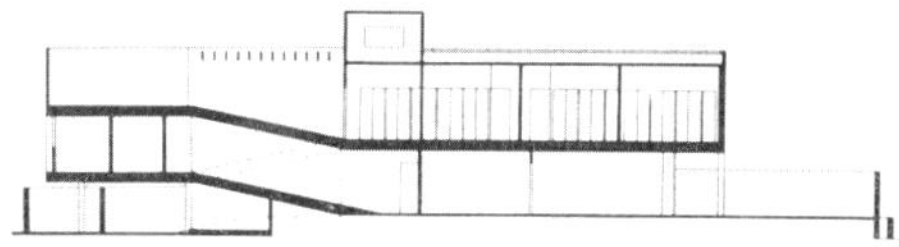

Vilanova Artigas, Almeida House, 1949

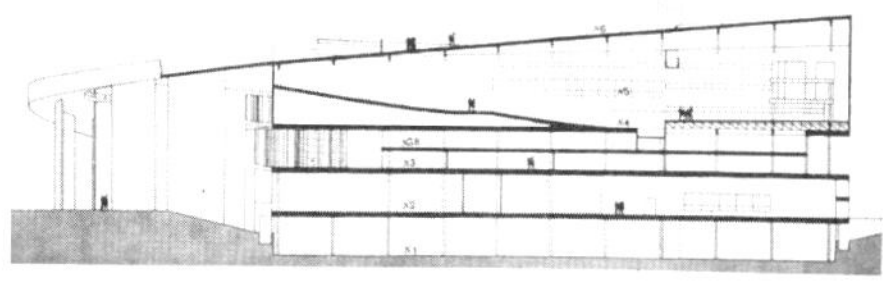

Le Corbusier, Palais des Congrès, 1964

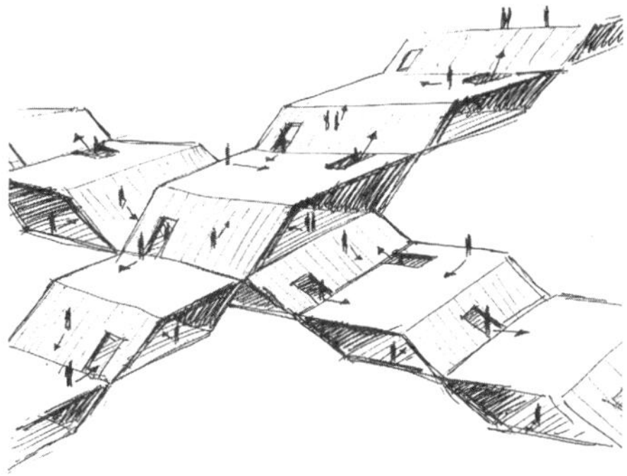

Claude Parent and Paul Virilio, habitable circulation, 1966

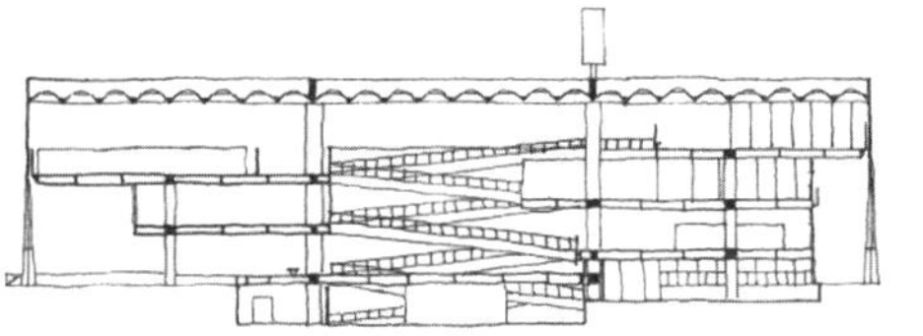

Vilanova Artigas, São Paulo School of Architecture, 1969

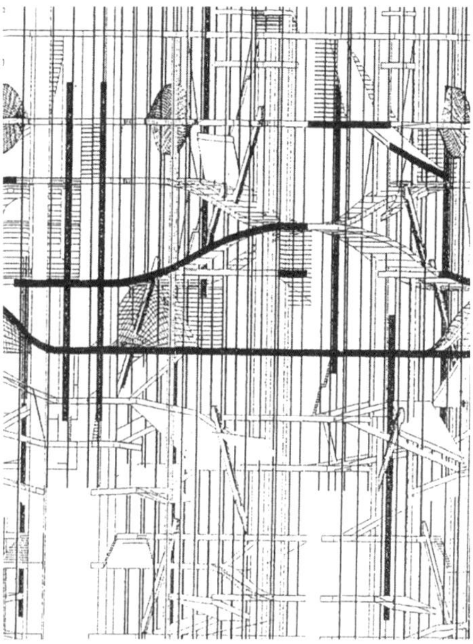

OMA, Jussieu-Two Libraries (detail), 1992

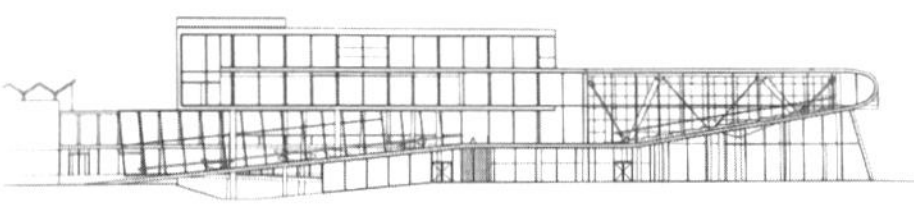

OMA, Educatorium, 1997

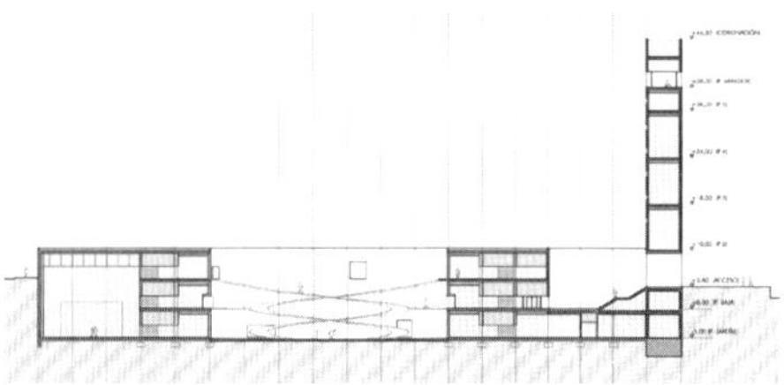

Alberto Campo Baeza, Museum of Memory, 2009

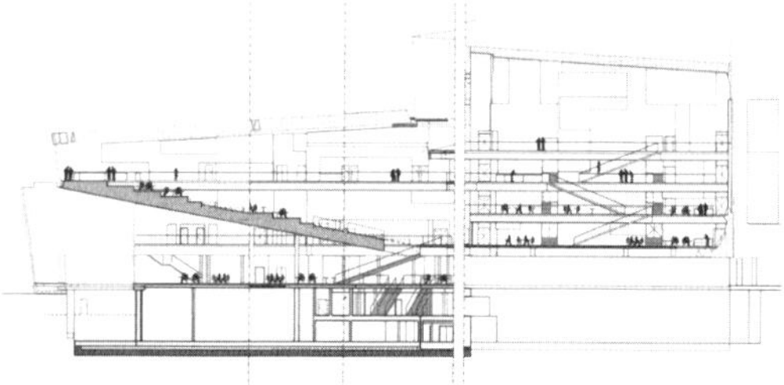

Henning Larsen Architects, Harpa, 2011

프의 통로를 따라 보여지는 경사면은 단면의 연속성을 생성하지만, 이는 평면상 희생이 따른다. 서로 다른 층을 연결하기 위해서는, 경사 또한 빌라의 평면을 잘라내며, 공간의 불연속성을 만든다. 빌라 사보이의 경사로는 빛과 시야가 경사로를 가로질러 비스듬히 통과할 수 있게 하지만, 평면을 둘로 나누어 침실에서 창고를 구분 짓고 실내 침실과 외부 테라스를 분리시킨다.

평면의 불연속을 전제로 단면의 연속성을 생성하는 경사 단면의 역설(모순)은 프랭크 로이드 라이트의 2개의 다른 프로젝트에 의해 탐구되었다. V. C. 모리스 기프트 숍의 좁은 경사로는 아트리움과 정렬되어 있어 단면적으로 시각적 연결을 개선하고 전단 유형의 공간이 분열(파괴)되는 것을 줄여준다. 위아래로 움직이는 이동, 여기에 경사면에 통한 움직임은 쇼핑의 스펙터클을 만든다. 빌라 사보이의 경사는 칼럼 그리드를 분할시키고 모든 층을 관통하는 자율성autonomous이 있지만, 모리스 기프트 숍의 경사는 마치 위층의 난간balustrade에 매달려 있는 듯 하며, 지상층의 동선이 미끄러지듯이 연결되도록 한다. 모리스 기프트 숍은 기존 건물에 삽입되는 레노베이션이기 때문에, 라이트의 경사로는 제한적이다. 그러나 그는 이 주제를 솔로몬 R. 구겐하임 미술관에서 더 깊이 탐구했다. 이 유명한 박물관에서 라이트는, 나선형으로 경사로와 아트리움을 하나의 연속적인 산책로로 계획하였다. (주변 갤러리와 지원support 시설은 평평한 바닥을 가지고 있으며, 중앙 공간central event에서 멀리 떨어져 있다.) 모든 층이 단일 표면으로 융합merge되므로, 보는 사람들의 당면 과제는 시퀀스나 통로의 문제가 아닌 어디서부터 시작하는 가이다. 알다시피 라이트는 모든 방문객들이 엘리베이터를 이용해 올라가, 경사 슬로프를 타고 내려오는 것이 느긋한 산책에 용이하다고 주장한다. (큐레이터들은 전시 시퀀스를 설계할 때 항상 라이트의 지시를 따르지는 않았다.)

구겐하임에서의 라이트의 디자인은, 그의 지어지지 않은 작업인 고든 스트롱 자동차 및 천문관 프로젝트Gordon Strong Automobile Objective and Planetarium project와 유사한데, 이중 나선double-helix의 경사로 램프를 계획하여 차량을 상하 동선으로 사용하려고 하였다. 도로와 주차장 설계에서도 자동차 통로를 만들기 위한 수단으로 경사로를 적용한다. 램프형 주차장은 다음과 같은 두 가지 방식으로 경사도를 사용한다; 적층되는 평평한 층의 바닥 사이를 연결하는 요소로 사용하는 방식, 혹은 주차 및 동선을 통합하는 연속적인 주차 램프로 공간을 구성하는 방식. 구겐하임 미술관은 후자의 유형을 사용하는데 반해, 헤르조그 앤 드뫼롱Herzog & de Meuron의 1111 링컨가 주차장1111 Lincoln Road은 전자 유형의 새로운 가능성을 탐구하고 있는데, 층고의 변화variations를 통해 주차장에 사회적인 기능을 주입해 상부에는 전단 단면을 가지는 주거공간을 삽입하였다.

라이트는 구겐하임 미술관에서 불연성속을 생성하는 램프의 역설을 중앙에 아트리움을 도입함으로써 뛰어 넘고negotiate 있지만, OMA는 프로그램의 밀도를 높이고 시각적인 병렬juxtapositions을 조성하기 위해 경사로를 전개한다. OMA의 로테르담 쿤스트할Rotterdam Kunsthal은 건물 전체가 되돌아가는 경사cut-back incline이다. 두 경사면 사이의 전단은 과장되고 프로그램의 어긋남을 오히려 드러내는데, 경사면 사이에는 단순히 유리 한 장이 있을 뿐이며, 건물의 중앙을 뚫고 외부 경사로가 위치해있다. 이 경사로의 바깥쪽 가장자리는 건물 외부로 밀려 입면의 역할을 한다. OMA(1992)의 지어지지 않은 쥬시유Jussieu 프로젝트는 구겐하임 미술관처럼 층과 층의 구별을 제거하며 연속적인 경사로(1992)를 중심으로 계획되었다. 그러나 구겐하임과는 달리, 경사 폭의 크기는 수축과 팽창을 반복하고, 더 중요한 것은 전술적으로 동일한 연속적인 표면에 수많은 프로그램과 공간을 구분하기 위해 자르기cut, 접힘fold, 전단shear을 통해 표면을 불연속적으로 만든다.

비록 연속적인 경사면의 하나의 목표가 단면의 활성화이지만, 그 결과는 그리 흥미로운 수직 공간이 아닐 수도 있다. 이것은 경사면 위에 다시 경사면이 접히기fold back 때문에, 평평하지 않은 층으로 다시 중첩된stacked 단면을 형성하기 때문이다. 이러한 단면 유형에서, 공간의 수직 확장은 구겐하임의 아트리움 또는 쿤스트할 혹은 쥬시유의 수직 샤프트처럼 바닥을 부분적으로 제거함으로써 생성된다.[11] 연속적인 경사면은 종종 전단 유형의 특성을 포함하고 시각적인 연속성을 위해 관통부가 필요하다. 이런 특징은 헤닝 라르센Henning Larsen의 모에스고르 박물관Moesgaard Museum에서 분명하게 나타나는데, 건물의 형태는 경사가 있는 녹색 지붕에 의해 정의된다. 경사는 외관상으로는 명백하지만, 내부에서는 건물의 특대형oversized 계단의 커다란 개구부를 통해서만 또렷하게 느껴진다.

중첩

중첩 단면 유형은 분별된discreet 볼륨 사이의 상호 작용 또는 겹침overlap을 통해 단면을 생성한다. 적층, 전단, 경사면은 주로 평평한 플레이트 바닥과 주로 연관이 되는 반면, 중첩 유형은 단면 효과를 위해 3차원 형태 또는 볼륨을 배치한다. 20세기 초 아돌프 로스Adolf Loos의 초기 저택들은 이런 볼륨적 중첩을 잘 보여주고 있는데, 라움플란Raumplan이라고 흔히 불리우는 이 방식은 복합적인 공간의 시퀀스를 만들기 위해 다양한 스케일의 공간을 여러 레벨에 걸쳐 적층시키는 건축을 보여주고 있다. 중첩 유형의 공간적, 구조적 또는 환경적 성능performance은 격리된 채 별도로 작동하는 볼륨의 성능을 넘어exceed선다. 이런 유형의 단면은 볼륨간 사이 공간interstitial space의 기능 및 볼륨과 외피와의 관계이다. 이런 중첩 단면 유형의 변성은 무수히 많지만, 여기의 사례들은 두 가지의 중요한 변화를 설명할 것이다.

라 코루냐 아트센터the Center for Arts in La Coruña, Spain 디자인을 위해, 아체보잘론소 스튜디오aceboXalonso Studio는 일련의 매우 구체적인 고성능 공간을 박스 안에 삽입하는 독특하고 상호 연관된 형태로 결합시켰다. 결과적으로 내부는 볼륨 주변으로 이동하는 복잡한 수직 공간으로 얽혀 있다. 볼륨은 명확히 기능이 부여되어 있지만, 볼륨 사이 단면의 공간의 프로그램은 규정되지 않고, 유동적이며, 정해져 있지 않다. 공연 공간이 외피에 닿게 되면, 외피의 이중 스킨을 뚫고 그 존재가 보이게 되며, 따라서 단면 내 볼륨의 형상이 둥지 바깥쪽에서 가시적으로 보이게 된다. MVRDV' s 에페나르 문화센터Effenaar Cultural Center는 보다 실용적인 접근법을 기반으로 한다. 각자의 크기와 기능을 갖춘 개별 방들은 건물의 주위로 부착되어 있어 사실상 외피의 두께가 증가한다. 이들은 단면에서 도넛을 만들어 메인 콘

Nest Sections

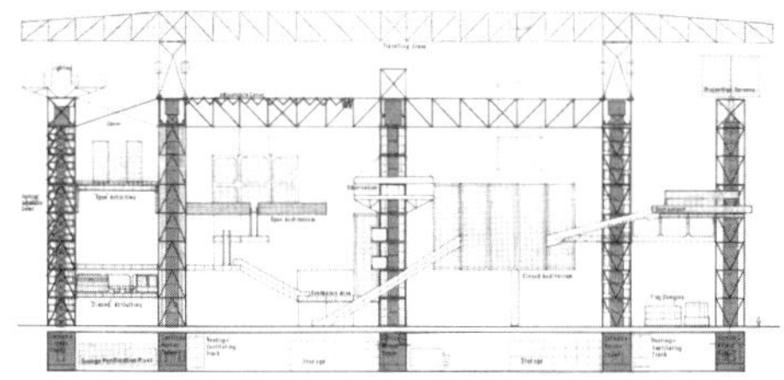

Cedric Price, Fun Palace, 1964

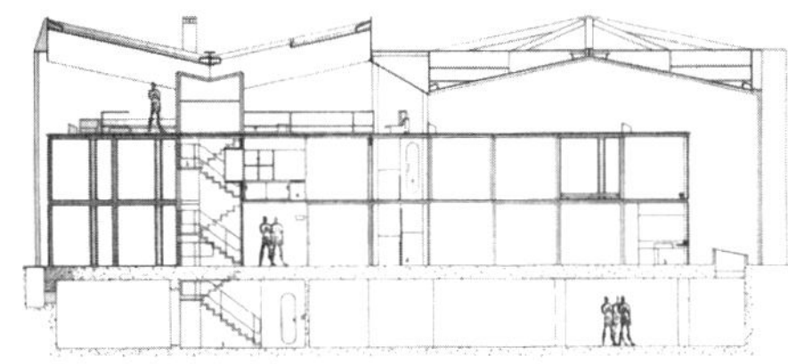

Le Corbusier, Heidi Weber Museum, 1967

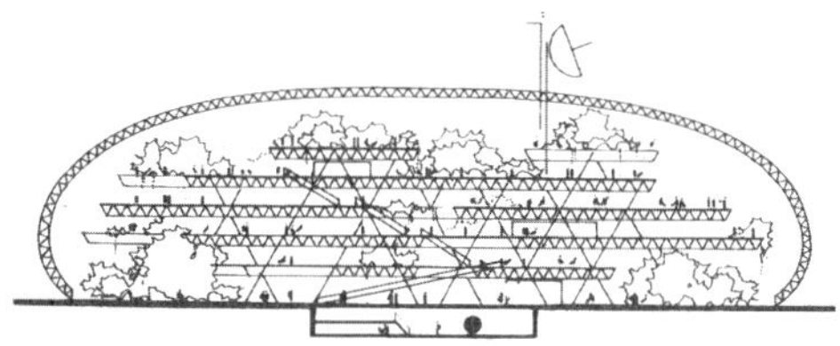

Buckminster Fuller and Norman Foster, Climatroffice, 1971

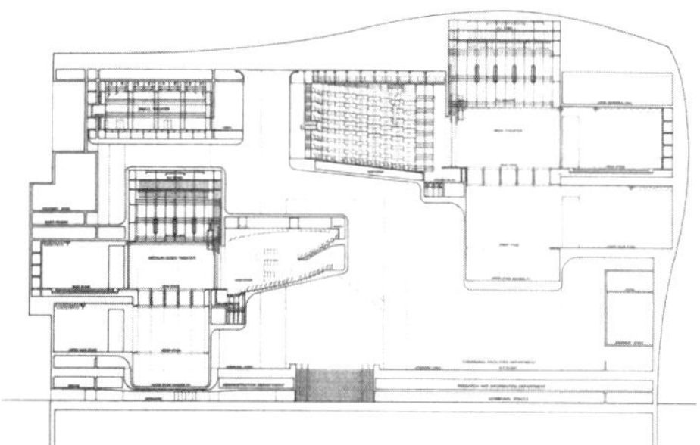

Jean Nouvel and Philippe Starck, Tokyo Opera House, 1986

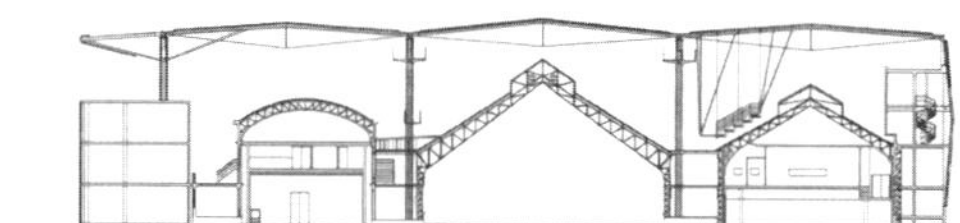

Bernard Tschumi, Le Fresnoy Art Center, 1992

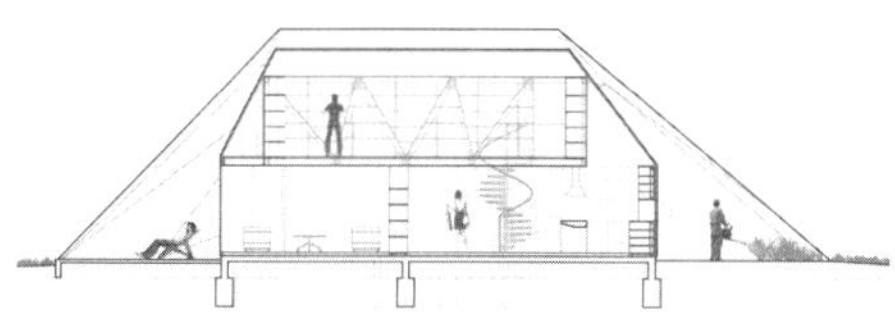

FAR frohn&rojas, Wall House, 2007

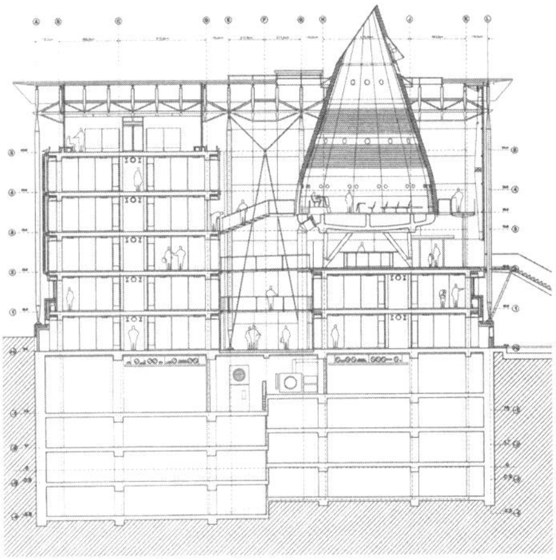

Richard Rogers, Bordeaux Law Courts, 1998

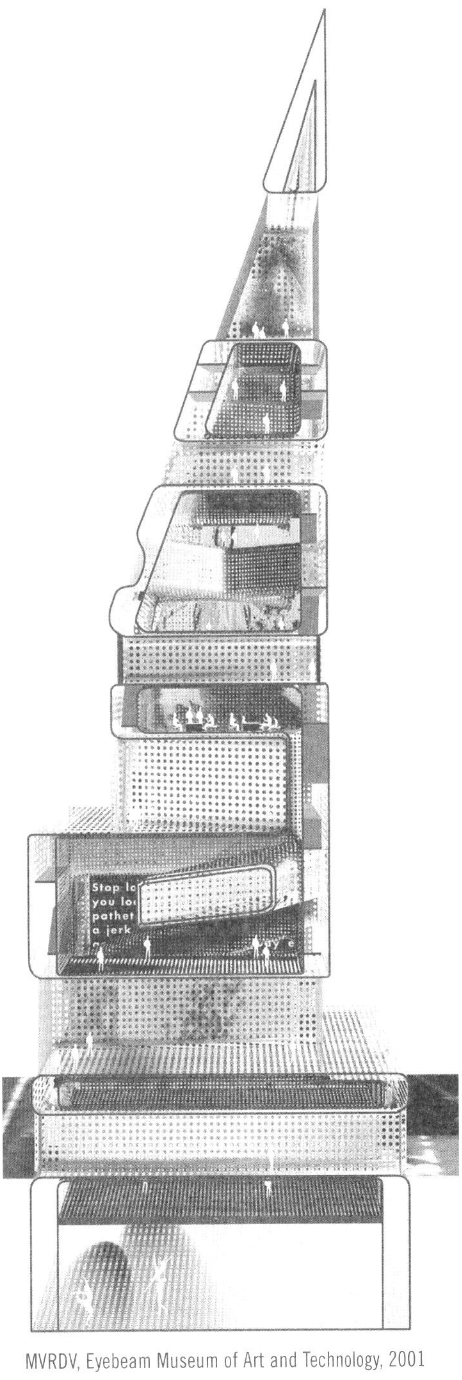

MVRDV, Eyebeam Museum of Art and Technology, 2001

서트 홀 중심부가 도넛의 중심에 위치하고 건물의 모든 개별 프로그램들이 그 주위를 둘러싼는다. 아체보잘론소의 작업은 작은 프로그램들이 중첩되어 있는 큰 프레임으로부터 시작하는 반면에, MVRDV는 중첩된 볼륨을 정리하여 부분에서 전체를 생성한다.

수직적인 동선은 이런 중첩 단면 유형에서 가장 핵심적인 디자인 요소로, 계단계획을 명확히 하지 못하면, 배치된 볼륨들의 구성을 방해할disrupt 수 있기 때문이다. 루스의 디자인에서 계단은 중첩된 볼륨 사이에 엮여 있고, 방들 사이의 공간에 존재하거나, 어떤 경우 볼륨의 수직적으로 흔들리는 시퀀스의 한 부분으로, 때로는 숨겨지고 감춰져 있다. 에페나르 문화센터에서 MVRDV는 동선과 피난계단은 모두 외부에 배치하여 독립적인 공간으로 만들었다.

아이빔 연구소를 위한 MVRDV 2001년 계획안은 중첩에 대한 보다 미묘하고 복잡한 접근법을 보여주고 있다. 에페네르와 마찬가지로 개별 프로그램 조각들은 단면에서 분산되어 있지만, 여기서는 모두 서로 분리되어 있다. 그리하여 프로그램 조각의 형태에 의해 발생하는 복잡한 간격으로 쪼개진 공백을 만들었다. 더욱이, 구조의 역할을 하는 외피는 이 조각들에 맞춰 건물용적을 확장하며, 외부 구조물 사이의 공간을 효율적으로 결합시킨다. 내부 볼륨이 외피와 만나는 부분에서 구조적 외피는 사라지고 건물 외부에 개구부Apertures가 생긴다. 이러한 중첩된 실내 공간의 관계specificity는 외부에서 관찰될visible 수 있지만, 이 특수성은 전체 건물에서는 움푹 패여cavity 가려져 있다. 이전 두 개의 프로젝트와 마찬가지로, 사이 공간은 프로그램적으로 정해져 있지 않아, 설득력 있고 개방된 공간적 자극에 의해 예기치 못한 활동을 수용할 수 있다.

이 세 가지 예제는, 분리된 볼륨을 인접시켜 그 사이 공간을 활성화시킨다. 이와는 다른 중첩의 유형은 볼륨 안에 볼륨을 위치시키는 방식이다. 이러한 종류의 방식이 얼핏 단면의 발전을 저해시킬 듯undermine 보이지만, 이 중복성을 지능적으로 배치하면 볼륨 사이의 프로그램적 관계를 강화할 수 있다. 또한 외부 조건과 내부 조건 간의 복잡한 관계를 기반으로 하는 새로운 열성능 모델을 제작할 수 있다. 이 유형의 작은 스케일의 표본은 1962년에 지은 캘리포니아 주 오린다Orinda 시에 있는 찰스 무어의 집으로, 작은 집 모양의 쉘overall shell 안에 각각 4개의 기둥과 채광창으로 이뤄진 별도의 거실과 샤워실의 볼륨이 위치하고 있다. 이 "작은 건물aedicules" 은 가옥의 일반적인 구조와 관례적인 욕실의 일반적인 방식 모두를 뒤집고 있으며, 욕실의 경우 집 전체에 개방되어 있다. 이러한 중첩된 볼륨은 전체 주택의 주요 구조물이 되어 외부코너에는 기둥이 없이 슬라이딩 도어가 설치될 수 있다. 직관에 어긋나지만counterintuitive이 중첩방식은 외부와 가장 사적인 내부 사이에 더 개방적이고 밀접한 연결을 유도한다. 중첩의 논리와는 또 다른 조직manipulation은 푸크사스 건축사사무소Fuksas Architects가 설계한 산 파올로 교구 콤플렉스San Paolo Parish Complex in Foligno, Italy에서 발견되는데, 큰 규모의 속이 빈hollow 소매 같은 구조sleeve가 두 개의 볼륨을 연결하여 내부 볼륨을 매달고suspend, 외부 볼륨과 관계없이 가장 깊숙한 공간까지 태양광을 유도한다. 이 볼륨과 채광의 차이의 극명한 대조는 교회 공간에 극적인 효과를 준다. 중첩은 여러 층의 껍질skin을 통해 채광을 조종하고 제어할 수 있는데 특히 적합한 단면 유형이며, SOM의 고든 번샤프트Gordon Bunshaft가 베이네케 도서관Beinecke에서 사용한 기술이기도 하다. 여기서 외피인 반투명 돌 육면체는 희귀한 책들을 손상으로부터 보호한다.

중첩된 단면을 문자 그대로 표현한 예시로 소우 후지모토의 하우스 N이 있다. 이 집의 세 개의 육면체 층은 모두 백색이며, 다섯 개의 면에 모두 유사한 직사각형 모양의 개구부를 가지고 있으며, 밖에서 안으로 들어갈수록 두께가 조금씩 감소한다. 그러나, 중간층에 단열막을 형성하고, 외피를 대지의 경계까지 밀어 붙임으로써, 후지모토는 대지를 내부와 외부, 그리고 공적공간과 사적공간의 구별을 하기 힘든 놀랍도록 복잡한 동질성의 현장으로 만든다. 모든 레이어는 유사해 보이지만, 각각은 다른 역할을 담당한다. 바깥층은 그 집의 관할 구역을 규정하고, 중간층은 단열환경을 만들며, 내부 층은 침실과 거실/주방을 구별한다. 각각의 층을 보면 개구부가 너무 많지만, 세 개의 층이 합쳐져 전체적으로는 적절하게 사생활과 조망을 규제한다. 그럼에도 불구하고, 세 개의 층은 주택의 환경적 성능을 개선시키지는 않는데, 앞에서 언급하였듯 단열층은 중간층에만 있기 때문이다. 이와는 대조적으로, 조르다 건축사사무소Jourda Architectes의 몬세니 훈련센터Mont-Cenis Training Center는 열 성능을 향상시키기 위해 순차적인 중첩을 사용한다. 두 개의 일상적인 선형의 건물은 매우 큰 목재 건물wood shed 아래에 위치해 있는데, 목재건물은 아래 선형건물들을 덮고도 여유가 있다. 유리와 광전지로 덮인 바깥쪽 외피는 패시브 솔라 시스템 및 통풍 시스템을 이용하여 바깥쪽과 두 개의 거주용 건물 사이에 있는 온화한 단열층을 만들어 기후에 대응한다. 외부도 내부도 아닌 이 공간은 개념적으로 이중 단열창의 유리 사이에 있는 공기층과 기능적으로 유사하다. 더욱이, 중첩 단면 유형은 공간의 복잡한 상호 작용과 건물 재료 및 단면을 통해 열 조건들의 증감gradient을 만들 수 있다. 몬세니 훈련센터는 벅민스터 풀러Buckminster Fuller가 꿈꾸던 기후 유토피아의 정제된 개선안이다. 맨해튼을 씌우는 그의 개념적 돔, 혹은 69 몬트리올 미국 파빌리온이든간에, 풀러는 중첩 단면 유형을 반복적으로 사용하여 제어된 열 환경을 생성한다. 이런 대규모 중첩 단면이 가능했던 것은 건물 내에 건물을 배치할 수 있는 널찍한 외피를 구축할 수 있게 만든 스페이스 프레임space-frame 건설 시스템에 대한 그의 탐구와 혁신의 산물이었다.

하이브리드

압출, 적층, 형상, 전단, 관통, 경사 및 중첩은 단면을 구성하는operate 주된 방법들이다. 명확하게 하자면, 이들은 별도의 유형mode으로 제시되어 있지만, 거의 혼자 작동하지 않는다. 예를 들어, 구멍 및 전단 유형은 적용되기 위해 압출된 바닥 또는 적층 단면이 필요하다. 형상 단면은 충분한 구조적 지지와 서비스 공간을 위해 적층된 플레이트와 결합된다. 실제로 가장 복잡하고 난해한intricate 단면을 보이는 건물은 다양한 조합의 유형이 포함되어 있다. 우리는 혁신적으로 창의적인 긴장감을 유발하는 단면 유형의 조합을 대표하는 프로젝트들을 포함시켰다. 어느 하나의 지배적인 유형이 없는 경

Hybrid Sections

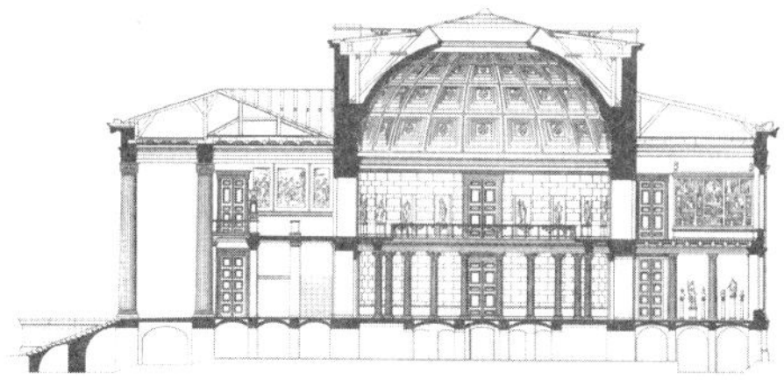

Karl Friedrich Schinkel, Altes Museum, 1830

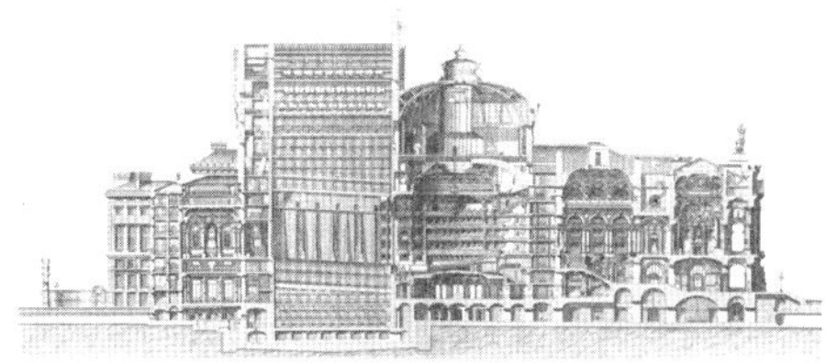

Charles Garnier, Paris Opéra, 1875

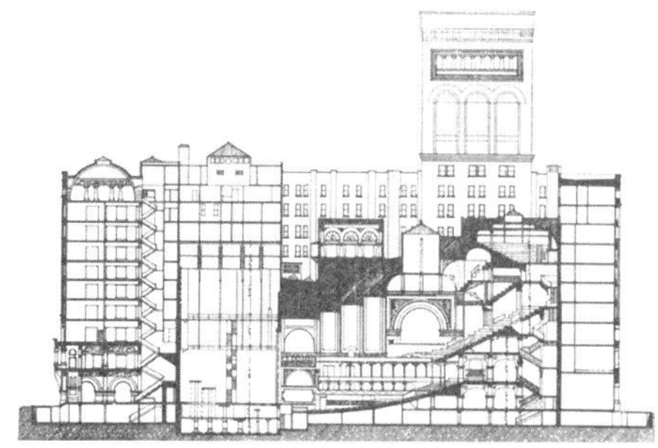

Adler & Sullivan, Chicago Auditorium Building, 1889

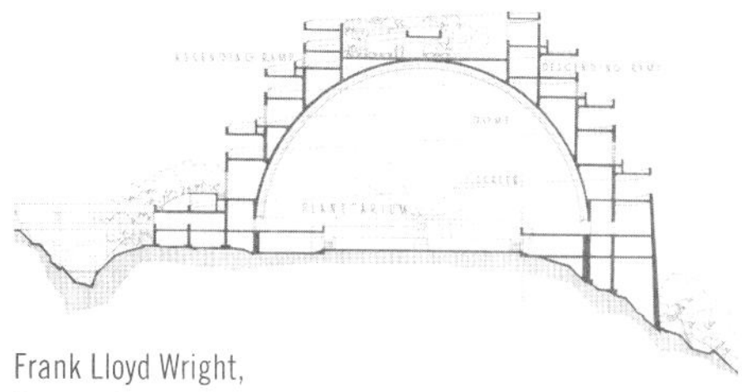

Frank Lloyd Wright,
Gordon Strong Automobile Objective, 1925

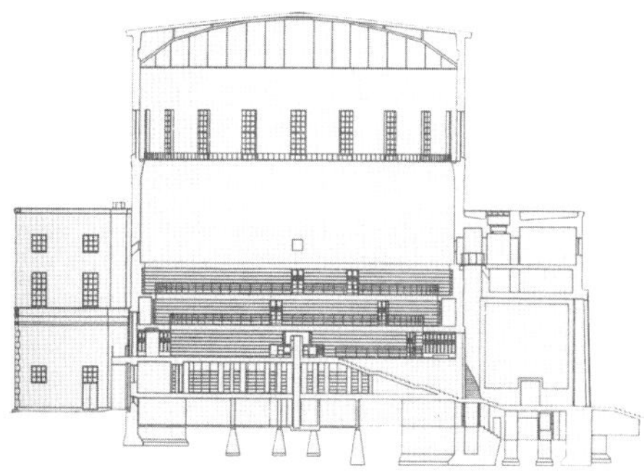

Erik Gunnar Asplund, Stockholm Public Library, 1928

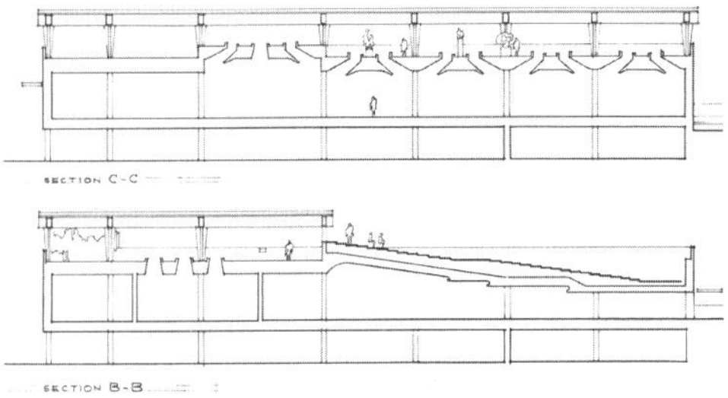

Alvar Aalto, Art Museum in Baghdad, 1958

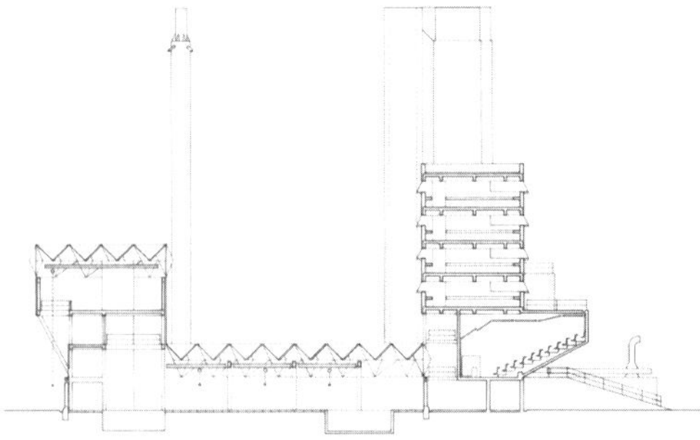

James Stirling, James Gowan, and Michael Wilford, Leicester University Engineering Building, 1963

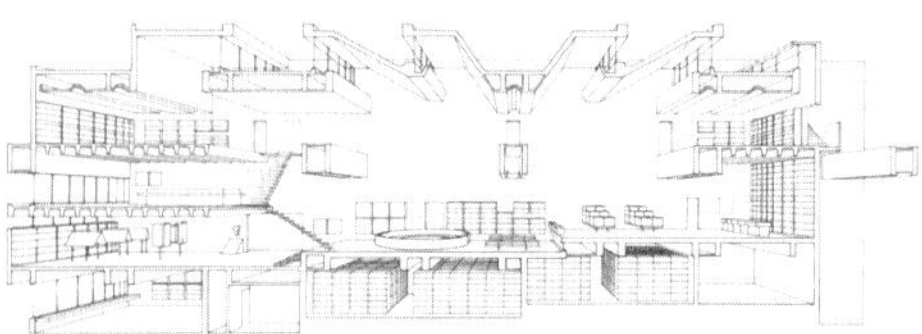

Arata Isozaki, Oita Prefectural Library, 1966

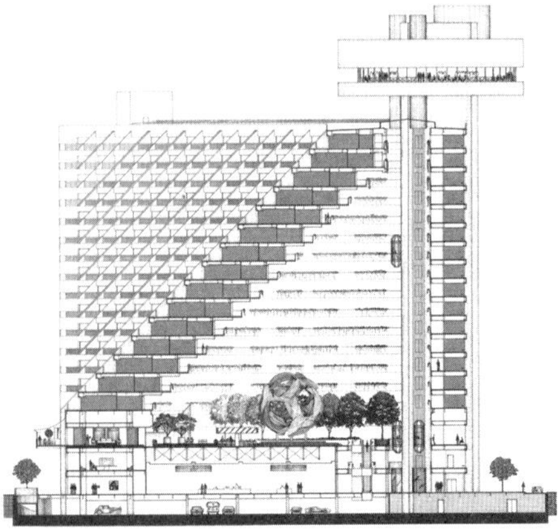

John Portman, Hyatt Regency San Francisco, 1974

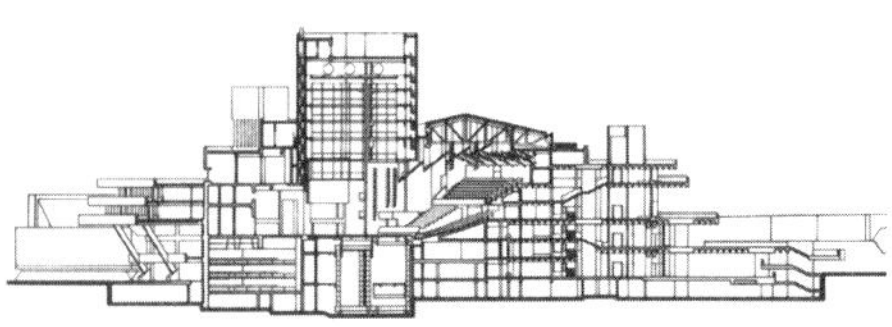

Denys Lasdun, Royal Theater, 1976

우, 우리는 이를 하이브리드라 칭한다.

하이브리드는 단면유형을 결합하기 위한 유용한 전략들을 보여 준다. 기본적인 전략은 적용되는 유형 둘 다 지배적이지 않은 상황에서 두 가지 단면 유형의 병치이다. 마이클 말찬Michael Maltzan이 계획한 스타 아파트먼트Star Apartments의 경우, 적층과 중첩이 합쳐진 형태이다. 콘크리트 기단concrete podium위 주거 층을 위치시켜 단면적인 유형으로는 적층이다. 하지만 각 아파트 유니트를 모듈러한 시공modular construction으로 계획하였기 때문에 상부의 적층 시스템은 중첩 방식으로 만들어 진다.

다른 하이브리드 프로젝트들은 매우 매끄럽게seamlessly 단면적 유형들을 합성하기 때문에 이 시스템들의 교차점을 이해하기 위해서는 정밀한 탐구가 필요하다. 빌라 지라솔레The Villa Girasole—거칠게 다듬은 기단rusticated base에 놓인 경량회전상부lightweight rotating top와 여덟 개 층의 나선형 계단을 통해 연결된 타워—는 주택을 구성하는 적층된 층, 거주용 베이스 및 나선형 계단을 형성하는 커다란 관통부와 함께 서로 중첩된 형상nested forms을 차곡차곡 쌓은 형태를 보여준다. 전체적인 건물은 풍경으로 인해 수평으로 전단되며, 아트리움 계단으로 상부와 하부 정원 사이의 연속성을 제공한다. 헤르조그 앤 드뫼롱의 비트라하우스VitraHaus에서 형상 볼륨은 서로 중첩되어 쌓이게 되고, 외부 아트리움을 생성하기 위해 수평으로 전단된다. 단언컨대 의심의 여지없이, 복합화된 단면 타입의 조합을 보여주는 합성 프로젝트의 예는 SANAA의 롤렉스 센터Rolex Learning Center로 단순한 압출이 연속적으로 형성되어 경사 표면을 생성하고, 일련의 불연속적 관통부를 통해 프로젝트의 왜곡된 단면을 보여 준다.

수직적으로 구성된 고층 건물들은 당연히 단면의 창의적인 접근법을 위한 사례 연구가 된다. 헤르조그의 프라다 아오야마Prada Aoyama에서부터 겐고 구마의 아사쿠사 문화 및 관광센터Asakusa Culture and Tourism Center의 수직 적층의 기본 전략은 도전적이고 대안적인 단면의 개입방식에 의해 복잡해졌다. 탈의실 등이 포함된 형상 볼륨은, 모두 형상 육면체 또는 볼륨 안에 포함되어 프라다 백화점 내에 적층된 레벨 내에 중첩되어 있다. 구마의 디자인에서, 볼륨 내에 중첩된 볼륨을 포함하는 개별 형상 형태는 경사진 층으로 완성되고, 타워를 형성하기 위해 겹겹이 쌓여있다.

복잡한 기능의 공공시설이나 문화 시설들은, 가장 자주 단면 복잡성을 보여주는 주제이다. 이러한 프로젝트는 주어진 외피envelope 내에 독립된 형태의 통합을 필요로 하는 프로그램의 조합을 필요로 한다. 극장, 콘서트 홀, 그리고 다른 공연 공간들은 OMA의 카사 다 뮤지카Casa da Música에서 예시되듯이, 스테이지와 경사진 오디토리움을 필요로 하고, 보완적 동선 시스템과 서비스 공간을 필요로 한다. 마찬가지로, 맥 스코긴 메릴 일람 건축사사무소Mack Scogin Merrill Elam Architects의 노울톤 건축대학Knowlton School of Architecture, OMA의 시애틀 도서관Seattle Central Library, 알바로 시자Álvaro Siza의 이베레 카마고 재단 박물관Iberê Camargo Foundation Museum, 모포시스Morphosis의 41 쿠퍼 스퀘어41 Cooper Square, NADAA의 멜버른 디자인 대학Melbourne School of Design, 딜러 스코피디오와 렌프로Diller Scofidio + Renfro의 이미지 및 음향 박물관Museum of Image and Sound, 그리고 그라프톤 건축사사무소Grafton Architects의 루이지 보코니 대학Università Luigi Bocconi 같은 다기능 아카데미 및 시민 회관들은 복잡한 프로그래밍의 조합을 해결하는 건축의 창의적 작업을 만들기 위해 모두 단면을 사용하고 있다.

단일 빌딩 내에서 다양한 단면의 유형을 통합함으로써, 이러한 프로젝트는 풍부한 연구와 조사의 대상이 된다. 주어진 접근방식을 명확히 하고 추출할 수 있는 가능성 때문에, 한 종류의 단면유형을 예시하는 작업들이 선택되었지만, 이들은 하이브리드 조합의 공간적인 방식play을 설명하기에는 부족하다. 두 방식 이상의 유형이 적용되어 생기는 단면의 상호 작용은, 건축가들에게 복잡한 프로그램을 수용할 수 있게 할 뿐만 아니라, 하나의 프로젝트에서 다양한 해석이 가능하게 한다. 단, 한 가지 유형 이상의 단면을 사용하는 모든 프로젝트가 반드시 흥미롭거나 주목할 만한 건축물이라는 것을 의미하지는 않는다. 오히려, 다양성의 탐구와 하이브리드의 복합성은, 단면 유형에서 아직 미개척된 가능성의 넓은 범위를 보여 준다. 분류 체계는 건축학적 담론을 제약시키려는 것이 아니라, 촉진시키기 위해 사용되었다.

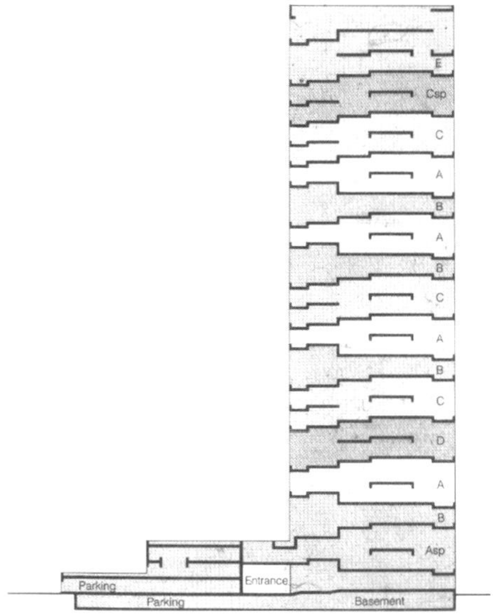

Charles Correa, Kanchanjunga Apartments, 1983

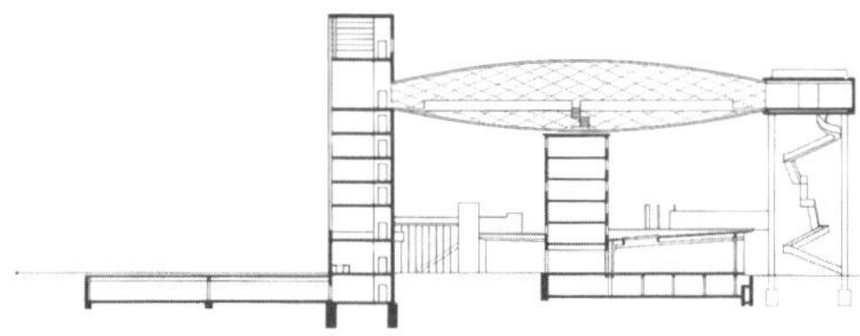

Steven Holl Architects, American Library Berlin, 1989

요약한 단면의 역사

오늘날 단면이 건축적 관행practice에 광범위하게 사용되는 것에 비해, 건축 도면의 역사에서 단면은 상당히 뒤늦게 나타난다. 사실, 단면의 개별적인 사례들은 15세기 초부터 발견되지만, 성문화된 도면 형식으로서의 단면은, 17세기 후반이나 18세기 초기가 되어서야 유럽 건축 아카데미나 공모전에서 나타나기 시작하며, 이 때 입면, 단면, 평면의 세 가지 양식이 완성된다.[12] 지난 수백 년 동안의 서양의 과정을 담은 건축 단면의 포괄적인 역사를 살펴보는 것은 이 글의 범위 밖에 있겠지만, 현재의 상태와 잠재력을 강화하기 위해 개념화와 단면의 배치의 변화를 체계화하는 것은 유익한 일이다.

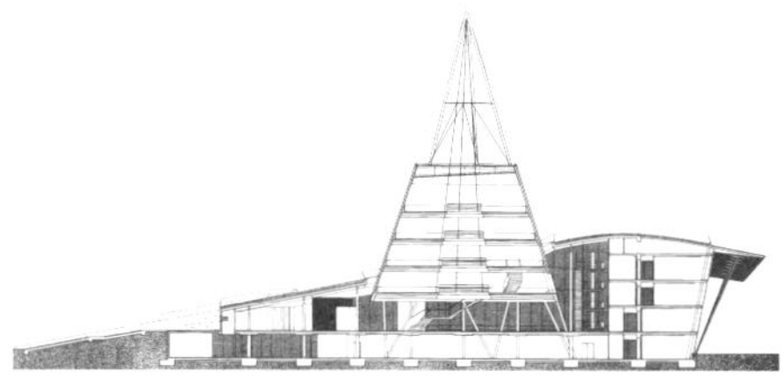

Mecanoo Architecten, Technical University Delft Library, 1997

여기서 언급되는 역사는 몇 가지 핵심 아이디어의 융합을 둘러싼 일련의 에피소드들이다. 불연속과 불완전함, 이 순간들은 단면의 잠재성과 역설을 보여 준다. 이러한 모순 사이의 주된 특징은 용어 단면 자체의 이중적 성격이다. 우리가 단면을 언급할 때, 그 의미는 건물의 수직 구성과 이에 관련된 건축물 및 도시적urbanistic 시공을 포함한 건축적 실무 기술architectural practices과 동시에 재현의 기술representational technique, 두 가지 의미를 포함하고 있다. 이 두 가지 조건들은 역사적으로나 직업적professionally으로 모두 관련되어 있다. 용어의 두 의미는 종종 서로 구별하기 어렵고 혼합되어 사용되지만, 우리는 단면의 역사적인 궤적을 검토하기examine 위해 이 관계를 명확하게 하려고 노력하려하며, 표현적인 양식으로서의 기원부터 시작해 공간적, 지각적, 또한 성능적인 의미를 담는 디자인 실무 도면의 발전을 살펴보려고 한다.

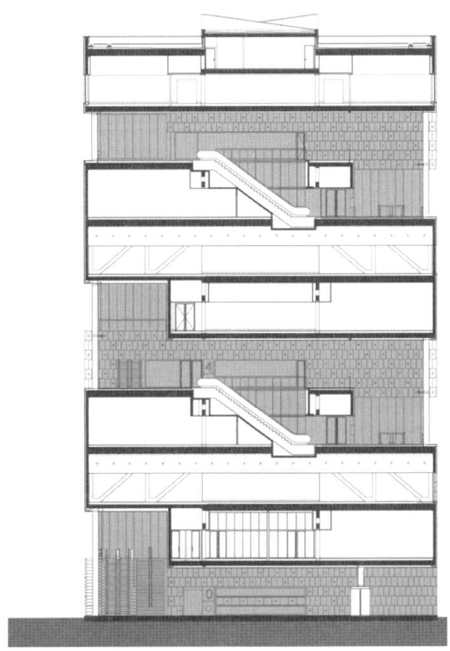

Neutelings Riedijk Architects, Museum aan de Stroom, 2010

Villard de Honnecourt, Reims Cathedral, ca. 1230

Donato Bramante, Roman ruins, ca. 1500

Giuliano da Sangallo, Temples of Portumnus and Vesta, 1465

Leonardo da Vinci, study for central plan church, ca. 1507

분석적인 절개: 고고학과 해부학

표현 메커니즘으로서의 단면의 기원은 애매모호하기는 하지만, 일반적으로 기존 건물 또는 차체의 숨겨진 작동을 드러내는 단면의 능력-회고적retrospective이거나 분석적analytical인 기술로서-과 연관되어 있다. 건축적 단면의 조건을 잠정적으로 묘사한 가장 오래된 그림은 13세기 빌라드 오누쿠루Villard de Honnecourt의 중세 대성당 양피지 연구이다.[13] 알려진 63페이지의 그림 중에서, 입면에서 보여지는 플라잉 버트레스flying buttresses의 순서를 설명하기 위해 도면의 측면에 랭스성당Reims Cathedral의 외부 벽을 절개한 도면이 있다. 사실, 오누쿠루의 도면은 깨끗한 선을 통해 만들어 졌는데도, 절개로 표현한 단면은 임시적이고 불완전하여 고딕 성당의 특성과 결합한 구조적 복잡성을 묘사하기 위해서만 쓰였다. 그럼에도 불구하고, 이 초기 사례는 건물의 수직 구성을 잘라, 구조와 시공의 관계를 가시화하기 위한 수단으로서 단면도를 사용한 전조presage가 된다.

오누쿠루의 도면은 단면이 르네상스 시대 이전의 건축 분야에서는 널리 알려지지 않았음을 시사하며, 체계화codified된 재현representation은 건축 분야 밖 두 가지 선도 분야precusor와 연관되어 있는데, 이는 고고학 폐허archeological ruin의 관찰observation과 인체의 생물학적 묘사이다. 이 두 가지 경우, 단면은 시각적이고 물리적인 현존하는extant 몸체(그것이 생물이든 무생물이든지간에)의 절개dissection와 밀접하게 연관되어 있다.[14] 이와 같이, 단면은 우선 관측된 대상의 기록에서부터 출발하고, 그 이후가 되어야in retrospect 재현적 메커니즘이 시작한다.

쟈끄 길레르메Jacques Guillerme와 일렌 베가Hélène Vérin는 '단면section의 고고학' 에서 고고학자들은 로마 유적의 관찰 및 이후의 묘사depiction와 허물어져가는decaying 건물의 실제적인 단절physical breaks 및 불연속성에서 단면 도면의 기원을 찾는다.[15] 이러한 파편화 된 유적들은 관광객과 예술가에게 내부와 외부를 동시에 노출시키는 광경view을 보여 주었다. 이들에 따르면, 폐허 속에 살아남은 로맨틱한 기념비들을 그림drawing을 통해 기록하는 관례practice는 점진적으로 건축의 의도를 의식적으로 투영하는 단면으로 발전하게 되었다. "고고학의 유물 관찰observation을 건축 다이어그램의 관례observance로 변화시킨다." 기존의 견고한 건물의 가상의 절개, 또는 미래의 구조물을 설명하는 수단으로 이해되는 단면은 숨겨졌던 폐허의 기록documentation of ruins이 생겨난 뒤 나타난다. 이 전환translation은 부서진 건축물의 기록이라는 직접적인 행위에서 추상화된 매체로의 개념적 변화를 필요로 하는데, 이에 필수적인 개념이 바로 단면을 절개하는 상상의 절개면이다. 이러한 변환의 관습적인conventional 성격은 절개를 하는 다양한 기법의 변화를 통해서 알 수 있는데, 대상의 건물을 반쯤 폐허가 된quasiruined 상태로 묘사해서 그리는 방식부터 건물의 단단한 구조적인 부분을 묘사하기 위해서 색칠poche을 하는 것 등이 포함될 수 있다.

선례의 또 다른 기원은 15세기에 등장한 인체의 해부학에서 시작과 실제 신체 해부로부터 발전된 신체와 내부 장기를 묘사한 예술적이고 과학적인 사례에서 찾을 수 있다. 건축 도면과 마찬가지로, 이러한 그림들은 절개의 단면적인 성격을 표현render할 수 있는 창의적인 시각적 표현방법을 통해 고안되었다. 가장 자주 인용되는 것으로 레오나르도 다 빈치의 인간의 형태human form에 대한 강박적인 연구가 있는데, 여기에는 평면, 입면, 단면투시도를 결합한 인간의 두개골 드로잉이 포함된다. 레오나르도 다빈치의 두개골에 대한 묘사는 원형 도서관 돔 천장의 묘사와 크게 다르지 않은데, 이 둘은 신체 및 건물의 외관과 내부 상태를 동시에 보여 주기 위해 절개를 적용하고 있다.

이러한 초기 의학 예시들 중 가장 유명한 예는 안드레아스 베살리우스의 *'인간 신체의 구조'* Andreas Vesalius's De Humani Corporis Fabrica(1543)로, 피부를 벗긴 신체는 다양한 포즈로 살아있는 상태 및 우화적인 주제를 흉내내는 자세로 그려졌다. 이 목판화는 세밀하게 구성되어, 단순히 근육과 내장 등 인체내부 구조를 보여주는 것뿐만 아니라 그림으로 보여주는 절개의 행위가 실제적인 수술physical operation과 재현적인 기술conciet에 해당되는 행위라는 것을 보여주고 있다. 그림Figures은 보여주려 하는 해부학적 시스템을 설명하는데 도움을 주는 역할 뿐만 아니라, 동시에 그림 자체의 해부dissection와 표현display을 곁들이고 있다.

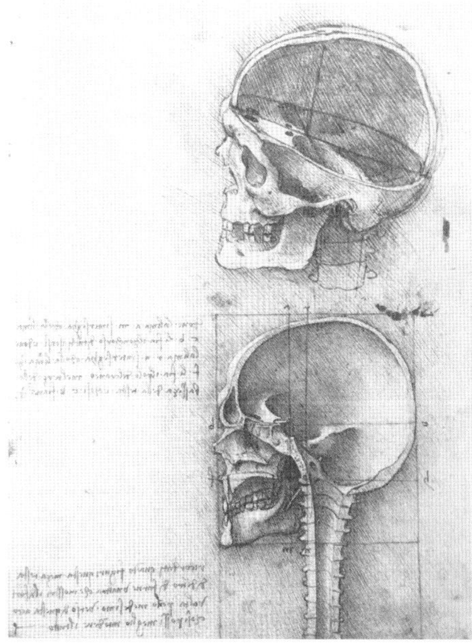

Leonardo da Vinci, Skull, 1489

이러한 생물학적 표현과 건축적 관행 사이의 인과 관계를 입증하는 것은 쉽지 않지만, 그럼에도 불구하고 한 쪽 분야에서 나타난 테크닉이 다른 분야에 적용되는 기술적 유사성을 식별하는 것이 가능하며, 도식화된 그림 기법과 표현 양식이 상호교류cross-fertilization를 통해 발전해 왔음을 암시하고 있다. 하지만 더 중요한 것은, 고고학 분야와 해부학 분야의 관례에서 도출된 드로잉기법drawing technique은, 단면이 디자인 단계prospective의 도구라기보다는 기존의 것을 묘사하는retrospective 성격으로, 생성을 위한 도구라기보다는 분석 장치로서 시작되었음을 강하게 보여준다. 이것이 아마도 단면이 건축적 관례의 생성 수단으로 받아들여지기까지 시간이 걸렸던 이유를 설명할 수 있을 것이다.

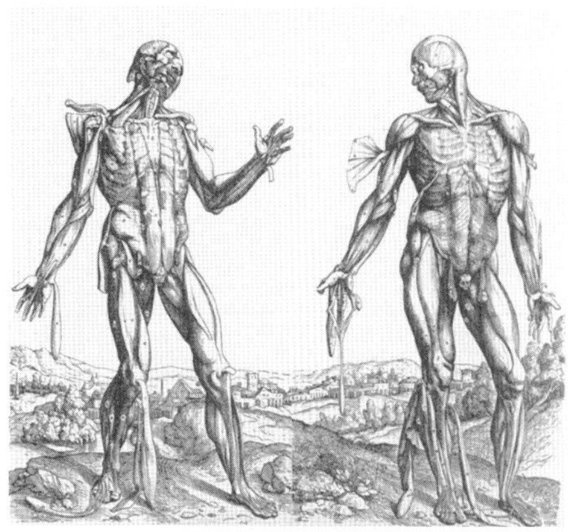

Andreas Vesalius, drawings, from *De Humani Corporis Fabrica*, 1543

건축 단면의 출현: 측정 및 지각

명백한 건축적 기술technique로서 단면 드로잉이 사용된 것은, 15세기 후반 이탈리아 건축가들의 작품에서 나타난다. 이 때, 고전 시대의 단면적 폐허sectional ruins를 문서화하며 재개된 관심사는, 새로운 구조와 프로젝트를 설명할 뿐 아니라, 노후화 되지 않은 고대 건축물의 구조 및 재료 특성에 대한 추측을 위한 단면의 사용과 연결intersect된다. AD 128년 하드리아누스 황제Emperor Hadrian에 의해 지어진 판테온은, 이런 추측의 주제로 자주 등장하는데, 오랫동안 유지된 이 건축물의 구조와 비례의 논리logic을 이해하려는 시도로 많은 추측speculative 단면이 그려졌다.[16] 이런 단면도들은 건축가들에게 단면 사용을 위한 강력한 주제를 제공하였는데, 돔 중앙의 둥근 창oculus은 특히 매혹적이었다. 봉인된 돔이 아닌 판테온은 도발적인 공극provocative void 때문에 단면 도면을 통해서만 볼 수 있는 내부와 외부 공간의 융합을 실제 공간에서 보여주었다.

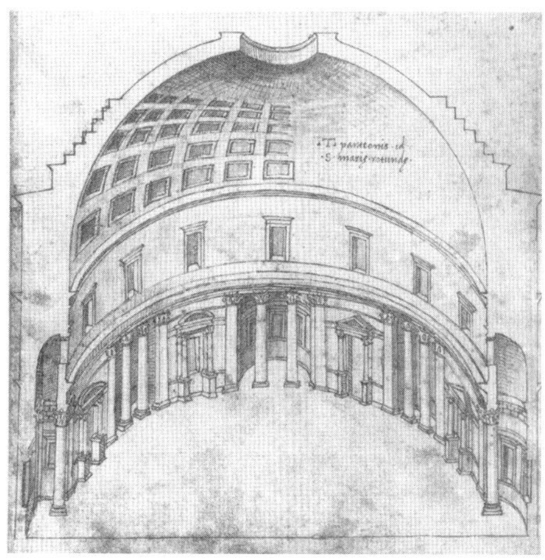

Bernardo della Volpaia, Pantheon, from *Codex Coner*, ca. 1515

코덱스 코네르Codex Coner(1510년대 피렌체의 목수 베르나르도 델라 볼파이아Bernardo della Volpaia가 그렸다고 알려진 건축스케치북), 코덱스 바베리니the Codex Barberini과 발다세레 페루찌Baldassarre Peruzzi의 스케치와 같

Bernardo della Volpaia, Tempietto, from *Codex Coner*, ca. 1515

Giuliano da Sangallo, centralized building, from *Codex Barberini*, ca. 1500

Antonio da Sangallo the Younger, St. Peter's, ca. 1520

은 르네상스 시대의 초기 도면들은, 판테온의 다양한 해석뿐만 아니라, 같은 시기 중앙식 교회의 도면 등의 다양한 단면을 포함하고 있다. 이 그림들은 가상의 절개면을 통해 건물의 형태와 공간 사이의 관계를 시각화 하고, 벽의 외부와 내부의 형상을 추적하고 있다. 이러한 초기 그림에서도, 건축 표현의 형태로서 단면의 위상은 의문시되었는데, 절개된 벽의 재료의 묘사 등은 전체 이미지의 아주 작은 부분이었다. 볼푸강 로츠Wolfgang Lotz 박사가 "르네상스 인테리어 건축 도면 렌더링The Rendering of the Interior in Architectural Drawings of the Renaissance" 에서 언급하듯이, 단면 드로잉은 단독의singular 완벽히 분류된 체계practice가 아닌, 일련의 난잡한 방식으로 결합되고 중첩된 활동operation이었다.[17] 로츠에게 중요한 관심은 단면의 지위status가 아니라 이 도면 타입이 실내 장면이나 건축의 치수와 비율을 기록하는데 필요한 역할이었다. 코덱스 코네르에서는 절개로 인해 생긴 공간을 1점 투시도를 통해 묘사한다. 이 회화적인 접근법은 단면의 절단면을 지나 보이는 장면의 투시도적 효과를 위해 치수 정확도를 희생한다. 반대로 코덱스 바베리니(줄리아노 다 상갈로Giuliano da Sangallo가 저자라고 추정된다)와 페루찌가 그린 판테온의 단면에서는 정사영 투영orthographic projection기법을 적용해 잘린 부분 뒤 공간은 소실점이나 투시도적 왜곡이 없는 입면도elevation 방식으로 표현되어 있다.

코덱스 코네르의 단면 투시도들은 공간의 아주 특정한 개념particular notion을 보여주고 있는데, 이는 도면 형식 자체의 논리에 의해 결정된 부분과 논리에 적응하기 위해서 만들어진 개념이다. 건축 사학자이자 비평가인 로빈 에반스Robin Evans는 이 단면의 내재적 논리가, 이 기법을 통해 가장 적절히 묘사되는 대칭 및 축 방향의 공간적 조직을 옹호한다고 지적한 바 있다.[18] 게다가, 쿠네르의 중앙 중심적centralized이고 앞면중심frontal의 단면은 볼륨으로서 이해되는 건축을 암시하지만, 동시에 정적 관찰자의 관점에서 건축을 회화적 구성물로 이해하는 관점을 암시하기도 한다. 이런 관점에서, 단면 투시도는 건축을 주로 광학적인 현상이며 고정된 시점에서 보는 것으로 해석을 유도한다.

이와는 대조적으로, 이후 나타나는 코덱스 바베리니의 작업들과 페루찌와 안토니오 다 상갈로Antonio da Sangallo의 작품에서 보면 관찰자의 위치는 단면에 더 많은 정사영 규칙을 사용하여 점차적으로 제거된다. 이러한 그림들은 투시도의 시각적 왜곡을 버리고 주관성보다는 객관적인 정확성을 선호하는 기술을 적용한다. 이는 단면의 발전이 점점 전문적인 문서로 변하면서 시공자에게 필요한 치수 및 기하학적 정보를 객관적으로 전달할 수 있기 위한 변화라고 이해할 수 있다. 이러한 변화가 상갈로와 페루찌가 라파엘이 주도하던 베드로 성당 시공에 참여하는 시점과 같다는 것은 의미가 있다. 새로운 건축시공방식의 위계가 실제 시공되는 건축과 건축가를 분리시키기 시작한 것이다. 로츠의 관점에서 볼 때 이러한 변화는 코덱스 코네르에서 보이는 정적인 단일 관점에 더 이상 제한되지 않는, 더 복잡하고 동적으로 고려된 공간을 끌어낼 수 있는 가능성을 만들게 된다.

로츠Lotz는 진화적 관점에서 이전의 투시도를 쓰는 습관적인 관행이 엄격한 정사영 투영 단면으로 바뀌는 것을 완성되어 가는 과정으로 이해한다.

투시도 단면은 주로 도해(삽화)적 관습illustrative practice으로, 하나의 시각적인 이미지에서 시각적인 요소의 비주얼을 극대화하여 건물의 윤곽과 공간을 전달하고, 정량quantifiable과 지각perceptual을 결합한 것이다. 반면에, 정사영 투영 단면은 건축 문서화된 형태의 출현과 연관된 측정 지표의 도구이다. 그러나, 깊이가 표현되지 않음으로 공간 관계의 가독성이 저하되고, 정확도의 증가는 동시에 대신 복잡한 공간과 건축물을 이해하기 위한 필요한 정보를 제공하기 위해 더 많은 도면을 필요로 한다.

투시도를 쓰는 습관적인 관행perspectival practices에서 벗어난 직사 투영 단면 드로잉의 점진적 분기bifurcation는, 16세기에 건축이 다른 순수 미술의 규범과 멀어져 가는 시기와 일치하고 있으며 이는 세바스티아노 세를리오Sebastiano Serlio의 작품에서 잘 예시된다. 치수를 이용한 정확한 투영 도면의 사용 증가, 이와 더불어 시공방식의 표기법을 완성하는 단계는 장인과는 구별되는 전문 건축가의 부상과 괘를 같이 한다. 입면이 건축의 이미지와 구성을 묘사하는 반면, 단면은 지시의 도구이며 시공자에게 시공할 수 있는 방법과 건축의 형태를 전달한다. 3가지 주요 정사영 도면 형식-평면, 입면, 단면-중 단면은 구조와 재료 지정에 가장 적합하다. 표준적 정사영 단면은 여러 가지 측면에서 가장 복합적sophisticated인데, 이는 두 가지를 한 장의 이미지로 표현하기 때문이다; 잘려짐에 의해서 명확히 드러나는 벽inscribed wall의 윤곽과 이 윤곽에 의해 제공된 주거 공간을 묘사하는 내부 입면이 그것이다.[19]

표준적 정사영 재현의 목록에서의 투영 단면의 위치는, 1570년에 출판된 안드레아 팔라디오Andrea Palladio의 건축4서에 의해 명확히 입증된다.[20] 여기서 단면은 입면과 쌍pair을 이뤄 배치되어 있는데, 각각 건물의 절반씩을 보여주고 있으며 두 도면 다 정사영적으로만 그려져 있다. 작품의 경험을 더 잘 전달할 수 있는 내부 투시도 대신 측정 가능한 요소만이 있는 정사영 도면만이 쓰여, 형상의 주관자로서의 건축가의 개념을 강화하고 있다. 안드레아 팔라디오Andrea Palladio 작업의 대칭성은 특히 이런 도면이 가능한 효율성을 제공하는데, 건물을 설명하는데 필요한 조각판(도면)의 수를 감소시키기 때문이다. 짝짓는 방식을 통해 외부 입면은 내부 입면과 나란히 정렬되어 건물의 외피와 내부 구조 사이의 상호 작용을 보여 준다. 팔라디오 작업의 단면과 입면 사이의 차이와 유사성은 이런 표현을 통해 극대화된다. 건물의 윤곽profile을 공유하면서 입면도 쪽은 건축의 구성과 질서, 미학적 양식으로서의 건축 유산을 보여 준다. 단면 쪽은 건물 시공 방식을 아는 전문가로서의 건축가가 갖춰야 할 지식, 즉 건축물을 구축하는데 필요한 재료와 크기mass를 보여준다. 팔라디오의 단면-입면 하이브리드는 건축의 이중성-예술art과 기술craft-을 잘 드러내고 있으며, 건축가의 세계인 건축물의 내부와 외부의 융합을 보여 주고 있다.

팔라디오와 그의 동시대인들에게 내력벽은 어떤 의미였는지를 인지하는 것이 필요한데, 당시의 벽, 바닥, 천장의 형상은 구조 시스템과 일치하였다. 하지만 평면을 단면과 비교해 보면, 같은 벽이 정반대의 방법으로 그려져 있는 것을 알 수 있다. 평면에서 벽은 진하게 채워져solid, 비워져 있는 방과 공간의 구성의 가독성을 높인다. 단면에서 벽은 백색으로 비워져 있는

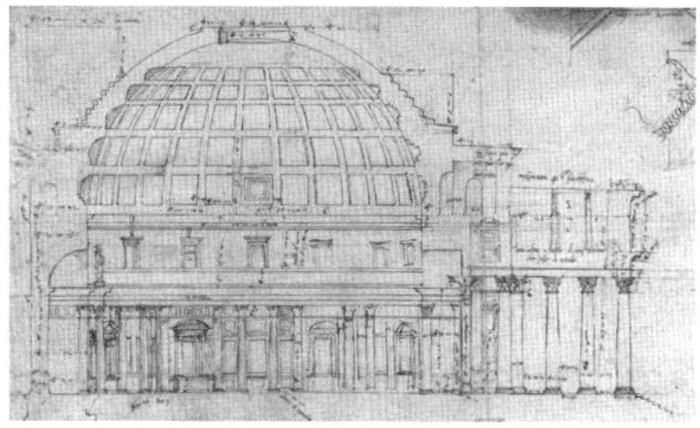

Baldassarre Peruzzi, Pantheon, 1531–35

Sebastiano Serlio, Project N13, from Book VII of *On Domestic Architecture*, ca. 1545

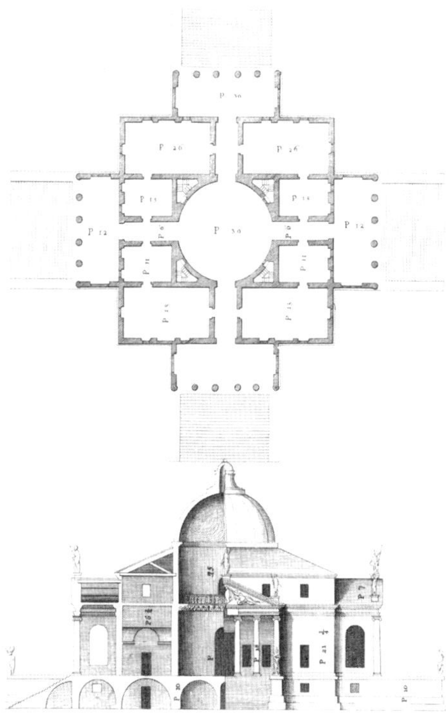

Andrea Palladio, La Rotonda, ca. 1570

데, 벽 뒤로 상당히 자세히 그려지는 인테리어 표면과의 구별을 두기 위함이다. 평면은 건축에서 더 선호되는 형태figure로서 벽과 공간적 개념이 보여진다. 평면은 건축물이 구성하고 이해할 수 있는 기본적인 장소로 간주된다. 이와는 대조적으로, 단면의 벽의 재료 상태는, 방들 사이에 간격을 두며 비어 있는 틈으로 남아 있다. 평면이 조직화하는 반면에, 단면은 그것이 만들어 낸 재료의 모양, 형태, 그리고 조직과 그것으로 둘러싸인 내부 공간을 드러낸다. 대형 공간의 하중량을 분산시키는 천장의 곡선; 눈에 보이지 않는 지붕 트러스는 2층piano nobile의 바닥과 동일한 위계를 가지고 있다; 건물의 규모와 크기 또한 단면에서 가장 명확하게 나타난다. 재료와 공간의 복잡한 상호 작용 및 교환을 위한 독특한 방법을 탐구하고, 테스트하고, 이해할 수 있는 방법을 제공하고, 양식과 효과를 동시에 보여줄 수 있는 것은 단면만의 특징이다.

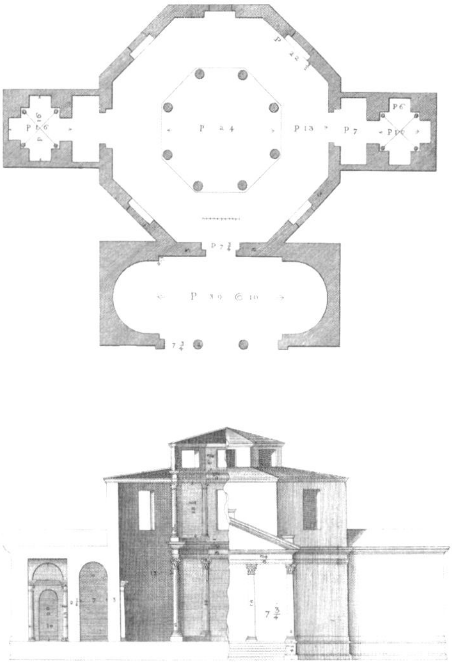

Andrea Palladio, baptisterium of Constantine, 1570

Étienne-Louis Boullée, cenotaph for Isaac Newton, 1784

Étienne-Louis Boullée, conical cenotaph, ca. 1780

에티엔-루이 불레: 형태와 효과

팔라디오Palladio 이후 거의 200년 가까이, 단면 드로잉은 구조를 보여주는 역할에 일관성이 남아있음에도 불구하고 건축 효과를 재현하기 위한 종합적인 수단으로서의 중요성이 계속 증가했다. 아마도 1784년 아이작 뉴턴의 위령비를 위한 에티엔-루이 불레의 지어지지 않은 계획unbuilt scheme에서 구조, 인간, 거주자, 대지 간의 관계에 대한 단면의 잠재력을 가장 잘 표현하고 있다. 불레의 프로젝트는 평면, 입면, 단면으로 표현되었지만, 프로젝트의 전체적인(완전한) 힘을 전달하는 것은 단면이다. 낮과 밤을 묘사한 두 개의 단면은, 설계에 의해 의도된 경험적 반전을 완벽하게 표현한다. 낮 동안은 거대한 구 모양으로 만들어진 내부로 외부 벽을 통해 빛이 들어, 밤하늘의 인상을 만들어 낼 것이다. 밤에는 반대로, 밝게 빛나는 구체가 실내 공간을 낮으로 바꾸어 놓는다.

단면도를 통해서만 건축물 내의 구축된constructed 세계와 외부 자연계 사이에 시간적 병렬temporal juxtaposition을 보여줄 수 있다. 건축물의 재료materiality가 표현되지는 않지만, 기초, 벽, 쉘shell의 면표현tonal marking은 각 도면의 목표를 표현하고 있다. 낮 이미지의 밝은 톤의 단면은 밤의 환상을 만들기 위해 초대형 구조물을 관통하는 원뿔 모양의 관통부를 보여주는 반면, 야간 이미지에서 단면은 저녁 하늘로 녹아들어, 인공 광원의 힘에 경의를 표한다. 원근 투영Perspectival 도법이 쓰이지 않았음에도 불구하고, 불레의 단면에서는, 건축이 구축적인 표현을 통해 경험을 보여줄 수 있음을 증명하고 있으며, 건축은 객관적인 조건에 한정되지 않고 아이디어의 결과물이라는 믿음을 보여주고 있다. 역설적으로, 건설 구축 및 재료를 표현하는 가장 중요한 수단인 단면도는, 불레에 의해 반대로 쓰여 다각적인 잠재력을 명료하게succinctly 보여준다.

유진 엠마누엘 비올레-르-뒤크: 구조와 표현

17세기의 시공방식은 벽돌을 쌓아 만들어진 내부구성이 공간이 되기 때문에, 결과적으로 포셰(벽)의 두께를 통해 외형적인 프로필과 내부 공간이 서로 밀접하게 연관된 단면이 가능하였다. 하지만 18세기와 19세기를 지나며, 석조 내력벽 건축물의 단단한 벽은, 주철과 단철 재료, 그리고 이와 관련된 새로운 구조 기술을 반영한, 점점 더 부합적인layered 시공방식들로 인해 변화를 겪기 시작하였다. 이러한 맥락에서, 단면은 정적 구조를 보여주는 직접적인 표현으로 이해되며, 구조적 형태를 설명하고 분석하는 효과적인 수단으로 인식되었다. 이 점과 연관해 특히 관련 있는 건축가 겸 이론가인 유진 엠마누엘 비올레-르-뒤크의 글과 그림이 있는데, 그는 형태와 구조 시스템의 상호 의존성을 증명하기 위해 단면을 사용하였고, 이 상호의존성은 그의 건축적 아이디어뿐만 아니라 현대적 건축 발전에 중요한 교리가 되었다.

비올레-르-뒤크는 그의 작업을 구성과 평면에 초점을 맞춘 보자르Beaux-Arts 교육에 병행된다고 생각하였다. 그의 건축 강의에서 그의 목표인 구조적 합리성과 시대의 건축적 가능성에 맞춰 조화롭게 만들기 위해 고딕 양식의 건축물을 재고하려는 그의 목표를 개략적으로 설명했다.[21] 강의는 전시대 건축에서 획득한 표현의 원리들을 단면 판화로 보여주었다. 비올레-르-뒤크는 이 판화들을 예전의 벽돌 구조에 바탕을 둔 건물을 있는 그대로 설명하는 것이 아닌, 19세기의 새로운 표현을 적절한 표현으로 해석하는 일련의 사례 연구로 제시했다. 강연 7XII에서는 비올레-르-뒤크의 비교 그림이 소개되는데, 돌출된 갤러리projecting gallery를 지원하기 위한 중세와 현대적인 방법, 즉 지지하고 있는 무거운 석재를 철 버팀대로 교체함을 묘사하고 있다. 이러한 방법론의 효과는 효율과 경제성으로 뒷받침된다. "우리는 경비 절감 효과가 있으며, 더 강인하고, 하중이 덜 하고, (지상 1층에) 더 나은 공기 순환을 허용할 건축물을 지어야 한다."[22] 그의 아이디어들은 단면의 교훈적인 성격으로 뒷받침되며, 효율적으로 구조와 중력의 작용, 배수부터 환기까지 건축형태와 관련된 역동성을 강변한다.

같은 강연에 소개된 비올레-르-뒤크의 관련 이미지 "볼트vault에 저항하는 새로운 방법"은 교육적이고 투영적인projective 도구로서 단면에 대한 다른 예시를 제시한다. 플라잉 버트레스(대형 건물 외벽을 떠받치는 반 아치형 벽돌 또는 석조 구조물)의 문제에 대처하여, 비올레-르-뒤크는 석조 아치 외부 추력에 저항하는 것을 목표로 고딕 부벽 벽돌의 mass를 대각선 철기둥, 바, 플레이트 시스템으로 바꾼다. 더 중요한 사실은, 도면은 이 하이브리드 시공방식의 물리적인 형태만이 아니라 구조적 관계의 기하학을 포함하여, 유형과 무형, 구조의 논리와 건축 표현 사이의 이형동질성isomorphism을 입증한다. 중요하게도, 이 모든 경우는 중력과 이를 지지하는 수직적인 힘과 관계가 있기 때문에, 비올레-르-뒤크는 이러한 예들 중 어디에도 평면을 제공하지 않는다.

이 도면들은 조립 부품의 구성 요소로서 건물의 구조적 조건(조립 상태)을 표현할 수 있는 단면의 능력을 보여준다. 오직 단면을 통해 비올레-르-뒤크는 그가 신봉하는 새로운 건축의 조건을 시각화할 수 있었다: "우리는 더 이상 로마 시대처럼 균일하고homogeneous 단단한concrete 덩어리로 만들어진 건축을 하는 것이 아닌 각각의 요소들이 자신만의 이유를 가지고 즉각적인 행동을 하는 유기체적 건축을 추구한다."[23] 형태mass에 바탕을 둔 건축이 아닌 개별적으로 분산된 부품에 기반을 둔 건축으로의 전환은 산업화

Eugène-Emmanuel Viollet-le-Duc, vaulted room, 1872

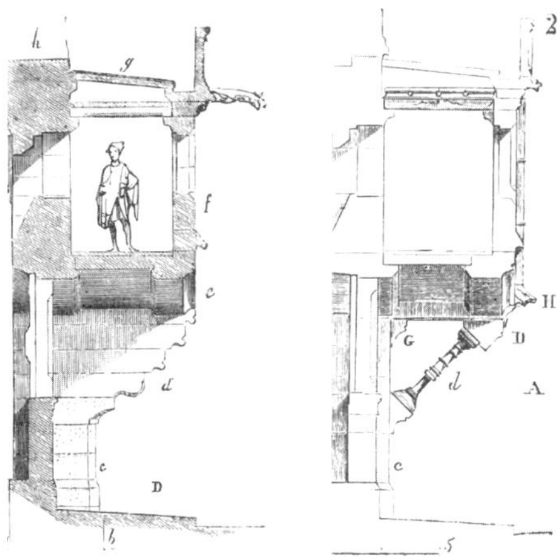

Eugène-Emmanuel Viollet-le-Duc, medieval and modern methods for supporting a projecting gallery, 1872

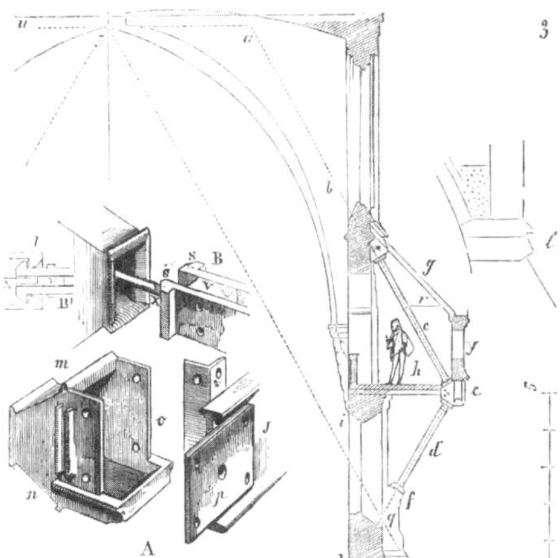

Eugène-Emmanuel Viollet-le-Duc, structural system, 1872

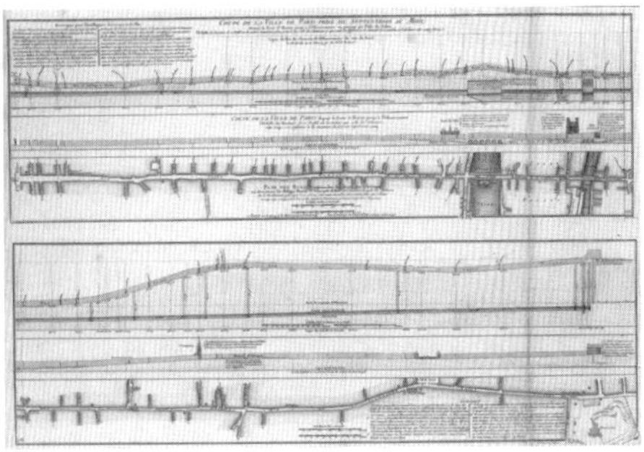

Phillipe Bauche, Coupe de la Ville de Paris, 1742

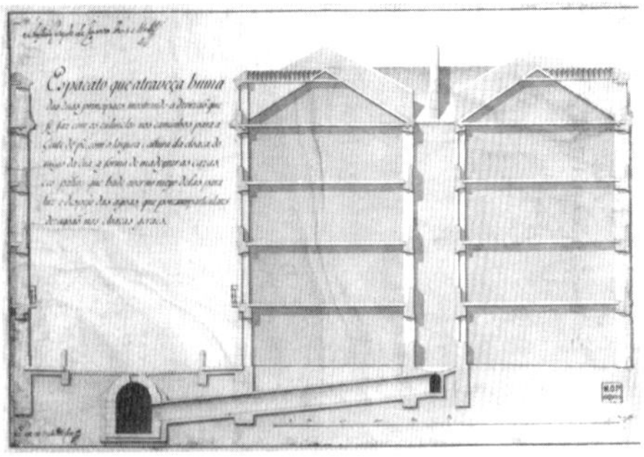

Eugénio dos Santos, street section, 1758

Pierre Patte, street section, 1769

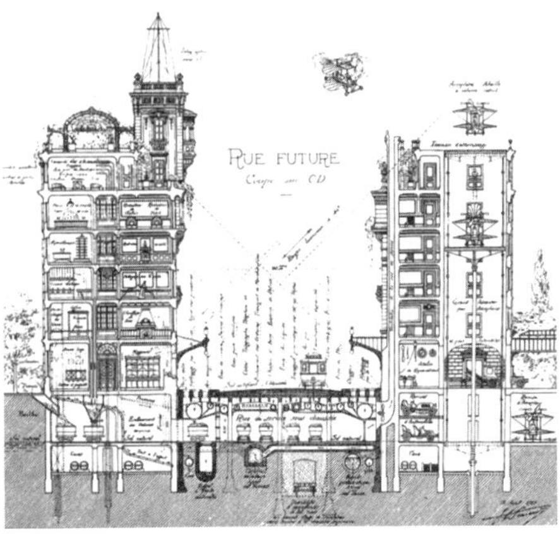

Eugène Hénard, illustration of the "Street of the Future," 1911

된 생산 및 기술적으로 진보된 건설 효율성의 20세기 건축을 예고하고 있다. 또한 이 단면이라는 매체를 통해 효과적으로 드러나는 건축의 개념이기도 하다. 수직적 차원에서 구조적 조합assembly은 기초foundation부터 기둥과 아치와 지붕까지 이어지기 때문에, 단면은 이러한 힘과 이에 대응하는 건물 구성 요소를 가장 직접적으로 보여준다. 비올레-르-뒤크의 경우, 단면도는 새로운 물질의 구조적 시스템으로부터 파생된 건축 양식의 필연성에 대한 명확한 증명이 된다.

산업 건설 기술industrialized construction techniques과 재료의 도입은 건축의 성질nature of architectural practice를 근본적으로 바꾸게 되는데, 예를 들어 철의 사용 및 강철 기둥, 그리고 장-스펜 시스템은 벽을 구조적인 의무에서 벗어나게 해 주었다. 역설적으로, 비올레-르-뒤크가 주장한 구조와 형태의 상호 작용(상호 의존성)을 가능케 한 이 기술적인 발전은, 결국 근대운동modernist movement과 결별하게 만드는 단초를 제공하게 된다. 외부 공간과 내부 공간으로부터 독립적으로 작동할 수 있게 하는 강철(및 이후 콘크리트)구조 시스템의 효율성은 재현적 수단이면서도 건축 시공이 표현되는 단면을 자유롭게 하는 동시에 위태롭게 만들었다. 구조적 힘과 정렬할 필요성이 사라진 단면은 공간의 조작에 관한 새로운 역할을 수행할 수 있다. 동시에, 반복적인 기둥 시스템과 콘크리트 슬래브의 확산은, 단면의 필요를 약화시켜 롱스팬 프로젝트를 제외한 단면에서 디자인의 필요성은 사라지기 시작하였다.

단면적 도시

급속한 산업화를 동반한 대도시의 성장과 함께, 단면은 건축, 수송, 그리고 하수도hydrological 시스템의 점점 더 복잡한 계층을 이해하기 위한 중요한 도구로서 진화되었다. 도시의 밀도가 올라가고 근대화되는 도시에 필요한 다양한 서비스를 제공하기 위해 서로 연결된 네트워크 시스템의 필요가 증가하였다. 맨해튼의 그리드 체계나 파리의 거리, 가로수 및 공원의 배치처럼 지역을 조직하는데 마스터플랜이 쓰였다면, 도시의 단면을 통해 더 중요하지만 보이지 않는 도시의 활동operation이 시각화되어 정치적인 통제의 확장으로 투사될 수 있었다. 현존하는 상황을 기록하는 것이 아니라 미래의 이미지를 투영함으로서, 거리의 단면은 다양한 시스템을 조율하고, 새로운 개념과 공간적 영역spatial territory를 개발하기 위한 표현 방식을 보여주고 있다.

포르투갈 엔지니어인 에우제니오 도스 산토스Eugénio dos Santos와 프랑스 엔지니어 피에르 파뜨Pierre Patte의 도면은, 상관된interconnected 사회기반 시설 시스템을 이해하고 조직하기 위해 가장 먼저 단면을 쓴 예로 간주되고 있다.[24] 이 둘 중 파리를 변혁에 있어서 그 영향력의 역할을 감안했을 때, 파뜨의 작업이 더 잘 알려져 있다. 1760년대에 수행된 그의 도시계획 및 도면은, 도시의 변화를 제시하고, 건물의 내부 설비의 통합을 제시하고, 미래의 도시 개선을 도모하기 위한 부지로서 도로의 하부공간의 이용을 역설한다.[25] 이 단면에서 주택의 내부 배관과 연결된 폐기물 시스템을 통합한 네트워크를 구성하고 보여준다. 파뜨의 드로잉은 아파트 건물 내부에 설치된 수도 시설을 도시 상수도와 연결시켜, 개별적인 삶이 서로 연관되고, 이것이 다시 도시 네트워크에 연결되는 밀접한 관계를 제안한다. 도시의 이 두 갈래 다른 측면은, 도면의 논리를 통해 소유권의 경계와 시민의 권한이 모호한 하나의 시스템으로서 이해되고 시각화될 수 있었다. 파뜨는 특히 건물과 도로의 배수관의 통합에 가장 큰 초점을 두었으며, 이를 위해 하수도의 깊이와 재료를 세심하게 계획해 적절한 내구성, 기울기 및 수류water flow을 보장하려고 하였다. 이와는 대조적으로, 지하실 위 건축부분은 비워져 있으며, 구체화되지 않아, 정해지지 않은 채 미래의 거주자들을 위해 남아 있다. 저 멀리 거리 기념물은 단면의 건물보다 더 세세하게 묘사되어 있다. 이와 같이, 파뜨의 설계 개념은 도시 단면의 두 개의 독특한 방향을 보여 주는데, 도시의 복잡성과 중첩된 공간의 증가, 그리고 반복적인 적층 구조를 통한 고밀도이다.

1910년에 발표된 유진 에너드Eugène Hénard의 "미래의 도시"는 파뜨의 선례를 발전시킨다.[26] 에너드는 계속해서 가시적인 부분과 비가시적인 부분을 묶기 위해 단면을 계속 사용했다. 새로운 교통 시스템의 가능성과 잠재력에 직면한 도전을 인지하여, 그는 도시를 터널, 트럭, 그리고 고가 철도의 다층 매트릭스(행렬)로 상상을 하였으며, 이런 도시조건의 지상층의 다양한 층을 표현하기 위해 단면을 이용했다. 석탄 카트의 네트워크는 개별 건물을 연결하고 새로운 인프라 시스템이 전력과 에너지를 제공한다. 개인적인 비행 장치와 자동차를 수직적으로 이동하기 위한 수직 샤프트 같은 장식과 함께, 에너드는 일상적이고 반복적인 주거 공간이 적층되어 있는 것을 상상하는데, 그 높이의 제한은 주변 건물에 대한 일조권을 제외하고는 없다.

단면 드로잉은 에너드와 같은 근데 도시 계획가들의 생각에 중요한 역할을 하였는데, 이는 지상을 높이차이strata을 통해 고도로 계층화된 대도시의 기초 기반을 조성할 수 있게 하여, 새롭게 나타난 경쟁상대인 운송기술과 통신기술을 수용할 수 있게 하였다. 새로운 도시의 개념화를 위해 단면의 사용은 필수적이었다. 코르베의 미래의 도시(1913년)에서부터 뉴욕 그랜드 센트럴 터미널 계획(1912), 그리고 르 꼬르뷔제의 빛나는 도시Ville Radieuse(1924)에 이르기까지 미래에 대한 비전은 도시를 여러 층으로 상상하였으며, 이는 대비되거나 모순되는 프로그램들을 한꺼번에 담을 수 있는 단면의 가능성과 상호 일관되었다.

Grand Central Terminal, New York, published in the *Scientific American*, 1912

Harvey Wiley Corbett, "City of the Future," 1913

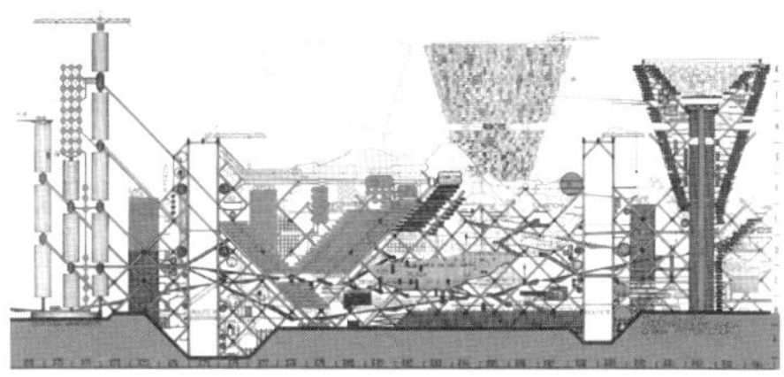

Peter Cook / Archigram, Plug-in City, Max Pressure Area, 1964

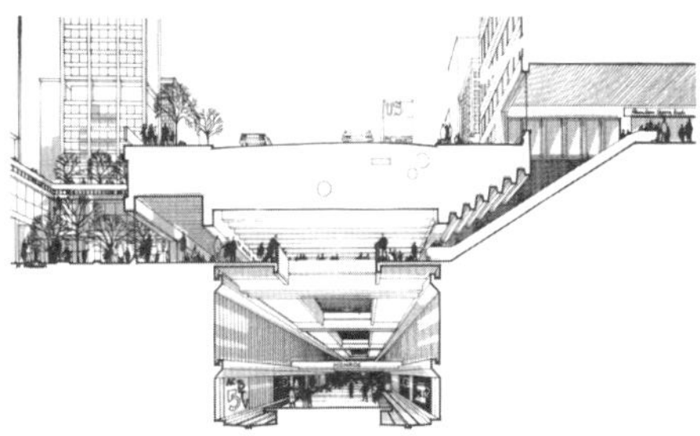

Chicago Central Area Transit Planning Study, 1968

적층의 헤게모니

18세기 위생과 건강에서부터 20세기 운송, 전력, 통신에 대한 배분에 이르기까지 도시의 기반 시설이 점점 복잡해지면서, 단면은 도시 생활 표현의 중요한 역할을 계속해서 수행해 왔다. 거주하는 인구가 점점 더 밀집됨에 따라, 단면은 도시 시스템을 구축하고 유지하는데 필요한 복잡한 계층을 계획mapping하고 도시의 현안politics을 조직하고 통제하는 수단으로 점차 발전하고 있다. 공공의 땅unclaimed land의 가치가 점점 오르고 있는 지금, 도시의 단면은 더욱 다층화되고 치열해져 디자인의 적용 및 발전을 위한 중요한 배경으로 기능한다. 지하 수송 및 하수도에서 생존을 위한 군사 시설과 민간인 대피소까지, 19세기 말과 20세기의 산업화된 도시들의 사회 기반 시

William Le Baron Jenney, Fair Store, 1891

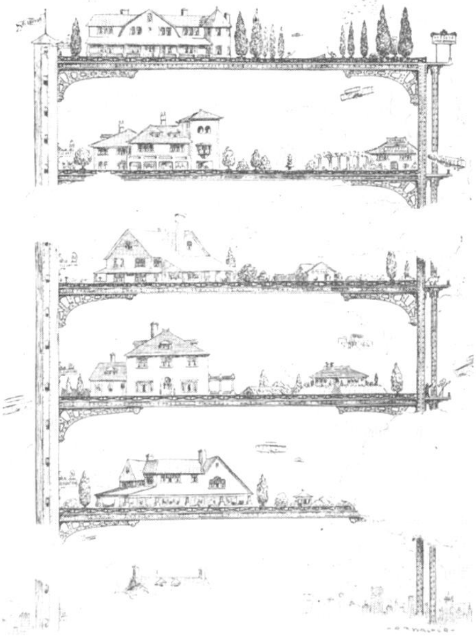

A. B. Walker, cartoon in *Life* magazine, March 1909

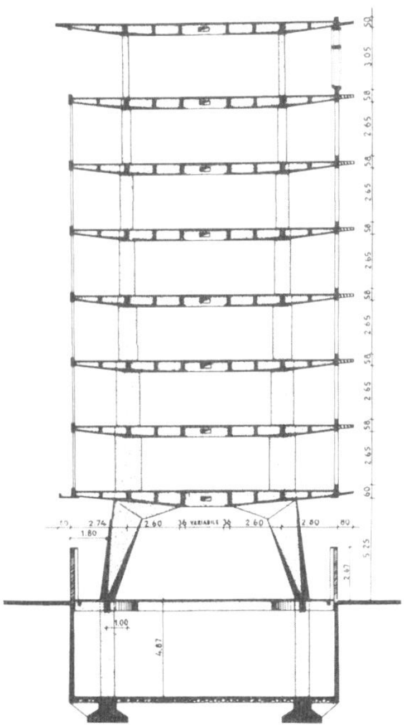

Pier Luigi Nervi, UNESCO Headquarters, 1958

설은 부분적 단면 계획projection을 통해 구성되었다.

현대적인 대도시를 정의하는 인구 밀도는 건축 단면이 기본적으로 표현할 수 있지만, 도시의 정치적 통제와 지상 및 지하의 통제권을 법제화하기 위한 수단으로서도 단면이 사용된다. 조닝zoning(세트백setback 의무, 높이에 대한 제한 사항 등)을 통한 현대의 도시 계획은 단면 반복을 통해 생기는 고밀도 도시 난개발을 억제한다. 용적률, 높이 제한, 또는 건폐율 등 현대의 조닝은 단면을 통한 통제를 통해 상당한 범위를 관리한다. 용도 지역 관리는 건축물의 단면 발전에 대한 새로운 역할을 요구한다. 1916년 뉴욕의 법적규제는 건축물의 최대높이가 도로에 햇빛이 닿을 수 있도록 하기 위해 사선제한이 추가되어 1930년대 지구라트 형태의ziggurat-shaped 건축물 발생에 직접적인 영향을 끼쳤다. 그러한 포고(명령)는 결과적으로 밀폐된 공간을 극대화하기 위해 보도에서 물러나 전단되고 처지게 배열stagger되는 단면으로 구성된 건축물을 만들었다. 공간의 특정 유형에 따라 용적률이 제한되는 현대의 법규는, 투자로 인한 수익률을 극대화하기 위해 유력한 메자닌, 보이드, 및 이중 높이 공간을 배치한 단면의 사용으로 연결되고 있다

새로운 도시 빌딩 유형인 백화점, 다용도 극장, 호텔, 기차역은 갈수록 다양해지는 시스템, 동선, 경로path 및 프로그램들을 필요로 하며, 이를 분류하는 문서로서 단면을 사용하고 있다. 제한된 도시 블록에서의 다양한 사용을 용이하게 할 수 있는 건축 기술의 정교함은 연관되지 않은 부분을 단일 셀이나 볼륨에 공존시키는 단면의 발전과 궤를 함께 했다. 이러한 대규모 프로젝트들은 주로 공공적 목적을 갖는 경우가 많은데, 단일 구조의 공간에서 도시의 복잡한 기술 시스템을 통합하며, 이는 일반적인 민간 개발 건물의 특징인 표준화와 직접적인 대조를 이룬다. 하지만 핵심적으로 모든 수직적 건물들은 엘리베이터 및 다른 기계 시스템에 의존하고 있다.

도심 고밀도를 활성화시킨 현대 건설의 효율성은 단면의 발전에 중추적인 역할을 해왔다. 시카고 프레임Chicago frame으로부터 돔-이노Dom-ino 시스템까지, 현대의 수직 건축물 프로세스는 최소한의 비용으로 주어진 일정한 토지를 최대한 활용할 수 있게 하여, 자본주의를 움직이는 목적을 완벽하게 충족시켜 준다. 이제는 표준적이고 의심할 여지가 없는 이런 효율적 시스템은, 다양한 용도를 충족하는데 필요한 복잡한 공간 유형과 좀 더 창의적인 단면 형식을 통해 가능한 무한한 가능성에 의해 도전받고 있다. 모든 인간의 활동 또는 건물 시스템이 반복적인 바닥 판(플레이트)이 제공하는 구분되지 않은 공간에 의해 이상적으로 제공되는 것은 아니다. 시공을 위한 중요한 시스템과 경제적 효율성에 의해 결정된 공간 조직에 반한 대안적인 방법을 모색하는 도구로서 단면 도면은 매우 적절하다. 오늘날 건설되고 있는 환경의 무자비한 상업적 이익 추구에 의해 발생하는 환경과 인간의 비용을 고려한다면, 더 복합적인 단면을 통해 사회적이고 정치적인 잠재력(가능성)을 탐구할 수 있다.

현대의 단면

산업화의 재료와 구조 시스템의 발전은 자본주의의 경제적 요구와 결합하여, 20세기와 21세기의 건축은 단면으로 해석할 때 양 극단으로 나눠지고

있다. 결국, 경제의 효율성은 반복과 동일성을 추구한다. 동시에 점점 더 복잡해지는 건축물의 요구 조건을 충족시킬 수 있는 건축 자재 및 시스템의 구성 요소는 전근대 내력벽 시스템에서 가능했던 것 보다 훨씬 넓은 범위의 단면적 탐험을 유도하고 있다.

표준화와 복잡성 사이의 상호 작용은 건축 담론에서 단면의 개념화에 뚜렷하게 영향을 주고 있으며, 지난 30년간 디지털 기술의 발전 또한 영향을 주고 있다. 컴퓨터를 이용하여 복사하고 붙여 넣을 수 있는 능력은 동일한 속도로 경제성에 직접 적용된다. 동시에, 디지털 모델링 프로그램은 전례 없는 단면 복잡성의 가능성을 만들고 시각화를 실현시키며, 이전에는 불가능했던 공간적, 형식적, 그리고 물질적 복잡성을 드러내고 있다. 3차원 입체 모형을 통해 단면을 절단하거나 절단할 수 있는 능력은 설계 과정에서 설계를 인지하는 도구로서 단면을 이용하기 위한 가능성을 높이고 있다. 건축가들이 복잡한 형태를 만들고 시각화하기 위해 소프트웨어를 사용할 수 있는 것과 마찬가지로, 엔지니어는 컴퓨터를 이용해 빠르고 확실하게 구조적 완전함integrity을 계산할 수 있다.

또한 단면제작의 용이성은 디지털 공간과 실재 재료 형태 간의 변환 방식의 수단이 된다. 예를 들어, 평행하게 배열되고 규칙적으로 단절된 단면은, 큰 형태와 공간을 분리해 인쇄 또는 제작 후 전체를 실현하기 위해 다시 조립하기 위해 사용된다. 이러한 단면화sectioning 과정은 건축 실무에서 광범위하게 퍼져 있으며, 이는 특정한 건축장르를 대표하는 형식이 되었다.[27] 그러나 단면은 아직 생성 도구로서의 가능성을 더 가지고 있다. 이런 이유 중 하나는, 단면이 프로그램의 인터페이스에 내장된 소프트웨어 명령 중 하나로 간주되기 때문이다. 이런 경우, 단면은 창의를 위한 수단이 아닌 디자인의 결과-시각화된 하나의 이미지로만 인지된다.

그러나 21세기 초 건축에 대한 담론은 단면의 형태적 복잡성을 강조하는 경향으로 움직이고 있다. 식별 가능한 흐름은 프로젝트의 밀도 높은 성능 및 프로그램의 요구에서 비롯되었으며, 부분적으로 더 정교한 데이터와 컴퓨터 소프트웨어로 인해 활성화되었다.

확실한 접근 방식 중 하나는, 전체적인 건축 형태를 구현하기 위해 뚜렷한 프로그램의 특별한 건물 혹은 방들(바닥판이 아닌)의 중첩된 단면의 적층stacking이다. 이 건물 유형은 실험을 위한 촉매로서 적층의 헤게모니를 받아들인다. 아동용 블록과 유사한 놀이처럼 설계되면서, 이러한 유형에는 MVRDV의 로테르담 시장 홀Market hall이 있는데, 여기서 주거공간을 적층하여 호arc를 구성하고 수평적 전단을 통해 공공 공간의 캐노피를 구성하고 그 아래로 소매상점과 주차장을 위치시킨다. 호웰러와 윤Höweler+Yoon 아키텍처는 중첩nesting과 수직 전단vertical shear을 결합시켜 제한된 대지 내에서 창의적으로 서로 얽힌intertwined 아파트를 계획한다.

대안적으로, 건축가들은 깨끗하게 결합되지 않는 중첩된 형태의 적층을 탐구해 왔다. 결과적으로 단면은 개별 형상의 유닛이 인식될 수 있는 상태로 합쳐진 긴장된 형태의 축적이 되는데, 이는 WORKac의 자연도시 Nature-City나 소우 후지모토의 동경 아파트Tokyo Apartment에서 볼 수 있다. 이런 디자인에서는 다양하고 독특한 인테리어 공간의 누적accumulation 특

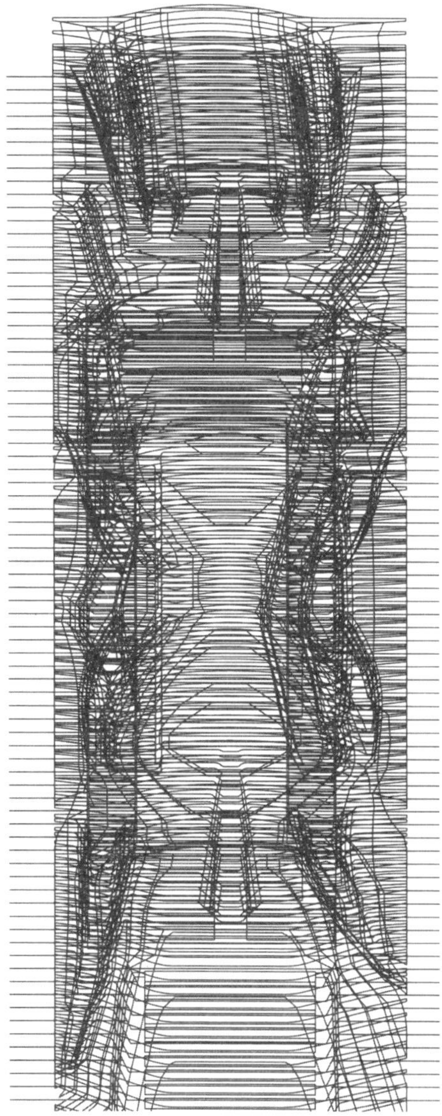

Foreign Office Architects, Yokohama Terminal, 2002

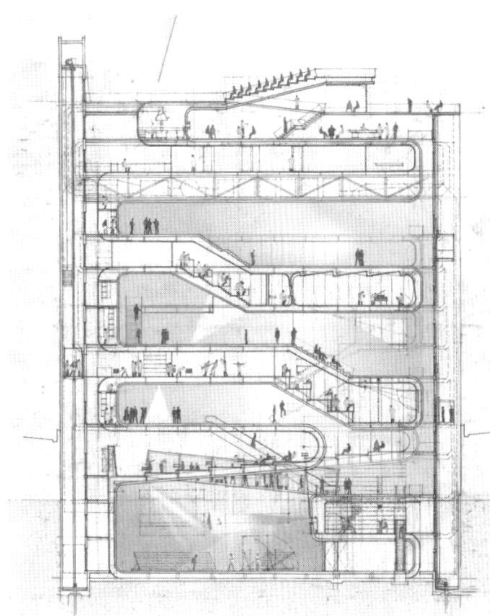

Diller Scofidio + Renfro, Eyebeam Museum of Art and Technology, 2004

성들이 외부 형태의 논리와 동시에 존재한다.

경사 단면incline section의 발전은 2개의 상호 관련된 단면적 방향으로 발전되었는데, 하나는 점점 더 많은 내부의 관계를, 그리고 다른 하나는 더 많은 외부와의 관계를 포함하는 방식이다. 내부 경사 단면 유형에서 건축가들은 전체 프로젝트의 모양과 경사진 바닥과 이어지면서 확장되도록 노력했다. 경사진 표면을 다시 벽과 이어지게 해 전체의 형태로 만드는 이런 디자인 방식은 이제 익숙한 방식이 되어, 복잡한 지형이 모든 면을 둘러싸고 이어진다. 경사 단면의 기능은 완연한fully 3차원 도형과 결합되어 있다. 이러한 프로젝트들의 비용과 복잡성을 감안할 때, 이런 접근 방식은 토요 이토의 타이충 메트로폴리탄 오페라 하우스와 자하 하디드의 '아부다비 공연 예술 센터' 처럼 중요한 문화적 시설significant cultural destinations에 적용된다. 같은 맥락에서, 이 단면은 건축과 랜드스케이프를 통합하기 위해 경사 바닥을 더 극대화시키고 조형적으로 만들어 모호한 관계를 강화시키기도 한다.[28] 스티븐 홀의 반케 센터Vanke Center와 스뇌헤타Snøhetta의 노르웨이 국립 오페라 발레Norwegian National Opera and Ballet, 그리고 도미니끄 페로의 이화여자대학에서, 건물 지붕의 일부분은 랜드스케이프와 하나가 되어, 단면적인 결합sectional mating을 통해 지반의 예측을 복잡하게 한다.

이 책에 통한 우리의 의도는 아직 이론화되지 않은 건축설계 도구인 단면에 대한 분석과 비판적인 논의를 위한 공감의 배경이 될 수 있는 유연하고 열린 단면에 대한 접근방식을 설립하는 것이다. 단면의 역사를 요약하고, 유형의 구분을 통해 단면의 종류를 구분함으로써 명확한 차이점을 설명하여, 우리는 좀 더 정확하고 창의적으로 단면을 이해하고 탐험할 수 있다. 실제로, 디지털 기술에 의해 조직되고, 변형된 현대 건축은, 단면을 연구하고 검토하기 위한 도구를 필요로 하고 있다.

단면은 우리 현 시대의 사회, 환경 및 재료의 이슈question를 검토하기 위한 중요한 수단이다. 단면을 통한 설계와 구상은, 스케일의 여부를 바로 느끼고 만질 수 있기 때문에 건축 형태, 내부 공간 및 외부 대지 사이의 관계를 즉각적으로 인지할 수 있다. 단면에서 환경과 자연의 시스템들은 묘사되고, 대화하며 탐구되어 왔다. 단면을 통해 재료 개발과 구축의 논리의 상호 작용은 공간의 규정 및 사용을 위한 바탕을 만든다. 눈으로 볼 수 없는 부분을 잘라, 단면은 계속되는 건축 실험과 우리의 현재 및 미래의 지속적인 건축 실험과 탐사를 위한 새로운 영역을 구체화시키고 드러내고 있다.

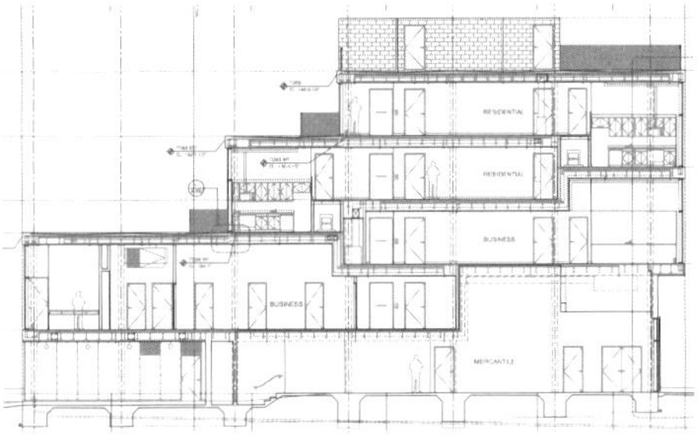

Höweler + Yoon Architecture, Building 2345, 2008

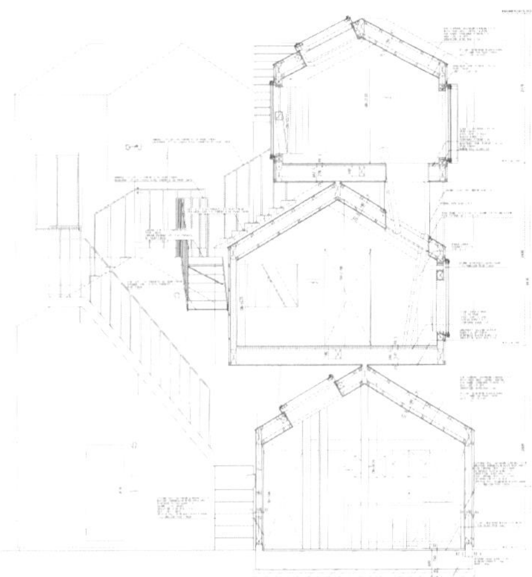

Sou Fujimoto, Tokyo Apartment, 2009

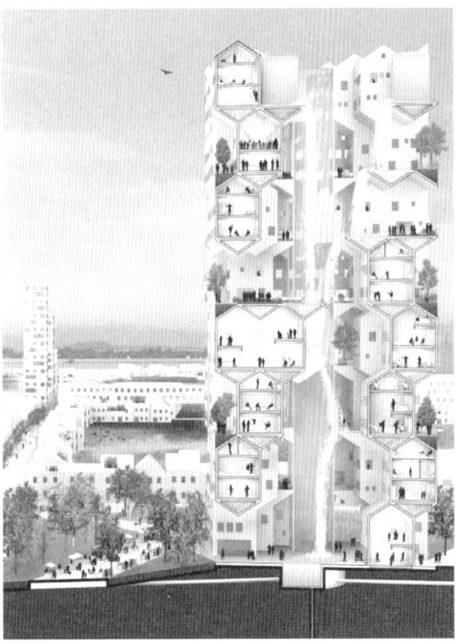

WORKac, Nature-City, 2012

1 Wolfgang Lotz, "The Rendering of the Interior in Architectural Drawings of the Renaissance," in *Studies in Italian Renaissance Architecture* (Cambridge, MA: MIT, 1977), 1–65.
2 Jacques Guillerme and Hélène Vérin, "The Archaeology of Section," *Perspecta* 25 (1989): 226–57.
3 Rem Koolhaas, *Delirious New York: A Retroactive Manifesto for Manhattan* (New York: Monacelli, 1994), 157.
4 2003년에 건물은 콘도로 개조되었다. 면적이 가장 중요한 콘도 프로그램 과의 마찰은 심각하였으며, 이 독특한 단면은–프로그램은 사라졌지만 여전히 구조적으로는 존재하는–외관이 문화재(랜드마크)가 되면서 흥미로운 현상들anomalies이 만들어졌다.
5 천장의 다양한 형상 단면을 위해서는 다음 책을 참고할 것. Farshid Moussavi, *The Function of Form* (Barcelona: Actar and Harvard University Graduate School of Design, 2009).
6 콜린 로우, "이상적인 빌라의 수학" 로우가 어떻게 팔라디오의 말콘텐타를 자유로운 평면이라고 정의하는지, 혹은 자유로운 평면이 무엇을 뜻하는지는 명확하지 않다. (Cambridge, MA: MIT, 1982), 11. It is debatable exactly how Rowe would argue that Palladio's Malcontenta is a free section or what he precisely means by free section, as in the essay he elaborates little on it beyond associating it with volumetric modeling.
7 Herman Hertzberger, *Lessons for Students in Architecture* (Rotterdam: 010, 1991), 202.
8 액션 영화들을 위해 이런 공간들을 이용하는 할리우드의 도취는–다이하드, 미션 임파시블, 스니커즈, 스피드, 솔트, 그리고 인셉션–대부분의 건물에서 일반적으로 보이지 않는 영역을 드러내 시각적으로 유혹하는 저력을 보여주고 있다.
9 르 꼬르뷔에의 유명한 단면인 유니때 다비따시옹Unité d'Habitation은 시트로앙의 적층이다. 이들은 모든 세 번째 층에 보이드를 만들며 수직으로 대칭되어 있다. 이 보이드는 매 3층마다 복도를 형성하고 있다.
10 빌라 사보이Villa Savoye는 "거의 인지가 되지 않을 정도로 경미하게 기울어진 경사로"를 갖고 있다는 르 꼬르뷔제의 주장에도 불구하고, 이 램프는 오늘날의 법규에서 규정된 경사면보다 훨씬 가파르다. 현재 범규에 맞춘다면, 3.3m를 오르기 위해 40m의 길이가 필요하고, 참을 고려하면 32.5m가 필요하다.
11 이러한 관점에서 볼 때, 경사 표면이 바닥에서 필레fillets를 통해 벽까지 이어지는 프로젝트의 확산은 비록 이런 연속성이 수사적이라 하더라도, 뚜렷한 연속성을 보이기 위한 시도로 읽을 수 있다.
12 Guillerme and Vérin, "Archaeology of Section."
13 James S. Ackerman, *Origins, Imitations, Conventions* (Cambridge, MA: MIT, 2002). See also James S. Ackerman, "Villard de Honnecourt's Drawings of Reims Cathedral: A Study in Architectural Representation," *Artibus et Historae* 18, no. 35 (1997): 41–49.
14 Robin Evans, *The Projective Cast: Architecture and Its Three Geometries* (Cambridge, MA: MIT, 2000), 118.
15 Guillerme and Vérin, "Archaeology of Section."
16 Tod A. Marder, "Bernini and Alexander VII: Criticism and Praise of the Pantheon in the Seventeenth Century," *Art Bulletin* 71 (1989): 628–45.
17 Lotz, "Rendering of the Interior."
18 Evans, *Projective Cast*, 118.
19 입면, 단면 그리고 투시도의 상관관계에 대해서는, 에반스의, 〈투사〉를 참고할 것.
20 Andrea Palladio, *The Four Books on Architecture* (1570), trans. Richard Schofield and Robert Tavernor (Cambridge, MA: MIT, 2002).
21 Eugène Emmanuel Viollet-le-Duc, *Lectures on Architecture,* vol. 2 (1872), trans. Benjamin Bucknall (Boston: James R. Osgood and Co., 1881). See also Robin Middleton, "The Iron Structure of the Bibliothèque Sainte-Geneviève as the Basis of a Civic Decor," *AA Files* 40 (2000): 33–52.
22 Viollet-le-Duc, *Lectures on Architecture*, 56.
23 Viollet-le-Duc, *Lectures on Architecture*, 58.
24 Andrew J. Tallon, "The Portuguese Precedent for Pierre Patte's Street Section," *Journal of the Society of Architectural Historians* 63, no. 3 (2004): 370–77.
25 "포르투갈 선례" 에서 Tallon은 초기 엔지니어인 에우제니오 도스 산토스Eugenio dos Santos가 파뜨Patte에게 영향을 주었으며, 도시 단면을 설계한 최초의 설계자라고 주장한다.
26 Eugène Hénard, "The Cities of the Future," in *Transactions: Town Planning Conference, London, 10–15 October 1910* (London: Royal Institute of British Architecture, 1911), 345–67.
27 Lisa Iwamoto, "Sectioning," in *Digital Fabrications: Architectural and Material Techniques* (New York: Princeton Architectural Press, 2009), 17–41.

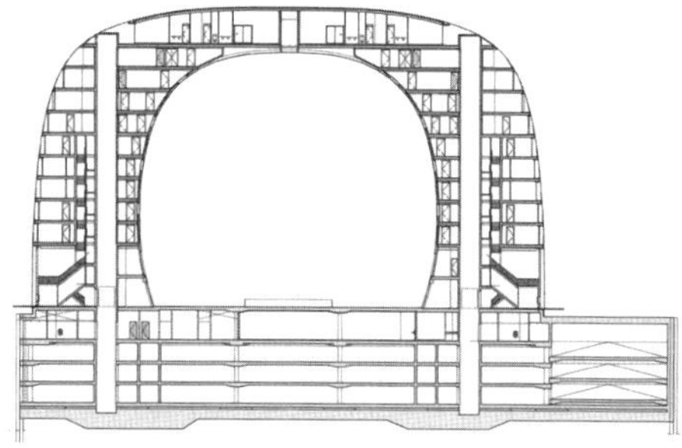

MVRDV, Market Hall, 2014

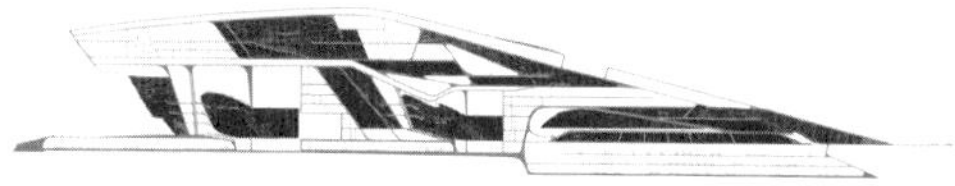

Zaha Hadid Architects, Abu Dhabi Performing Arts Center, 2008

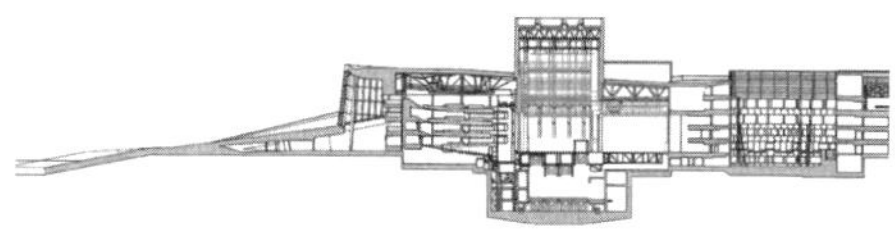

Snøhetta, Norwegian National Opera and Ballet, 2008

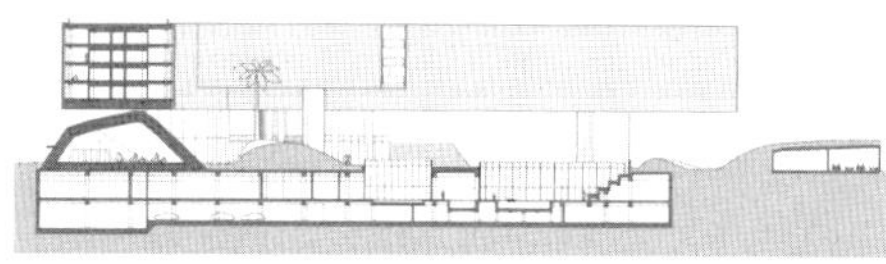

Steven Holl Architects, Vanke Center, 2009

28 Stan Allen and Marc McQuade, eds., *Landform Building* (Baden: Lars Müller, 2011).

BIBLIOGRAPHY

Ackerman, James S. "Architectural Practice in the Italian Renaissance." *Journal of the Society of Architectural Historians* 13, no. 3 (1954): 3–11.

Ackerman, James S. "Villard De Honnecourt's Drawings of Reims Cathedral: A Study in Architectural Representation." *Artibus et Historae* 18, no. 35 (1997): 41–49.

Allen, Stan, and Marc McQuade, eds. *Landform Building.* Baden: Lars Müller, 2011.

Ashby, Thomas. "Sixteenth-Century Drawings of Roman Buildings Attributed to Andreas Coner." *Papers of the British School of Rome* 2 (1904): 1–88.

Carlisle, Stephanie, and Nicholas Pevzner. *The Performative Ground: Rediscovering the Deep Section*, 2012, accessed October 15, 2014, http://scenariojournal.com/article/the-performative-ground/.

Chapman, Julia. "Paris: The Planned City in Section." Undergraduate thesis, Princeton University, 2009.

Emmons, Paul. "Immured: The Uncanny Solidity of Section." Paper presented at the Association of Collegiate Schools of Architecture, Montreal, Quebec, Canada, 2011.

Evans, Robin. *The Projective Cast: Architecture and Its Three Geometries.* Cambridge, Massachusetts: MIT, 2000.

Guillerme, Jacques, and Hélène Vérin. "The Archaeology of Section." *Perspecta* 25. Cambridge, Massachusetts: MIT, 1989.

Hénard, Eugène. "The Cities of the Future." In *Transactions: Town Planning Conference, London, 10–5 October 1910*, 345–67. London: Royal Institute of British Architecture, 1911.

Iwamoto, Lisa. *Digital Fabrications: Architectural and Material Techniques.* New York: Princeton Architectural Press, 2009.

Koolhaas, Rem. *Delirious New York: A Retroactive Manifesto for Manhattan.* New York: Monacelli, 1994.

Lewis, Paul, Marc Tsurumaki, and David J. Lewis. *Lewis.Tsurumaki.Lewis: Intensities.* New York: Princeton Architectural Press, 2013.

Lewis, Paul, Marc Tsurumaki, and David J. Lewis. *Lewis.Tsurumaki.Lewis: Opportunistic Architecture.* New York: Princeton Architectural Press, 2008.

Lotz, Wolfgang. *Studies in Italian Renaissance Architecture.* Cambridge, MA: MIT, 1977.

Machado, Rodolfo, and Rodolphe el-Khoury. *Monolithic Architecture.* New York: Prestel-Verlag, 1995.

Magrou, Rafaël. "The Glories of the Architectural Section." *Harvard Design Magazine* 35 (2012): 34–39.

Marder, Tod A. "Bernini and Alexander VII: Criticism and Praise of the Pantheon in the Seventeenth Century." *Art Bulletin* 71 (1989): 628–45.

Moussavi, Farshid. *The Function of Form.* Barcelona: Actar and Harvard University Graduate School of Design, 2009.

O'Neill, John P., ed. *Leonardo Da Vinci: Anatomical Drawings from the Royal Library Windsor Castle.* New York: Metropolitan Museum of Art, 1983.

Palladio, Andrea. *The Four Books on Architecture.* Translated by Richard Schofield and Robert Tavernor. Cambridge, MA: MIT, 2002.

Rohan, Timothy M. *The Architecture of Paul Rudolph.* New Haven: Yale University Press, 2014.

Rosenfeld, Myra Nan. *Serlio on Domestic Architecture.* Mineola, New York: Dover Publications, 1978.

Serlio, Sebastiano. *The Five Books of Architecture.* London: Robert Peake, 1611.

Tallon, Andrew J. "The Portuguese Precedent for Pierre Patte's Street Section." *Journal of the Society of Architectural Historians* 63, no. 3 (2004): 370–77.

Tsukamoto, Toshiharu, and Momoyo Kaijima. *Graphic Anatomy: Atelier Bow-Wow.* Minato City, Tokyo: TOTO, 2007.

Tsukamoto, Yoshiharu, and Momoyo Kaijima. *Graphic Anatomy 2: Atelier Bow-Wow.* Minato City, Tokyo: TOTO, 2014.

Viollet-le-Duc, Eugène Emmanuel. *Dictionnaire Raisonné De L'Architecture Française Du Xie Au Xvie Siècle.* 8 vols. Paris: Morel, 1858–68.

Viollet-le-Duc, Eugène Emmanuel. *Discourses on Architecture.* Translated by Henry Van Brunt. Vol. 1. Boston: James R. Osgood and Co., 1875.

Viollet-le-Duc, Eugène Emmanuel. *Lectures on Architecture.* Translated by Benjamin Bucknall. Vol. 2. Boston: James R. Osgood and Co., 1881.

압출(壓出) 밀어올리기 계획된 평면을 수직으로 올려 계획된
용도를 위해 충분한 높이로 만듦

적층(積層) 쌓기 층 위에 층을 직접적으로 겹쳐 놓은 것;
압출을 수직적으로 반복

형상(形象) 모양만들기 건축물의 1개 혹은 그 이상의 바닥 표면을
변형하여 공간을 조각sculpt함

전단(剪斷) 찢기 단면적 차이를 만들기 위해 건물의 수평 또는
수직 축으로 하나의 절단 또는 균열을 사용

관통(貫通) 뚫기 슬래브를 관통한 다양한 스케일 및 여러 개의 침투,
단면에서 손실된 바닥 면적은 단면의 이점으로 환원

경사(傾斜) 기울이기 평면을 기울이는 조정 방식으로,
단면에서 바닥이 기울어지게 됨

중첩(重疊) 포개기 읽기 가능한legible 볼륨의 상호 작용 또는 중복
겹침을 통해 단면적 결과를 생성

혼성(混成) 하이브리드 모든 적층, 압출, 상형, 전단, 관통, 경사 및 중첩의
여러 조합; 건물은 하나의 유형만으로 단면을 만드는 경우가 거의 없다

단면의 가장 기본적인 형태로, 계획된 평면을 수직으로 올려 용도에 맞게 충분한 높이로 만든다.

압출 단면은 세로축으로는 변화가 거의 없다. 대부분의 건물들은 효율성을 목적으로 효율적 단면을 사용하고 있으며, 여기에는 공장, 단층 주택, 사무실, 상점, 및 고층 주택 등이 포함된다.

EXTRUSION

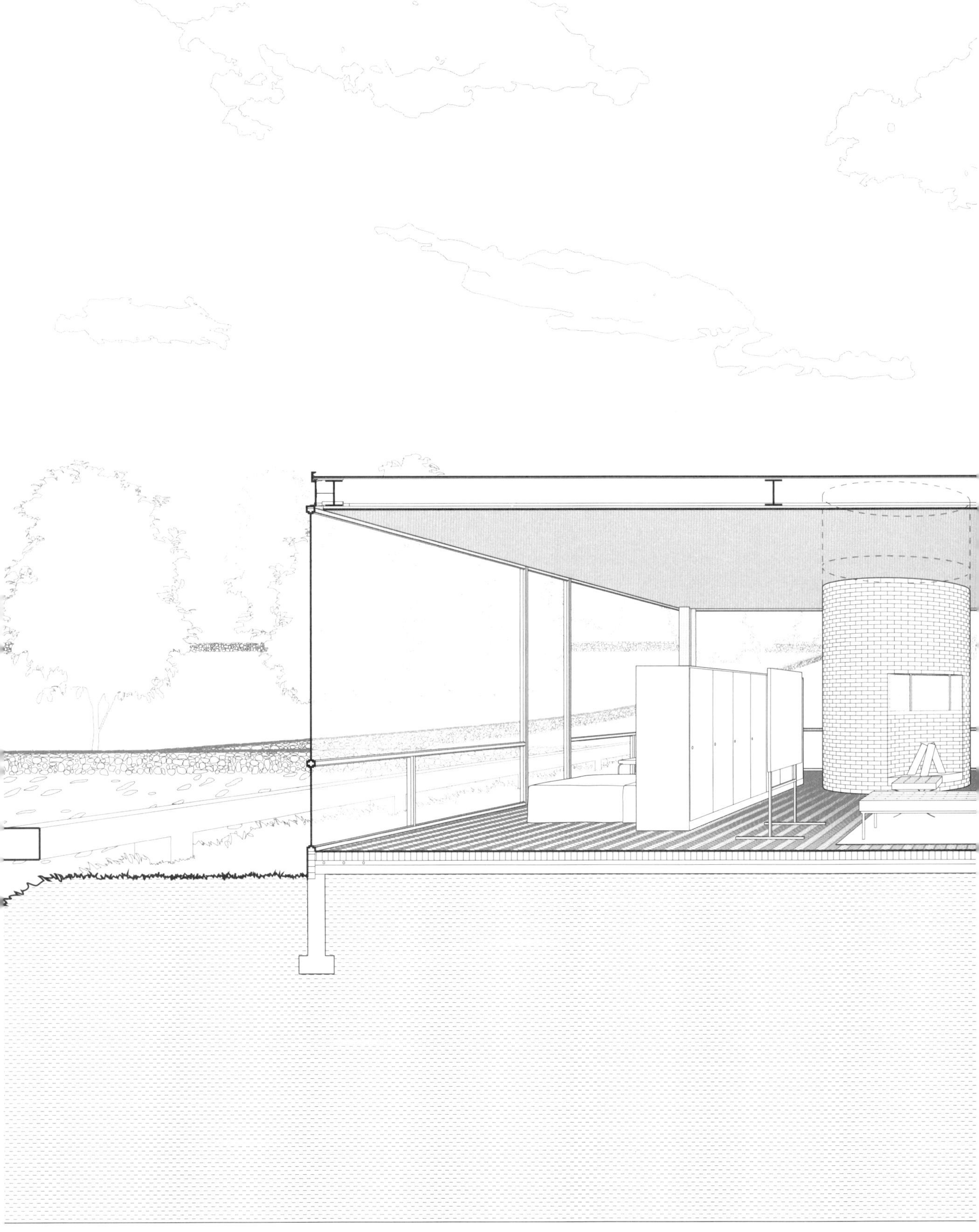

Glass House | New Canaan, Connecticut, USA

필립 존슨이 소유한 대지에 지어진 14개의 건축물 중, 첫 번째 작업인 글라스 하우스는10피트6인치(3.2m)철골 구조 천장 아래 창 사이 8개의 외벽 기둥으로 둘러싸여 있고, 벽돌 바닥 위에 올려져 있다. 수평 지붕 구조는 집 안에서 보이지 않게 천정에 숨어있어, 내부에서는 큰 유리창을 프레임하는 철제의 얇은 프로필만이 보인다. 천정까지 닿지 않는Partial-height 나무 캐비닛과 천정을 뚫고 올라가는 벽돌 실린더 볼륨만이 집의 프로그램을 나눈다. 캐비닛은 열린 거실 공간에서 침대를 분리하고, 벽돌 실린더는 수직 코어로 벽돌 바닥을 올린 느낌으로 화장실과 벽

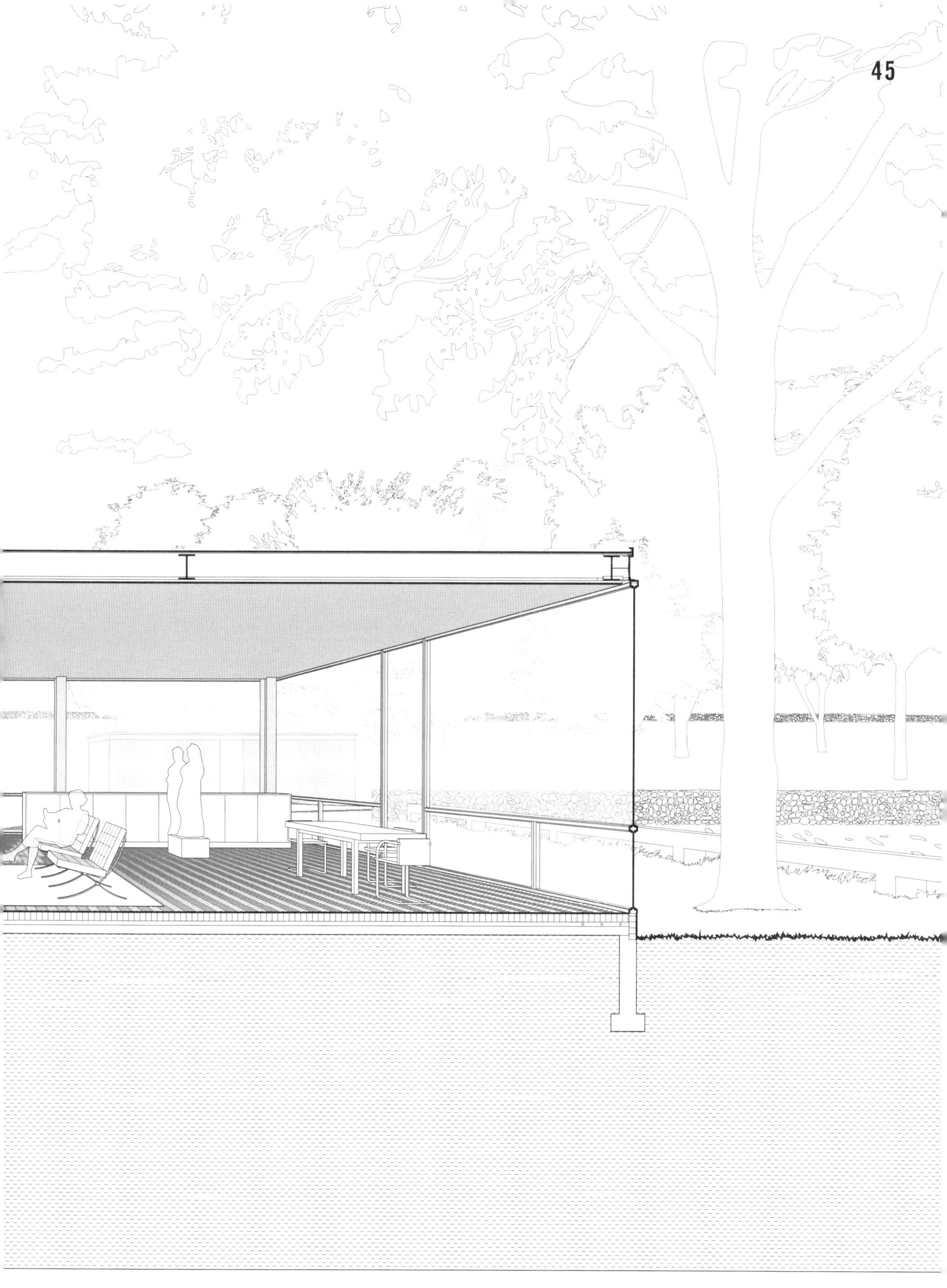

Philip Johnson | 1949

난로를 포함한다. 돌출 단면의 결과로, 유리 벽들은 내부 공간과 파빌리온을 감싸고 있는 광대한 풍경 사이에서, 채광, 반사, 날씨, 계절 변동에 따른 시각적인 변화를 담아 낸다. 여기서 단면은 수직이 아닌 수평 방향의 시각 효과를 유도한다.

Palace of Labor | Turin, Italy

25,000m²를 커버하는 이 거대한 전시장 및 교육 센터는, 신속한 시공 방식에 요구한 공모전에서 당선되어 시공되었다. 11개월 만에 지어진 이 건물은, 지붕은 각 82피트 높이(25m)의 버섯 형태의 16개 기둥으로 지지되며, 131피트 3인치(40m) 사각형 스틸 지붕과 65피트 7인치 (20m)의 현장타설 철근 콘크리트 기둥으로 구성되었다. 이러한 유닛들이 하나 하나 별도로 시공될 수 있기 때문에, 인테리어와 유리 외피가 전체 지붕이 형성되기 전에 완성될 수 있도록 하였다. 커다란 콘크리트 기둥들은, 16-ft-5-in-wide(5m) 십자에서 직경8-ft-2(2.5m)원형까지 변

Pier Luigi Nervi | 1961

형taper되고, 여기에 지붕을 받치기 위한 고정된 20개의 방사선 스틸 와이어가 연결된다. 구조 사이에 연속되는 유리 천창strip은, 공간에 자연 채광을 제공하며 각각의 대규모 구조 유닛의 독립성을 보여준다. 외부 철제 리브의 열은, 주변의 메자닌과 지붕을 연결해 유리 구조를 강화한다. 이 단면의 높이와 규모는, 일반적인 관습을 초과한 스케일로 이 단면의 공간을 방대한 시민 공간으로 변환하고 있다.

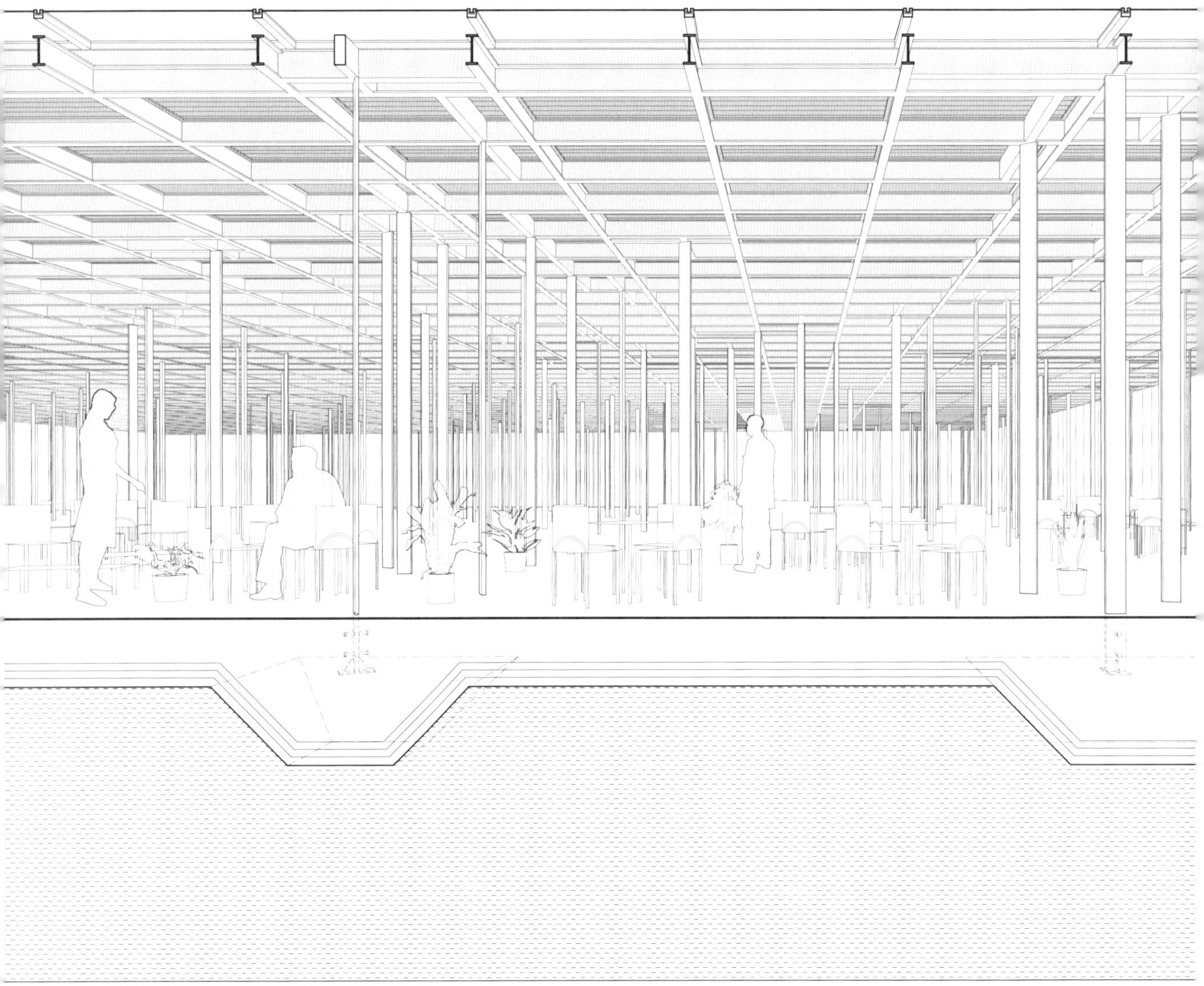

Kanagawa Institute of Technology Workshop | Kanagawa, Japan

평면에서 볼 때, 이 1층짜리 건물은 151피트(46m) 길이의 4개의 변으로 구성된, 약간 변형된 사각형 모양이다. 철골 기둥(합계 305)은 공대 학부생들을 위한 유연한 워크샵의 범위를 생성하기 위해 다양한 밀도로 클러스터화 되어 있다. 기둥의 크기는 5/8 by 5 3/4(1.6 by 14.5cm) 에서 2 1/2 by 3 1/2 (6.3 by 9.0cm)까지의 범위로 되어있고, 백색의 페인트로 칠해져 있다. 42개의 철골 기둥은 압축력을 받으며, 나머지 263개의 기둥은 횡력을 견딜 수 있도록 포스트 텐션post-tensioned 되어 있다. 16피트 5의 높이(5m)에서, 지붕은 7 7/8-in-deep(20cm) 거더

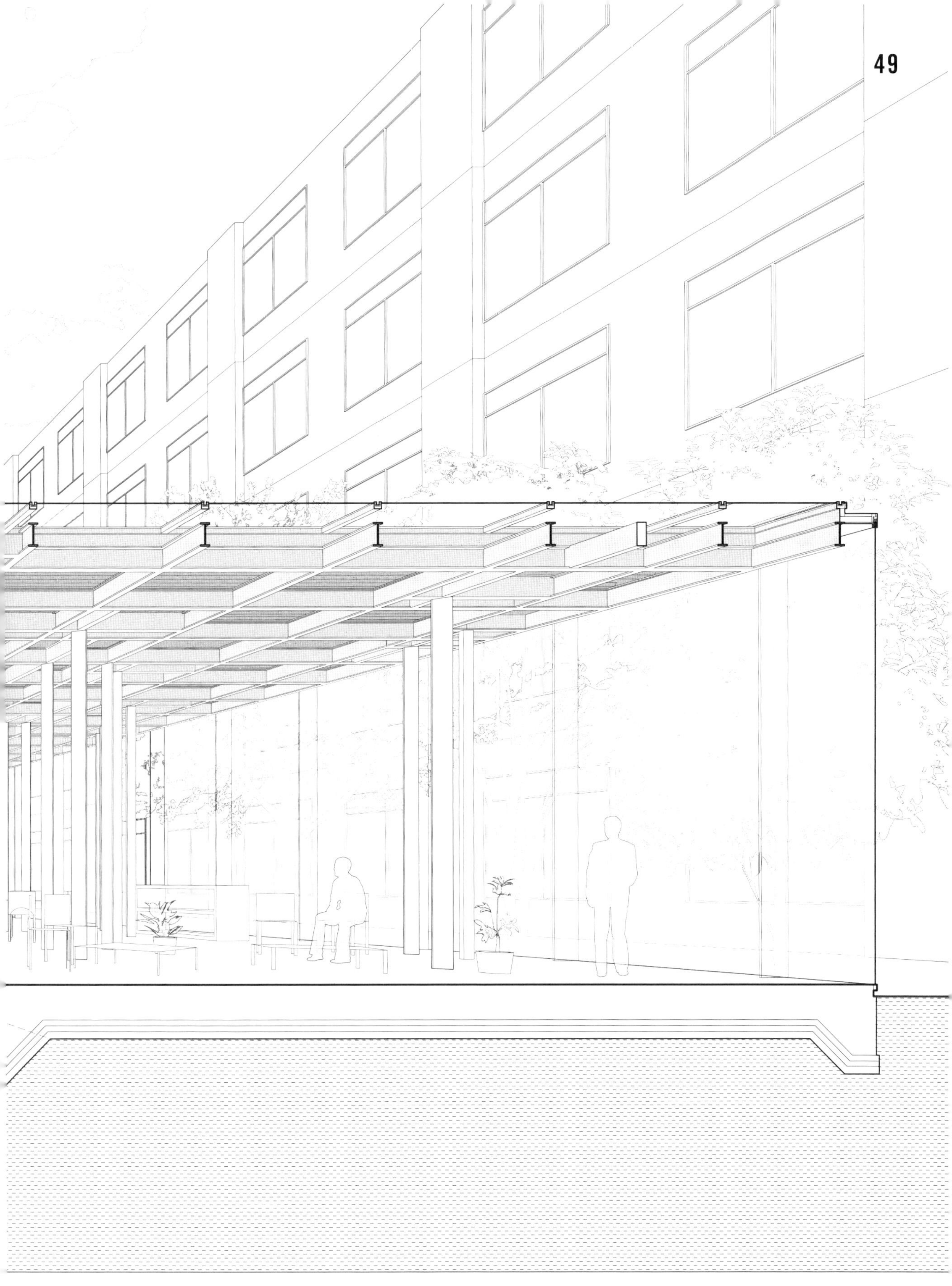

의 평면 격자로 구성되어 있다. 기둥은 지붕의 하중을 수백 개의 기초로 전달한다. 평면의 효율성과 유연성을 높이기 위해, 기둥의 개수 (양)를 줄이는 일반적인 상업공간 big-box stores의 압출된 단면과는 대조적으로, 이 워크숍은 단일 기둥의 합이 아닌 기능을 통한 복잡한 장complex field을 만들어 구조와 공간 사이의 구분을 흐려 균일성보다는 차이를 만들어 내고 있다. 이 압출 단면의 공간은, 효율성과 위계의 기대를 다시 재정의하고 있다.

적층은 건축바닥footprint을 증가시키지 않고, 면적, 건물의 프로그램 용량을 확장하여, 재산으로서의 부동산 가치를 향상시킨다. 이는 적층 단면을 만드는 기본적인 동기이다. 반복적인 적층은 결국 지겹도록 반복되는 압출단면이라고 볼 수 있다. 적층은 그 자체로 인테리어 차원의 효과를 만들지는 않는다.

STACK

Stack

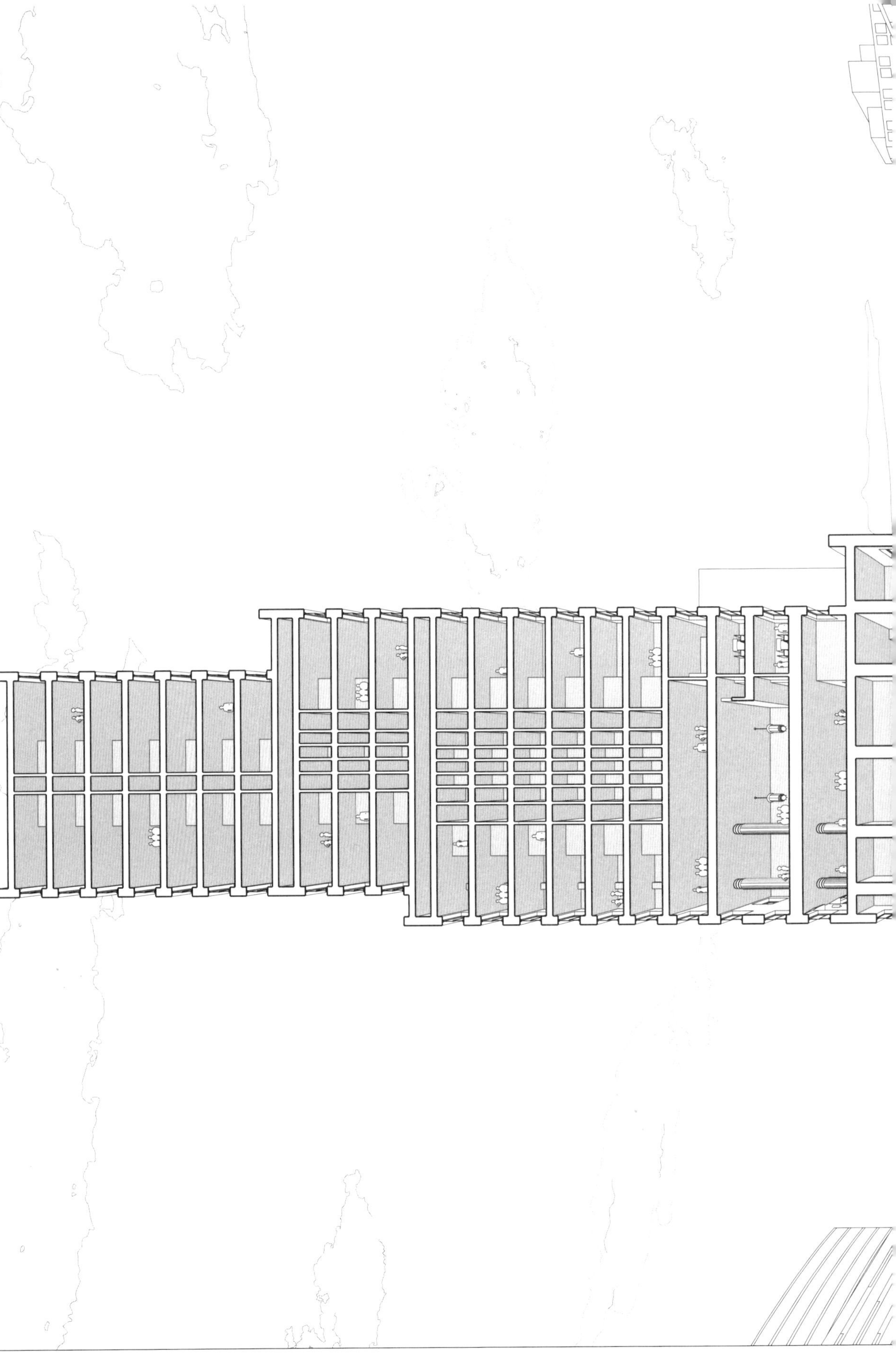

Downtown Athletic Club | New York, New York, USA

Downtown Athletic Club의 단면적 후퇴setback은 법규zoning law의 규정에 따른 것이었지만, 이 형태를 이루는 수직 블록은 내부 프로그램의 적층과 부합한다. 로비, 사무실, 당구장은 가장 넓게 하부 블록을 채운다. 다음 블록의 대부분은 체육관 프로그램으로 각각 한 층을 차지하고 있다. 사교공간, 라운지, 식당의 프로그램을 지나 작은 침실이 포함된 좁아진 꼭대기 블록으로 전환된다. 넓은 스팬wide-span 스틸 보girder들은 각 층의 남측에 기둥이 없는 공간을 가능하게 하고, 수직 동선의 코어는 건물의 북쪽에 위치한다. 35개 층 안에는, 6피트(1.8m) 높이의 "침실"bedroom

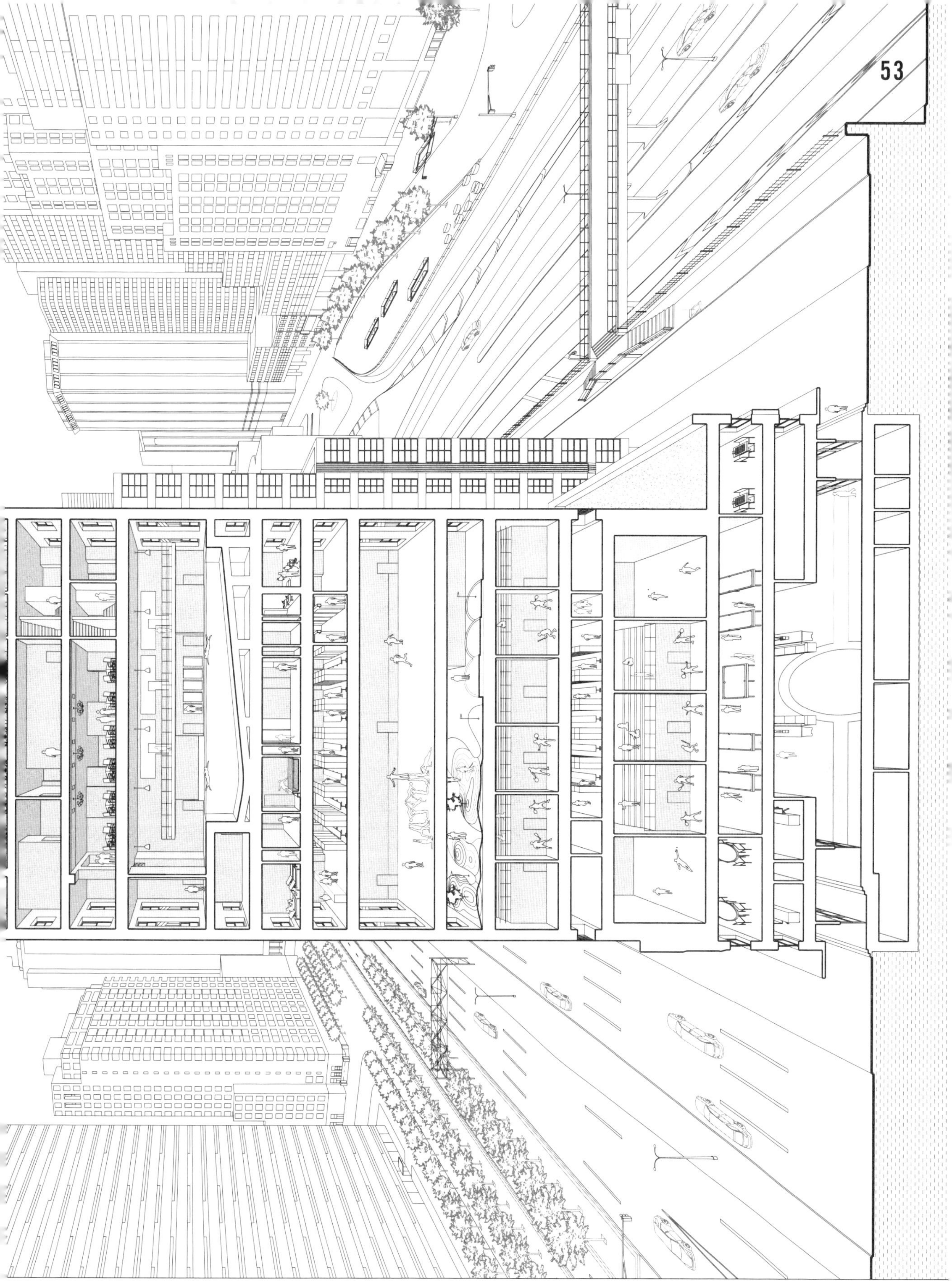

Starrett & Van Vleck | 1930

utility에서 23피트 6인치(7.2m)에 이르는 "체육관"gymnasium까지 19개의 다른 천장고ceiling height가 있다. 이러한 단면의 다양성들이 외관에 드러나지는 않는다; 각 층은 엘리베이터와 계단을 통해서만 경험이 가능한데, 그 이유는 중첩된 단면에서는, 각 층이 모두 독립적이기 때문이다. 이런 적층을 통해 이 좁은 대지 안에 각 스포츠가 요구하는 수직적인 치수를 만족시키면서 대단위 프로그램을 위치시켰다.

S. R. Crown Hall | Chicago, Illinois, USA

미스 반 데어 로에의 IIT 캠퍼스의 중심적인 건축 크라운 홀Crown Hall은, 메인 플로어에 건축 대학을 위한 스튜디오와 전시 공간, 그리고 하부층에 사무실, 작업실 및 하위 수준의 교실들을 포함한다. 내부기둥이 없는uninterrupted 220바이 120피트(36.6 × 67.1m) 지상층 공간은, 공간 외부에 8개의 주변 기둥 위의 4개의 6피트(1.8m) 깊이의 더블 플레이트 보를 우 치시켜 지붕과 천장을 효과적으로 매달아 가능하게 되었다. 이것은 2개의 환기 용 샤프트와 오크 파티션으로만 명확하게 구분되는 18피트 높이(5.5m)의 실내 공간을 만들어 낸다. 자연광과 외부와의 시각적 관계를 보정하기 위해, 커튼월

Ludwig Mies van der Rohe | 1956

window walls은 수평높이 8피트(2.4m)를 기준으로 다른 방식으로 처리된다; 이 위의 베네시안 블라인드가 투명한 유리를 커버하고, 8피트 아래의 유리는 반투명translucent이다. 창의 하부에 있는 루버는 자연 환기를 가능하게 한다. 이 전층 단면의 광대한 하나의 공간은 건물의 장관을 만들지만, 이 공간은 부분적인 하부층에 실용적 공간이 배치되어 교실, 서비스 공간 및 시멘트 블록 벽 속 수직 동선이 있기에 가능하다. Crown Hall은 실용적인 하부공간에 의존해 만들어진 생기 가득한exuberant 압출 단면이다.

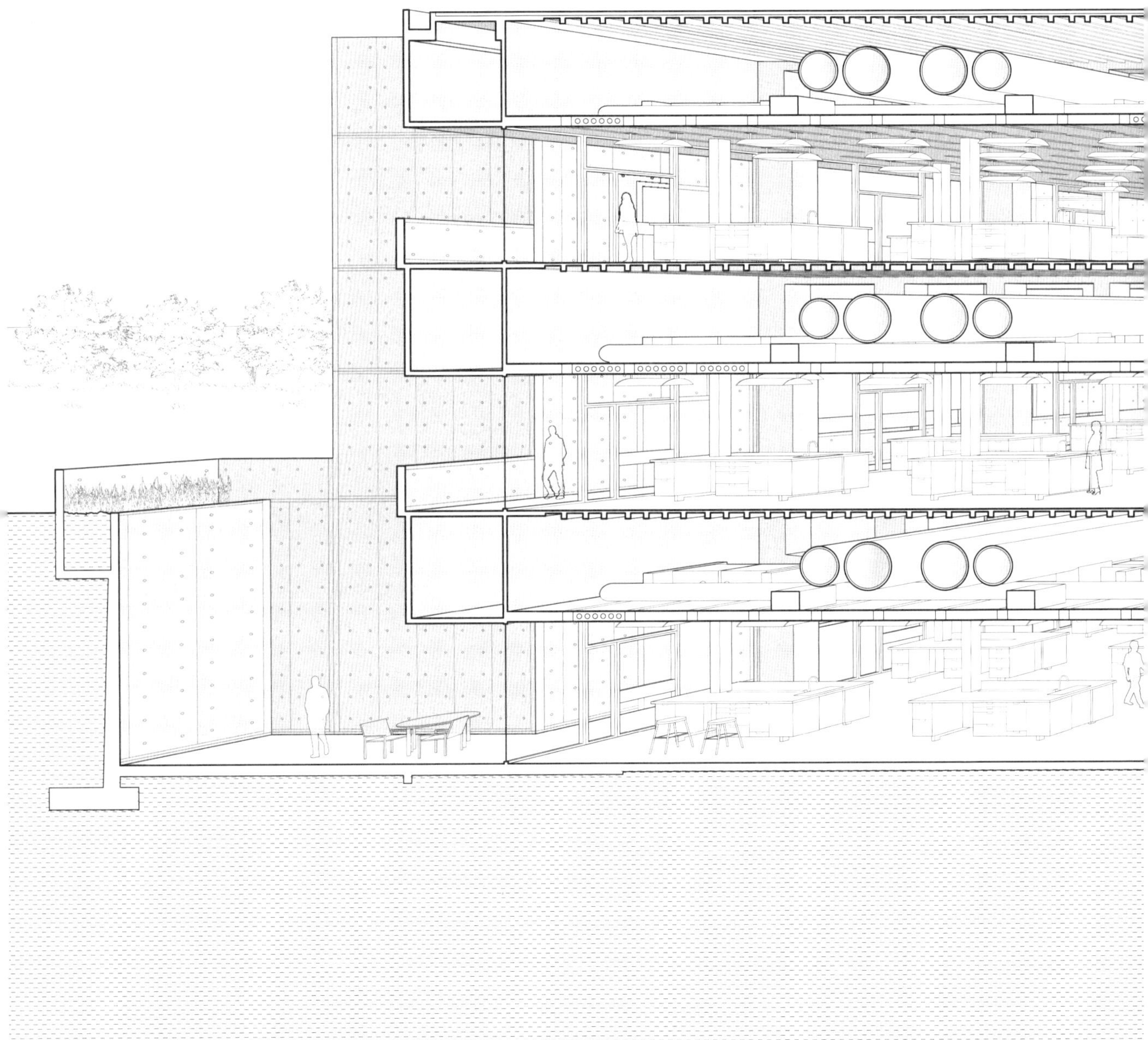

Salk Institute for Biological Studies | La Jolla, California, USA

두 쌍의 타워 다섯 세트는 대칭으로 솔크 연구소의 중정(정원)에 양쪽으로 접하고 있다. 타워의 각 세트는, 실험동의 바깥면에 연결되어 있다. 연구소는 기둥 없는, 65×245피트(19.8×74.7m) 공간에 11피트 3인치(3.4m) 높이의 천장으로 이루어 진다. 현장타설된 콘크리트 피렌딜 트러스Virerendeel truss는 연구실의 폭(너비)에 걸쳐 있으며 트러스내 공간은 기계 시스템을 위한 각 연구실의 위층을 형성한다. 연구소는 3개 층(레벨)만이 존재함에도 불구하고, 건물은 6층으로 불려지는데, 단면을 살펴보면 서비스로 주어진 바닥면이 극명하게 보인다. 지역 건물 높이 규제에 따

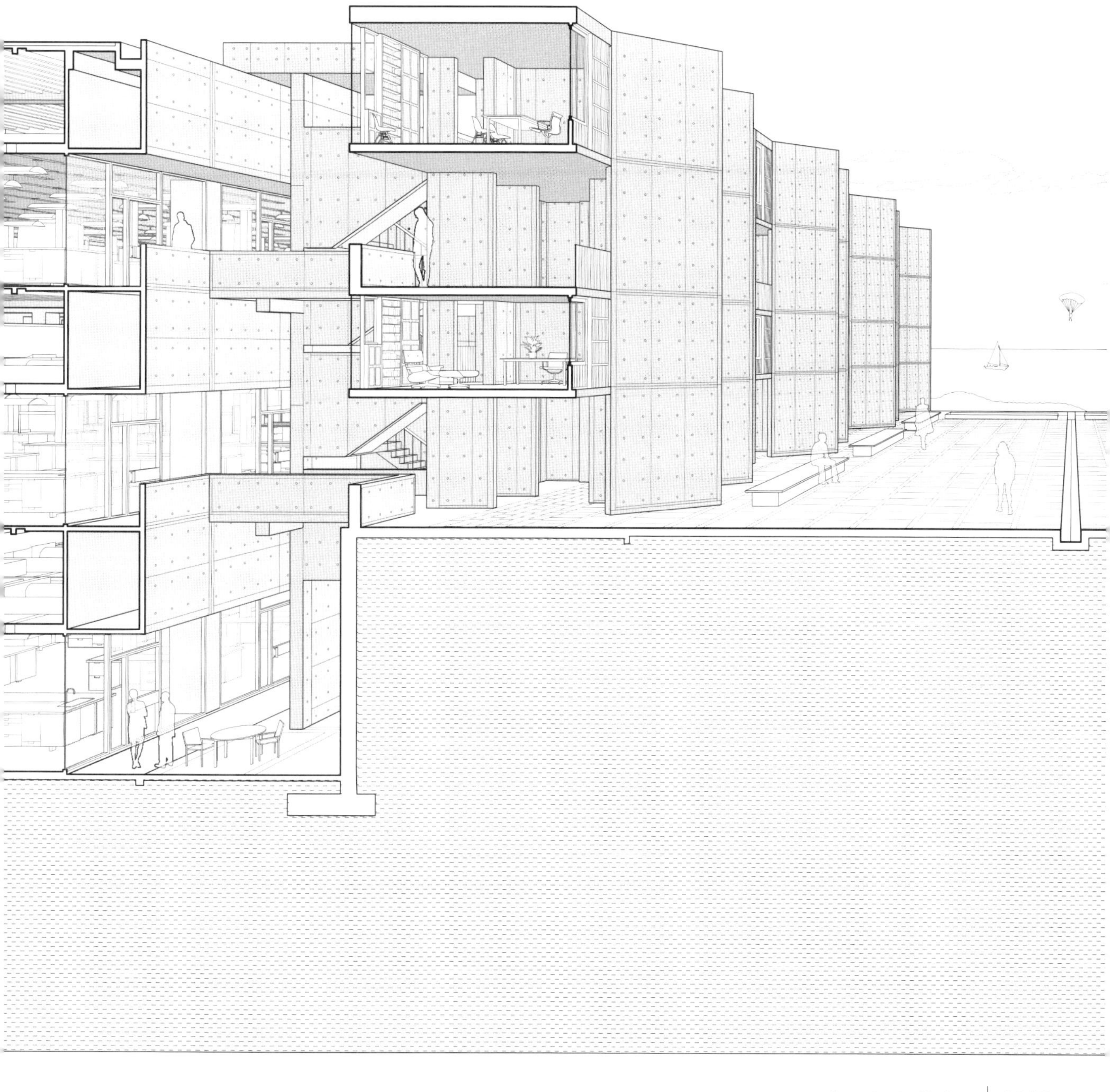

Louis I. Kahn | 1965

라, 건물의 3분의 1이 지하에 위치하고 있다. 실험실 건물의 양쪽에는, 큰 채광 공간light-well이 지하 레벨로 일광을 제공한다. 실험실 건물의 적층 단면의 높이는 연구 타워study tower의 단면과 일치하는데, 스튜디오는 실험실과 분리를 위해 서비스 층의 높이와 일치시켰다.

São Paolo Museum of Art | São Paolo, Brazil

이 문화센터는 3개의 적층된 볼륨 부분으로 구성된다. 첫 번째는, 26피트 3인치(8m) 높이 공중에 매달려 있고, 두 번째는 지상 아래로 잠겨져 있고, 세 번째는 스트릿 레벨의 외부 전망대 사이에 놓여있다. 8-ft-2-in-by-11-ft-6-in (2.5×3.5m) 단면의 프리스트레스된 콘크리트 프레임 두 짝two pair은 건물의 243피트(74.1m) 길이에 이르며 2개 층을 매달아 지지한다. 2개 층 중 아래 층은 콘크리트 보의 바로 아래에 위치하는 순환 복도와 함께 사무실, 도서관, 중앙 전시 공간을 포함한다. 상위 레벨에서, 콘크리트 빔은 외부에 위치하여, 4면이 커튼월로 둘러

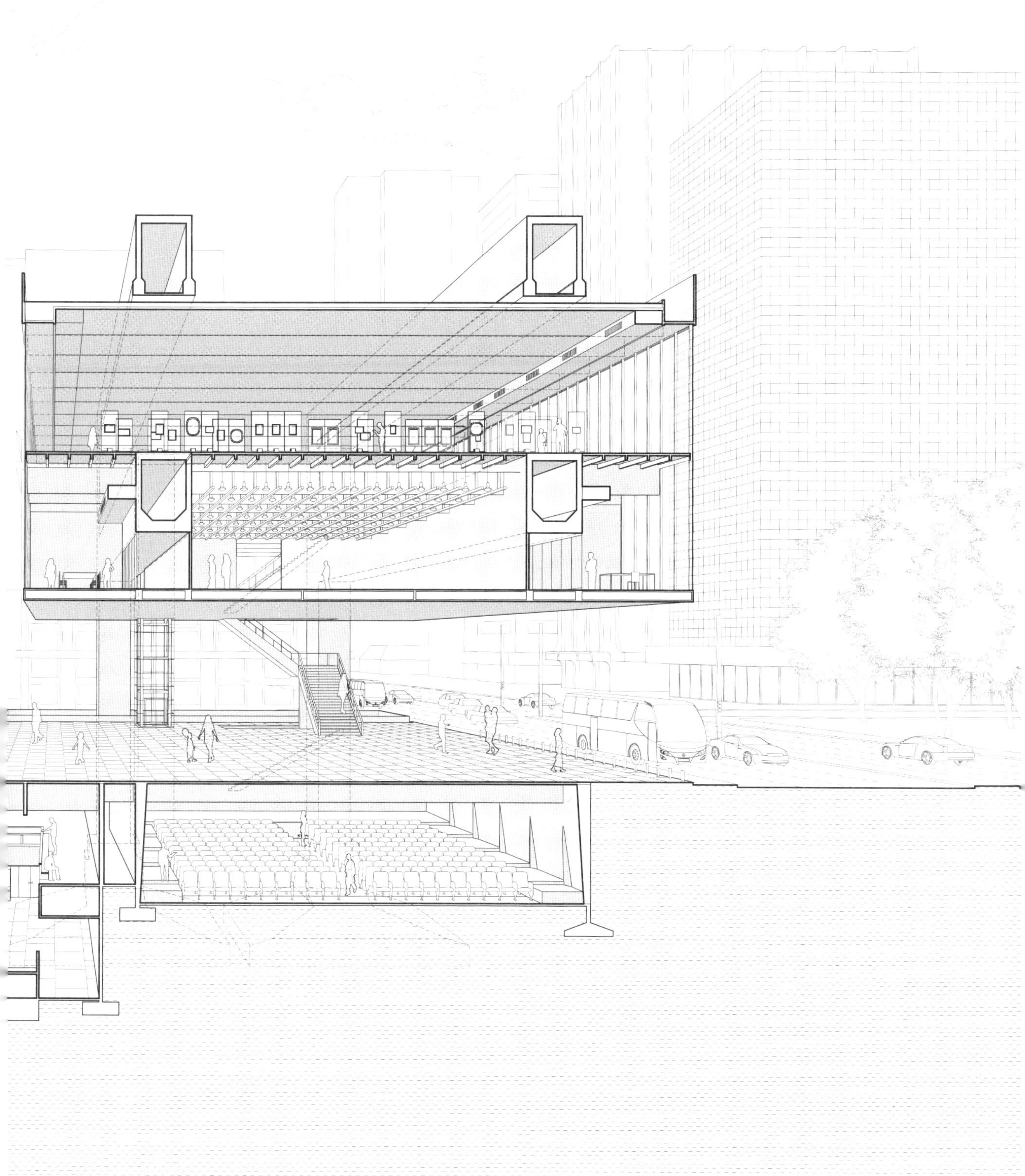

Lina Bo Bardi | 1968

싸인 자유로운 전시장을 생성하고 있다. 외부 계단 및 엘리베이터는 매달린 볼륨suspended volume과 아래 층의 시민 홀, 강당, 극장, 도서관, 레스토랑, 그리고 서비스 공간과 광장을 연결한다. 도시 문맥 및 대지의 지형을 이용하여, 이 적층된 콤플렉스는 역설적으로 지하와 공중에 부유함이 동시에 표현되고, 압축되면서도 광대하며, 위장된 듯하면서 기념비적이다.

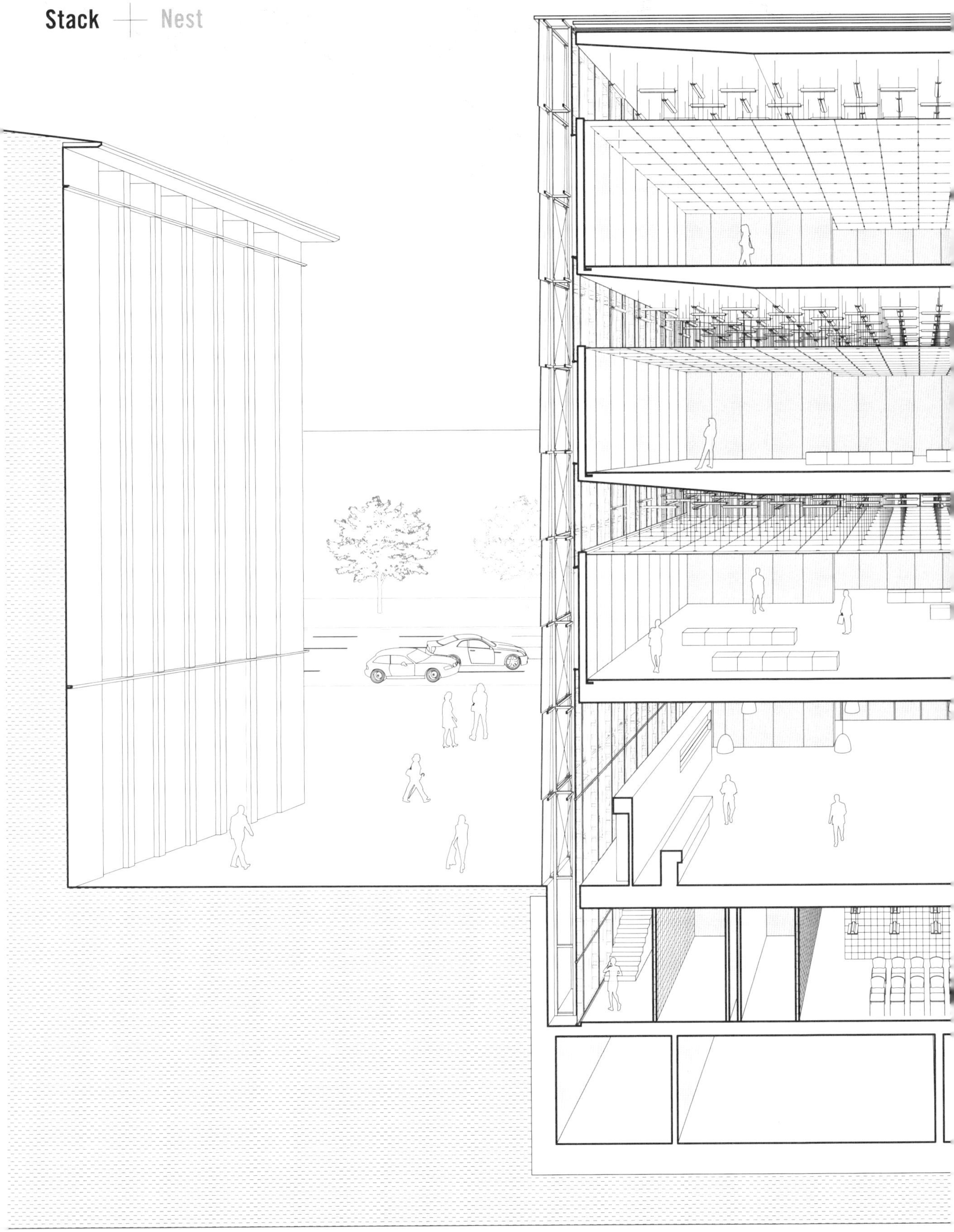

Kunsthaus Bregenz | Bregenz, Austria

이 단일체의monolithic 건물 외부의 균일하고, 반투명 유리의 방우층rain-screen은 복잡한 단면을 가리고 있다. 평면에서 정사각형인 이 건물은, 하나의 구조 안에 중첩된 다른 구조로 구성되어 있다. 강철 격자 구조는 외부 유리 판자shingle 및 내부의 커튼월 모두를 지지하고 있다. 유리 층 사이에 3 피트(91cm) 틈cavity은 열제어thermal control 및 광 확산light diffusion을 조절한다. 내부의 별도 콘크리트 구조물은, 1층 입구 로비 층 위의 3개의 전시 공간과 강당, 아카이브 및 서비스 공간을 포함한 2개의 지하 층을 지지한다. 수직 동선에 의해 외부에서 이격한 3개의 벽

은, 기둥이 없는 전시 공간을 제조하고 콘크리트 바닥을 지지한다. 솔크 연구소와 유사하게, 각 전시장 위의 큰 환기 공간은, 외부로부터 유입되는 자연광이 확산 에칭(식각)글라스 천장을 통해 내부를 채광하며 동시에 환기공간 및 인공조명이 설치되어 있다. 5개의 공공의 액세스 플로어 중 2개만이 같은 천장의 높이를 갖는다. 이 프로젝트는 내부와 외부 모두에 발광 효과를 생성하는, 다양한 높이의 적층 단면stacked section을 중첩nest시켰다.

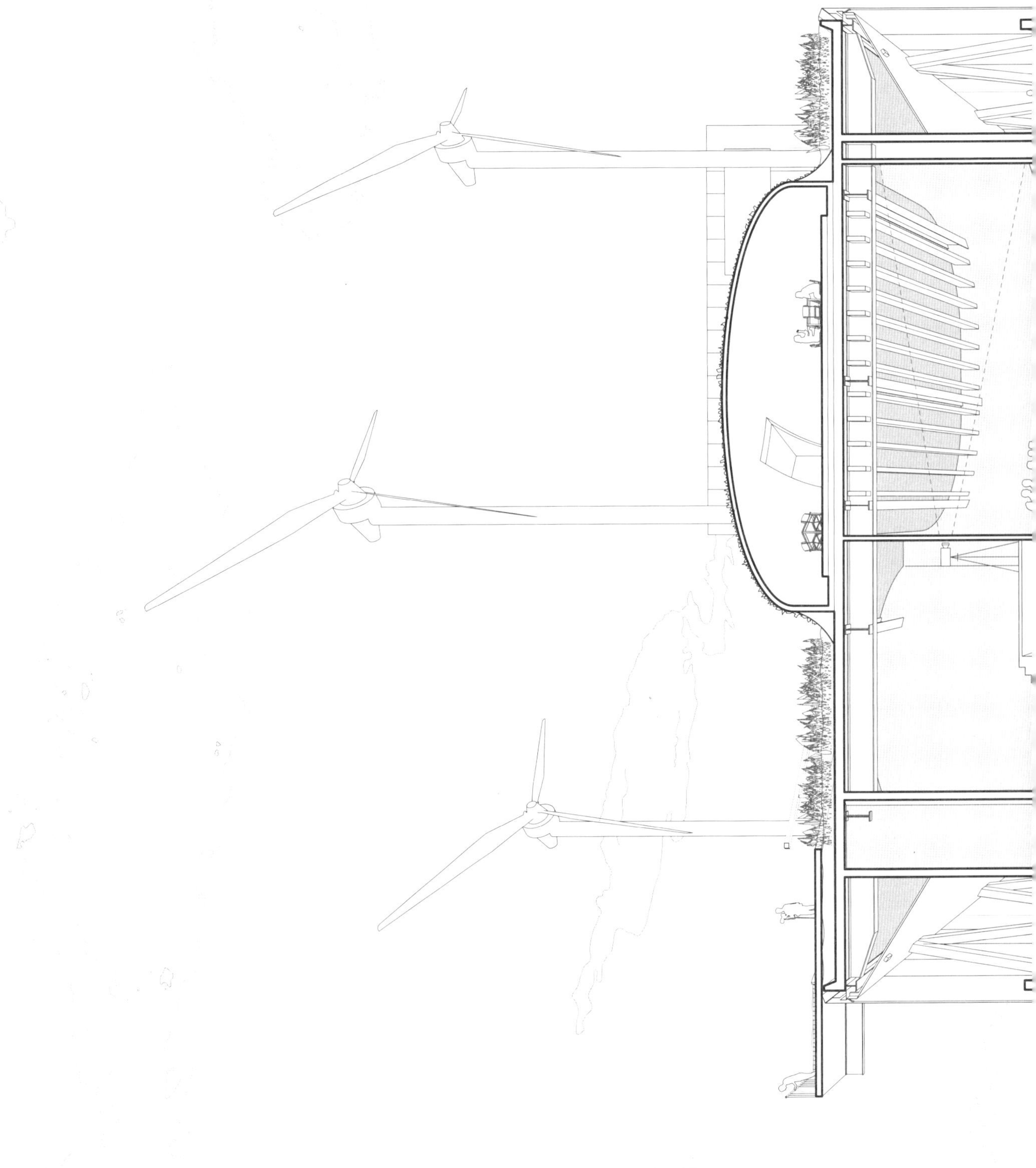

Expo 2000 Netherlands Pavilion | Hanover, Germany

이 임시 파빌리온은, 6개의 네덜란드 경관의 시뮬레이션을 말 그대로 차곡차곡 쌓았다. 지하 층에 위치한 사무실에서 위쪽으로, 방문자는 1층부터 모래 언덕, 온실, 과도하게 키운 스케일의overscaled planter, 산림 및 간척지와 맞닥뜨린다. 이 빌딩은 식생을 목적으로 지어져, 미적, 구조적, 프로그램적, 환경적으로 층마다 극단적으로 분열된disjunction 수직 공원을 형성하는 것을 구상한 건물이었다. 천장 높이는 8피트 6인치(2.6m)에서 38피트 9인치(11.8m)까지 다양하다. 구조는 재래식 반복 장선repetitive joists에서부터 대각선 나무 기둥trunk, 무정형 콘크리트 블레더amorphous concrete bladder까지

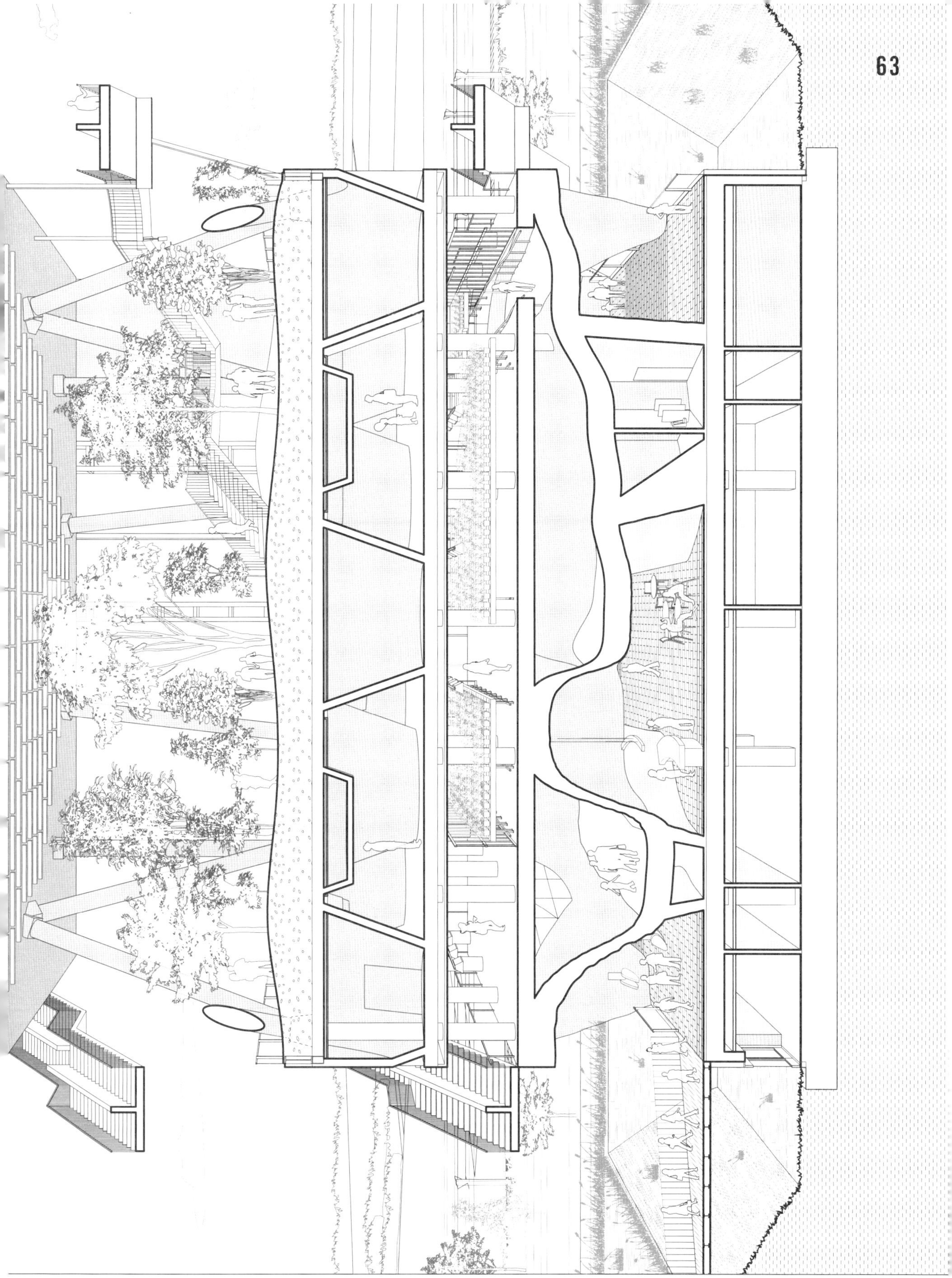

다양하다. 각 층은 모두 자율적이어서 단면상으로 물리적, 공간적인 교류는 거의 없다. 비상계단과 엘리베이터가 건물의 외부에 부착되어 모든 수직 동선을 담당한다. 동선의 균일성은 각 층의 변주와는 대조적이다. 한정된 외부 표피를 통해, 입면은 건축의 단면적인 속성을 드러내, 층 사이의 괴리disjunction를 건물의 이미지로 만들었다. 여기서 적층 단면은 일반적인 평면의 반복 생성을 위해 사용되는 것이 아니라, 동일한 크기의 평면에서 차이를 드러내는 방식으로 작용한다.

형상은 단면상 평평한 표면의 변형을 의미한다. 이를 통해 단면 안에 개별적인 볼륨을 더하게 되며, 이 방식은 바닥이나 천장, 또는 양쪽 모두에서 발생가능하다. 천장에 적용되는 경우가 많은데, 이는 평면의 효율성에 영향을 주지 않기 때문이다. 형상 단면은 흔히 대규모 집단 프로그램에 적용된다.

SHAPE

Bennati Cabin | Lake Arrowhead, California, USA

A-프레임frame 별장의 초기 모델인 이 침실 두 개의 캐빈은, 14등변 삼각형의 나무 프레임으로 구성되었고, 각 측면에 24피트(7.3m)의 길이 4피트(1.2m) 간격으로 설치되었다. 전형적인 목조 주택에서 지붕이 벽의 상부에 배치되어 있는 것에 반해, 여기에서 경사진 지붕은 바닥 하단까지 도달한다. 캐빈의 일반적인 공간이 넓은 하부 층에 분포되어 있고, 침대가 있는 2개의 침실은 좁은 위쪽 부분에 자리잡고 있다. 각 3바이 6인치(15.2 x 7.6cm)지붕 서까래에 장착된 2바이 8인치(20.3 x 5.1cm) 수평빔 한 쌍이 바닥을 지지하고 지붕의 구조outward thrust를 안정시킨다. 내부 공간을

Rudolph Schindler | 1937

확장하는 수직 창들과 날카로운 삼각형의 프레임과 통합되는 맞춤형 가구들은, 낮은 코너 부위의 공간을 사용 가능하도록 한다. 목재 건물은 석재 기초에 고정되고 석재 마감은 집안 벽난로와 굴뚝 등을 통해 상하 방향으로 연장된다. 합판으로 덮인 계단은 굴뚝과 같은 방향으로 계획된다. 목재 구조에 맞는 효율적인 이 단면은 집의 구성을 효율적으로 완수하는 동시에 알파인 테마를 요구하는 지역 미관 건축 조례를 만족시키고 있다.

Notre Dame du Haut | Ronchamp, France

르 꼬르뷔제의 유명한 이 순례 교회의 단면은 건축 재료와 구조의 역설을 보여준다. 남쪽 벽과 지붕 모두가 거대해massive 보이지만 실제 내부는 비어있다. 천장의 일부는 깊이 7피트(2.1m) 위에 곡선 콘크리트 거더와 거더 사이에 걸친 중도리로 형성되어 있다. 이 구조적 시스템을 통해, 교회의 내부공간을 정의하는 볼록한 아랫배형태convex underbelly를 생성하고, 뒷면의 배수구로 빗물을 모아준다. 남쪽 벽의 표면은 내부 콘크리트 프레임에 의해 지지된다. 피라미드 형태의 개구부는 거나이트gunite (시멘트 · 모래 · 슬래그 가루를 물에 혼합한 것)의 얇은 쉘에 의해 형성되어 있다. 이와

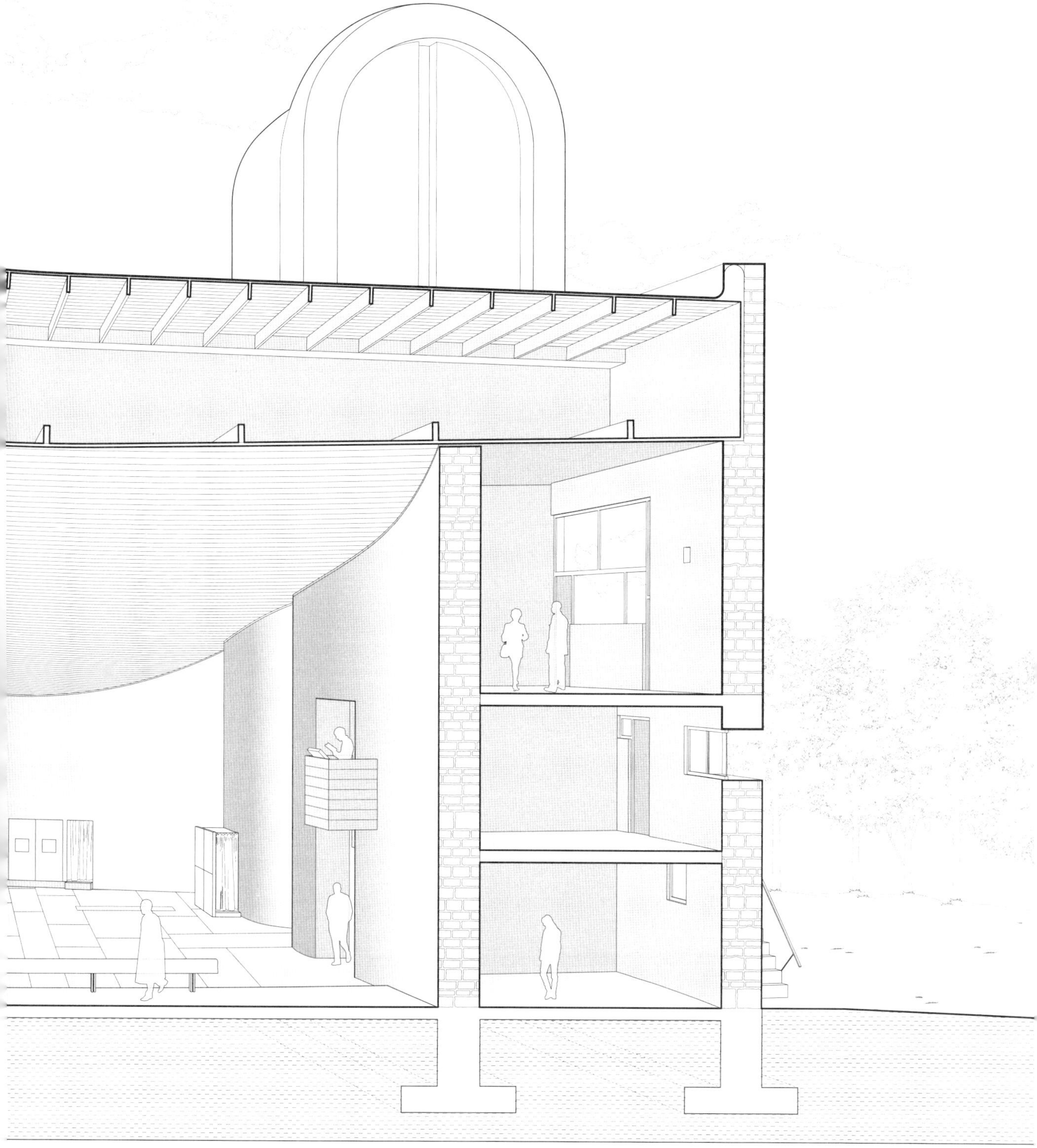

Le Corbusier | 1954

는 대조적으로, 남쪽벽보다 육중하지 않은 다른 주위 벽들은 이전에 대지에 있던 교회의 콘크리트 기둥 조각들과 돌들로 속이 차있다. 남쪽 벽과 천장 사이의 접합은, 남쪽 벽에 떠있는 것처럼 보이는 지붕의 곡률을 조명하며, 8인치(20.3cm)유리로 만든 클리어 스토리에 의해 중재된다. 대지의 형상을 따라 바닥은 제단 쪽으로 부드럽게 경사져 있다. 내부 공간을 집중시키는 오목 천장을 적용한 이전 종교적 공간과는 달리, 롱샹의 단면 형상은 네이브(회중석)과 3개의 부속예배실을 합병하여, 주변부로 상승한다.

Shape

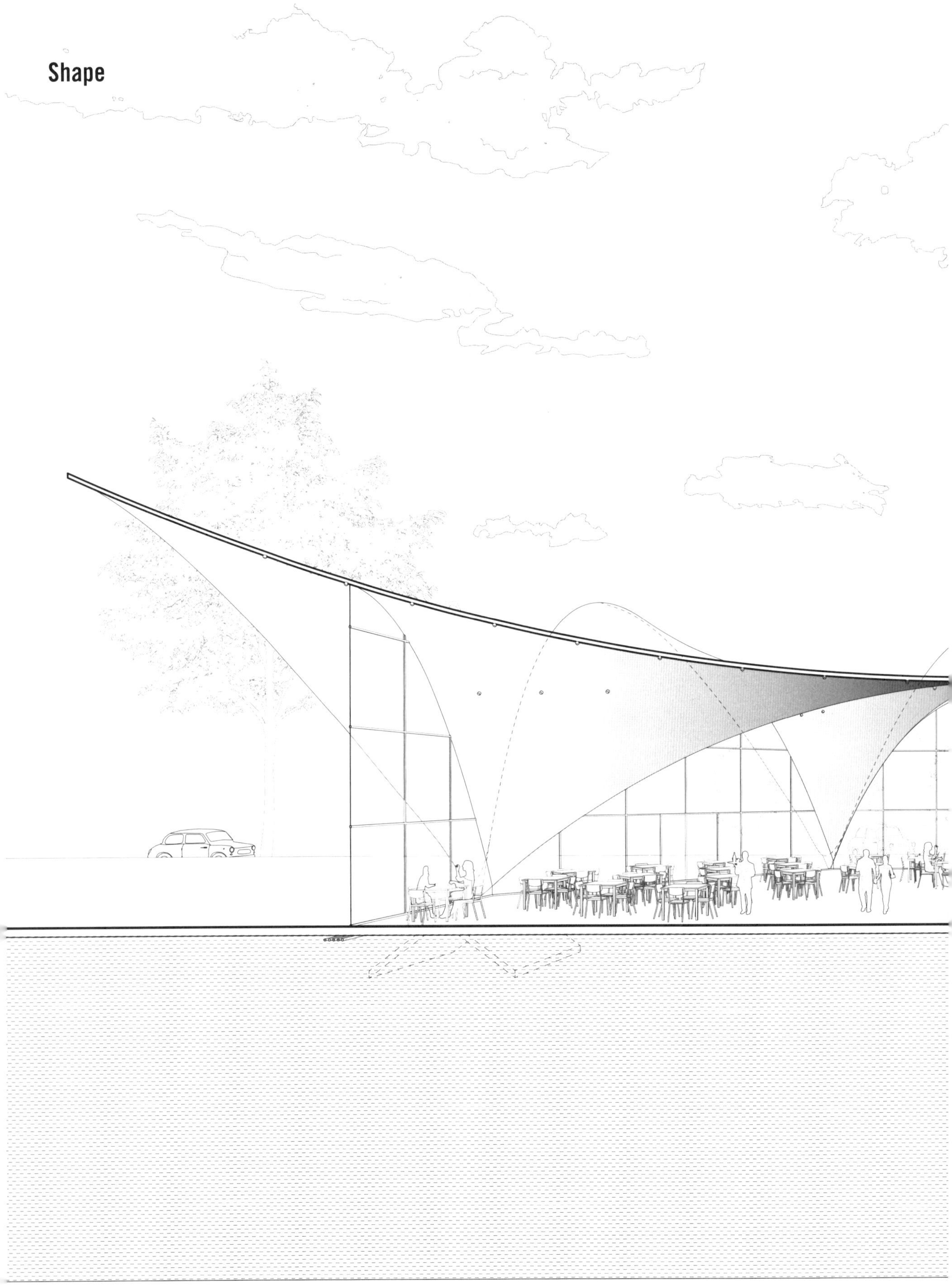

Los Manantiales Restaurant | Mexico City, Mexico

로스 마난티알레스Los Manantiales레스토랑은 건축가 Félix Candela의 얇은 쉘thin-shell 콘크리트 구조물의 대표적 사례 중 하나이다. 건물은 4개의 교차 쌍곡선 포물면 으로 이루어져 있으며, 이는 곧은 나무 거푸집의 배열에 의해 제작될 수 있었다. 골짜기의 교차부분의 V-빔은 교차 볼트의 베이스를 보강하기 위해 더 두터워지며 추가 강철로 보강된다. 구조의 외부 가장자리를 보면 1-5/8인치(4.1cm)밖에 되지 않는 쉘의 두께를 보여주는데, 쉘은 139피트 직경(42.4m)의 공간을 덮고 있으며 포물선 안장의 길이는 106피트(32.3m)에 이른다. 쉘은 중앙에서 19피트 2인치(5.8m)높

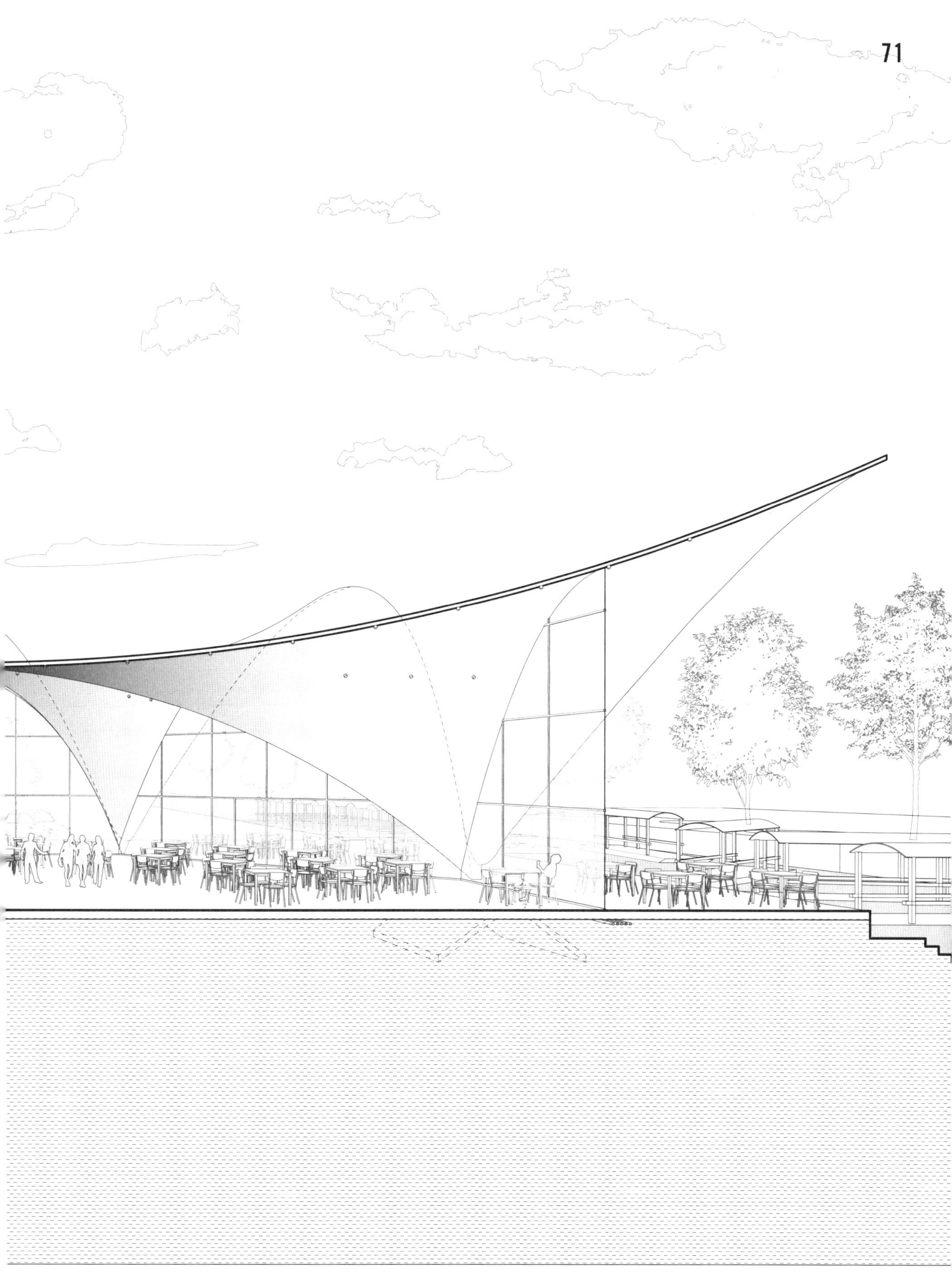

이이고, 가장 높은 바깥 쪽 지점의 높이는 32피트 7인치 (9.9m)에 달하며, 부드러운 토양에 부하를 분산하기 위해 우산 발판을 뒤집은 형태로 대지에 닿는다. 건축의 형상과 모든 건축적 요소들은, 그 구조의 형태에 의해 결정된다. 건물은 하나의 단일 공간이지만 지붕은 평면의 둘레에 앉을 수 있는 영역들을 명확하게 구획하고 있다. 8개의 베이에, 레스토랑은 유리커튼으로 외피가 쌓여, 주변의 운하와 공원의 조망을 제공하고, 이 형상 단면의 쉘이 교차하는 쌍곡선을 감상할 수 있게 한다.

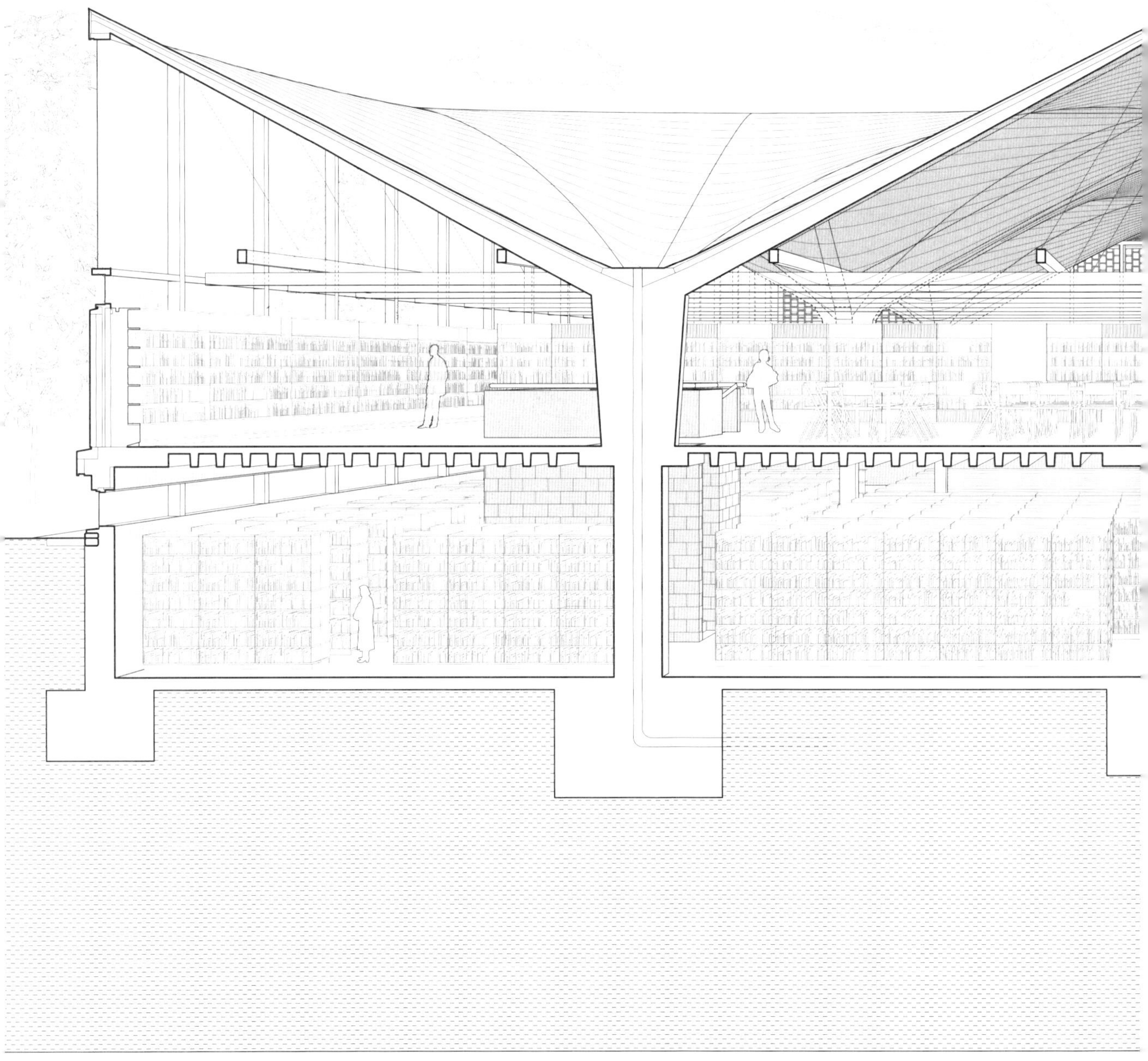

Hunter College Library | New York, New York, USA

이 도서관은, 2개의 분동 중 하나로, 나머지 건물에 주택 관리 사무소와 교실이 위치한다. 도서관은 지하에 주로 서가bookstacks와 사무실 및 지원 공간들이 위치하고, 그 상부에 120바이 180피트(36.6 바이 54.9m) 넓이의 독서실이 포함되어 있다. 직사각형의 평면은 60피트 (18.3m) 떨어져 배치된 6개의 뒤집힌 우산 모양의 지붕에 의해 덮어져 있으며 이 지붕의 높이차는 35피트 5인치(10.8m)이다. 이러한 꽃받침형태calyxes는 서로 보강bracing 되어 수평 하중을 견디고, 유리 벽을 지탱하며, 열람실 공간(볼륨)을 정의한다. 더하여 우수는 꽃받침calyxes 부분에 수집되고 십자형 기둥 내부 배

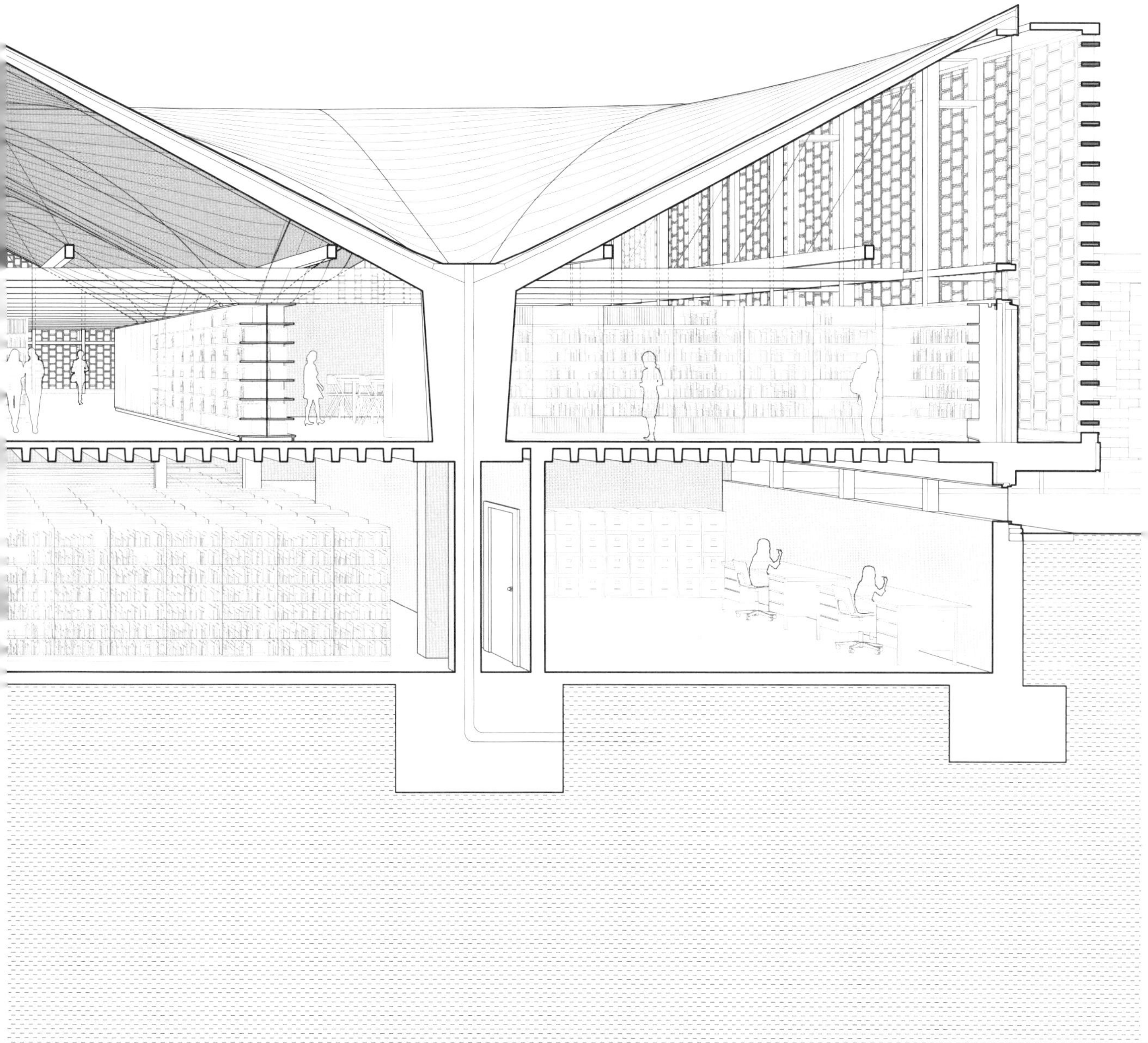

Marcel Breuer | 1960

수관을 통해 배출된다. 우산 형태의 지붕은 쌍곡 포물면hyperbolic paraboloid의 형태이며, 목재 거푸집의 직선에 의해 형성된 얇은 콘크리트 쉘로 이루어져 있다. 알루미늄 천창 그리드에 천장 위의 곡선에 대위법적인(대조적인) 선형의 조명의 면field이 고정된다. 동쪽과 남쪽 벽에는 테라코타 플루 타일terracotta flue tiles으로 만들어진 외부 햇빛 가림막이 줄 지어 설치되어 있다. 이 형태의 단면에서, 건물의 조형적인topographic 천장은 쉘 구조의 기하학적 구조로부터 그대로 유추되어 직선적인 평면을 유연한 파도치는undulating 볼륨으로 활성화시킨다.

Shape

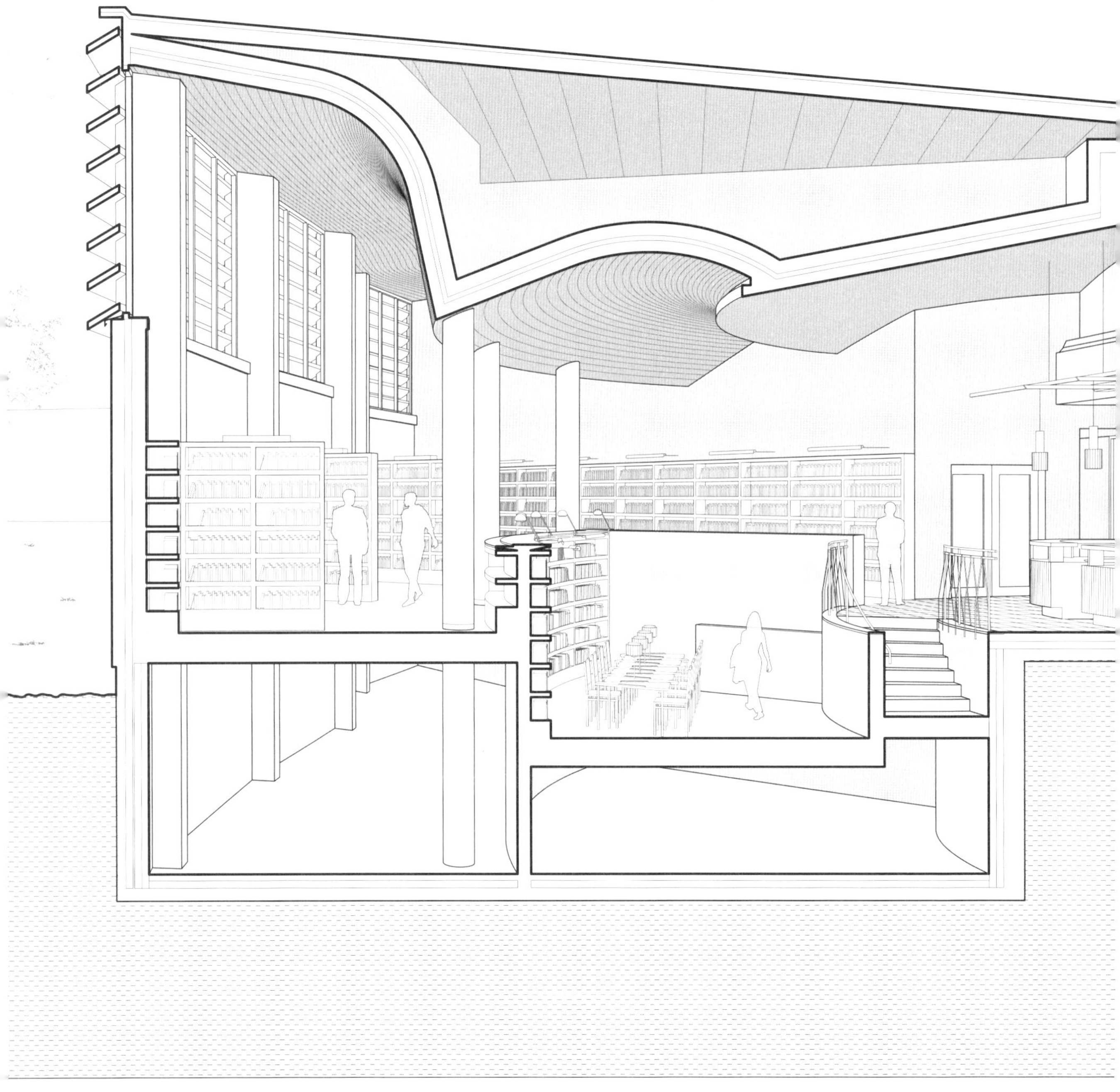

Seinäjoki Library | Seinäjoki, Finland

이 라이브러리는 지방 시립 캠퍼스 센터의 한쪽에 위치하고 있다. 평면에서 보면, 교실과 지원 공간의 직사각형의 공간과, 열람실과 서가bookstacks를 위한 부채꼴 형태의 평면이 합쳐져 구성되어 있다. 직사각형과 부채꼴의 교차 부분에 대출대circulation desk가 위치한다. 현장타설된 cast-in-place콘크리트 천장과 바닥은 빛을 받아들이고 내부의 전망을 용이하게 하기 위해 단면상으로 조정되어 있다. 부채꼴 공간의 가장 바깥 쪽에 위치한 서고 부분의 오목한 천정은 남부의 빛을 도서관 내부로 확산시키고 대출대 위에 위치한 클리어 스토리 위 부드럽게 경사진 천정은 북쪽의 천

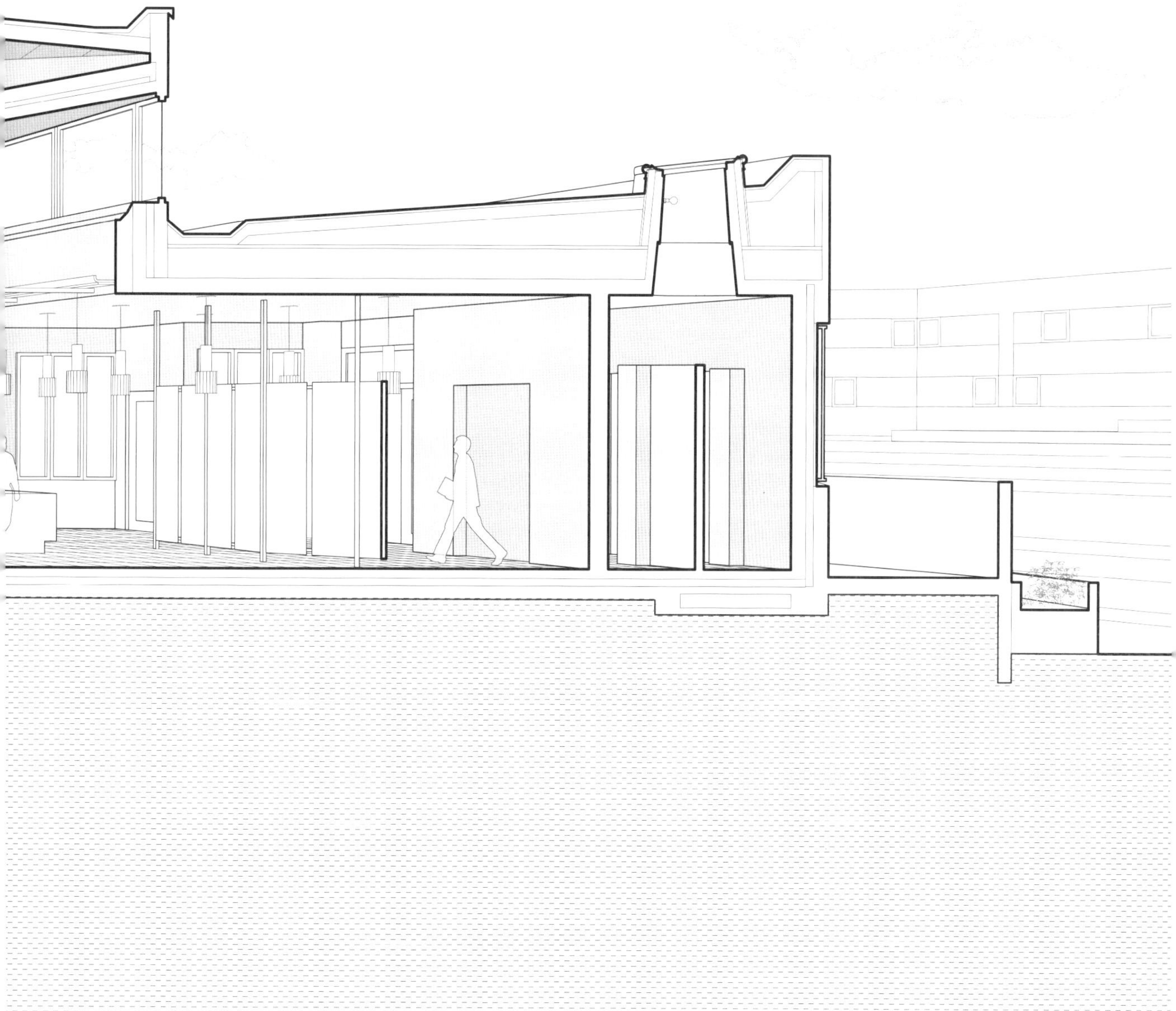

광을 분배한다. 알토가 디자인한 도서관의 전형적인 형식인 '선큰sunken 독서 공간' 은 서고가 가득한 공간 중앙에 한적한 환경을 제공한다. 이 완화된 경험은, 제한된 빛을 받아들이는 오목한 표면의 천장 중앙의 어두운 부분에 의해 강화되고 있다. 이 선큰 공간은 높이가 낮음에도 불구하고 대출대에서 보이도록 배치되어 있다. 내부 공간의 형태는 고저차가 있는 천장을 지탱하는 상향빔을 포함하는 지붕 속 공간으로 인해 외부로 표현되지 않는다. 이 형태 기법의 단면에서는 바닥과 천장이 공간의 질과 프로그램의 성능을 향상시키기 위해 협력하여 변조되어 있다.

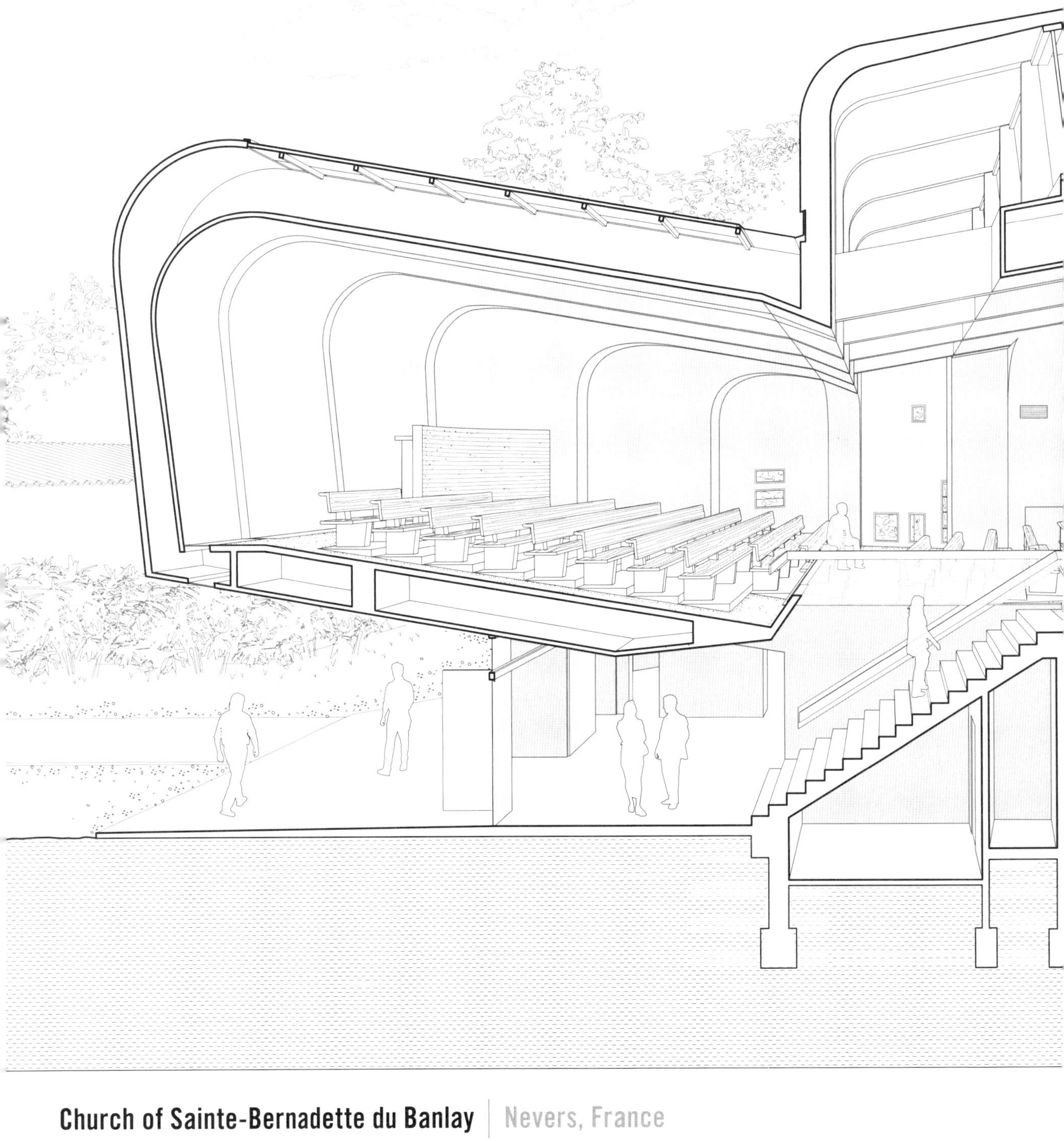

Church of Sainte-Bernadette du Banlay | Nevers, France

이 작은 교회는, 교실이나 지원실이 있는 1층 위의 동굴 같은grottolike 본당을 위치시킨다. 거푸집으로 현장타설cast- in-place된 듯이 보이는 콘크리트 모노리스monolith는, 단면으로 확인하면 13개의 보 구조의 프레임에 감긴 2개의 콘크리트 쉘로 구성되어 있음을 알 수 있다. 중앙구조 외에는 캔틸레버 구조로 되어 떠있는 성역 공간suspended sanctuary은, 공간의 중앙에 위치하는 계단을 통해 접근이 가능하다. 바닥은 제단을 향해 아래와 위로 방향을 바꾸며, 이는 경사면이 미래의 사회 조직을 유발할 것이라 예견하며 현대 평면을 비판한 끌로드 페렝Claude Parent과 폴

Claude Parent and Paul Virilio | 1966

비릴리오Paul Virilio의 경사기능la function oblique의 몇 안 되는 예시 중 하나이다. 비릴리오의 2차 대전 벙커에 대한 연구에 지대한 영향을 받아, 교회는 평면상으로 어긋난offset in plan 2개의 볼록하고 경사진 볼륨이 교차되고, 이들의 연결점에는 본당의 전폭에 걸쳐 연장되는 중앙 천창이 있다. 하부 중앙에서 올라오는 신도들 위에 있는 천창 채광과 굴절된 바닥은 서양 교회의 단면 조직의 관습을 뒤엎는다.

Shape

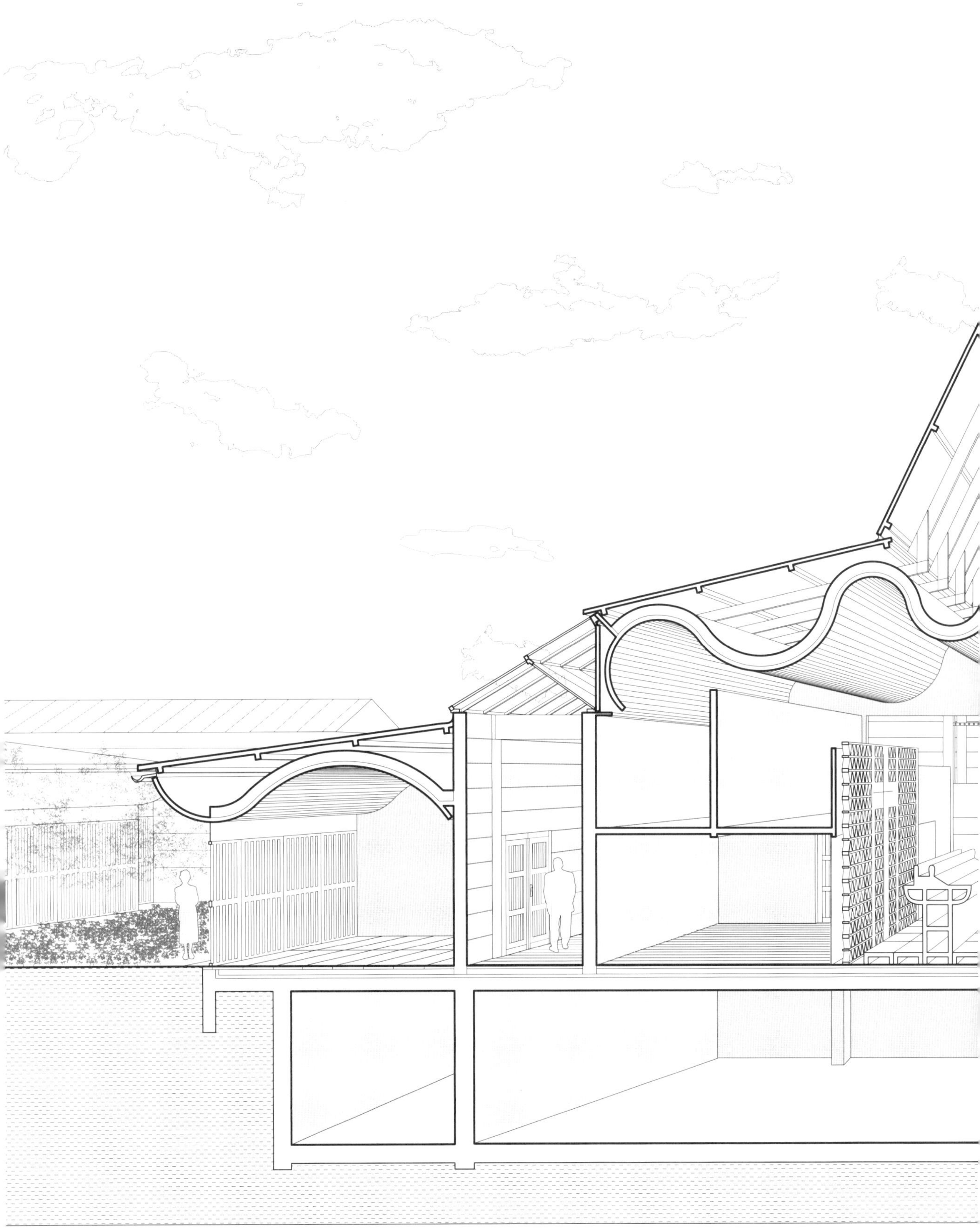

Bagsværd Church | Copenhagen, Denmark

평면에서 '바구스바도 교회'의 예배당은, 주변 통로로 둘러싸인 방들과 중정들로 만들어진 직사각형 배치의 중심 공간이다. 자연광은 주로 곡선 천장의 2개의(최상의)주름 사이에 위치하는 대형 채광창을 통해 유입되고 주변 통로의 유리 천장을 통해서도 유입된다. 이 천장의 표면은 입구 부분에서 가장 낮아 신도석 공간을 압축compress시키며, 제단을 지나면서 하늘을 향한 둥근 아치 천장으로 변하고 성구보관실 너머 시선을 유도accentuate한다. 구름을 상기시키는 원호 모양의 흐름sequence은 천장 단면의 형태를 결정하고 있다. 천장은 주변 통로 스팬인

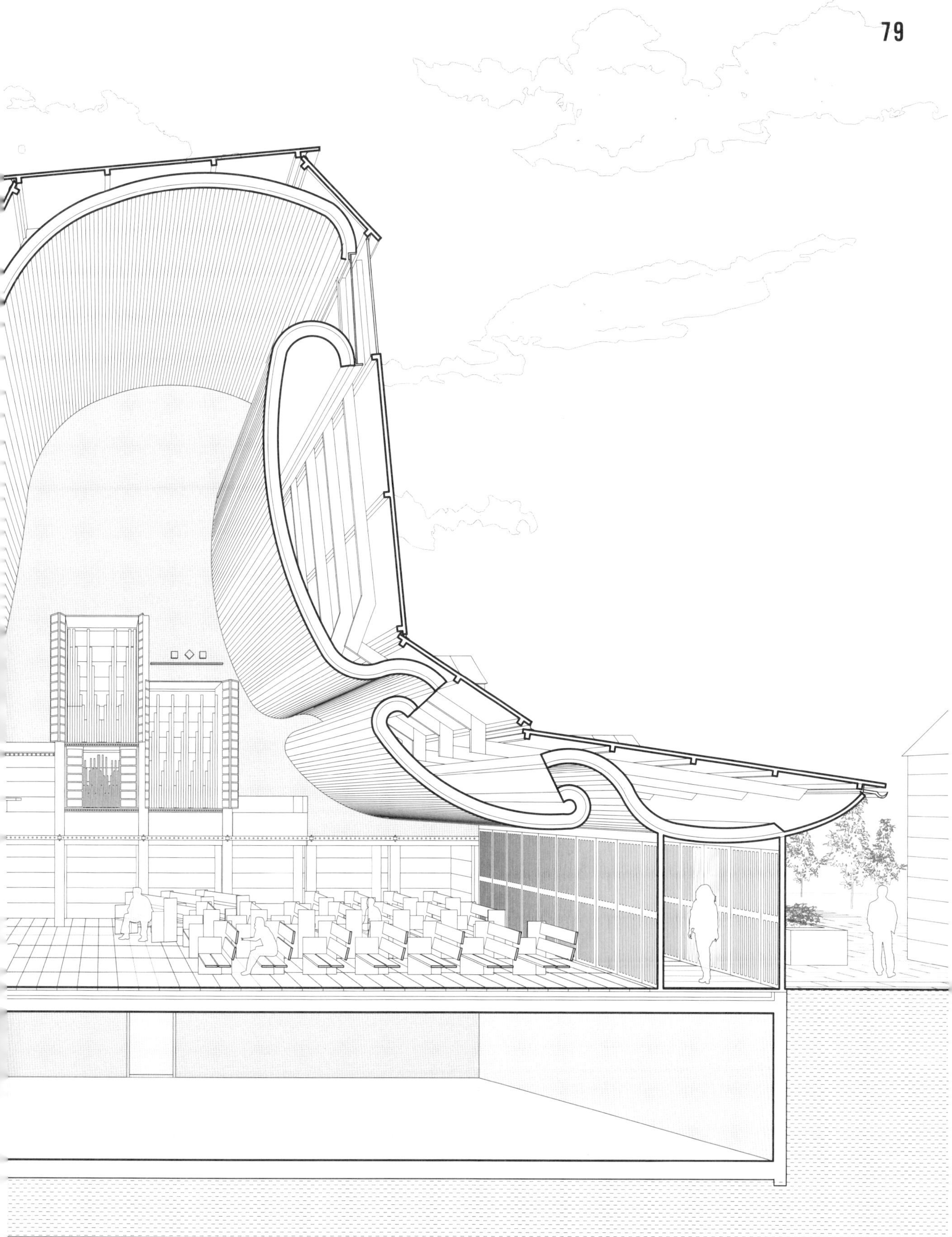

Jørn Utzon | 1976

63피트8(19.4m)의 폭으로 얇은 콘크리트 쉘로 구성되어 있으며 이는 외부 금속 지붕을 지지한다. 천장과 지붕 사이의 구조적 관계는, 내부 표면이 외부 구조체에 의해 지지되고 있는 전형적인 관계를 반전시킨다. 이 형태 기법 단면에서는, 실내의 풍부한 볼륨감voluminous quality이 외부의 평평한 표면과 현저한 대조를 이룬다.

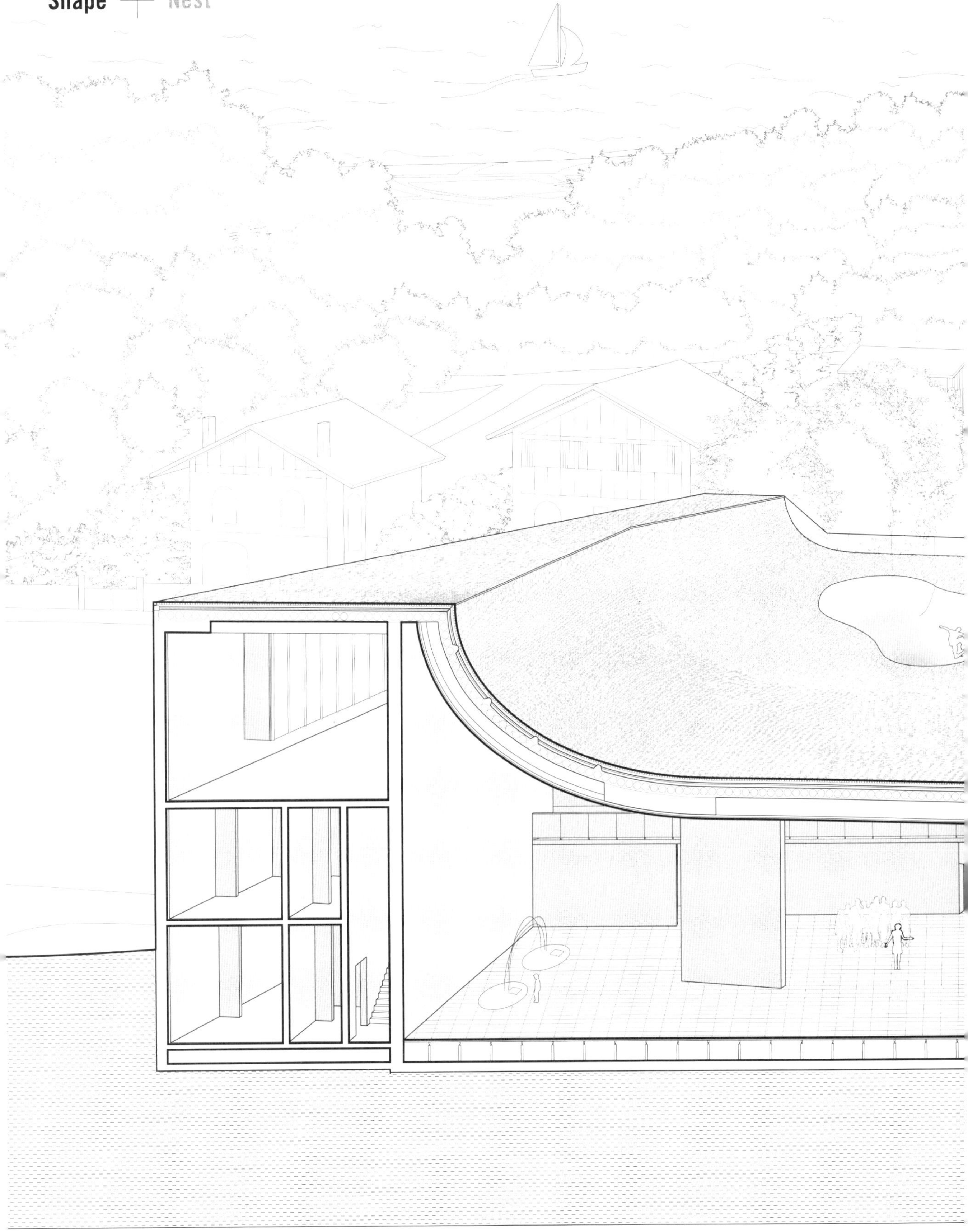

Cité de l'Océan et du Surf | Biarritz, France

프랑스 비아리츠 해변에 인접한 이 박물관은 주변의 풍경으로부터 주제와 건축적 접근방식을 가져 오고 있다. 오목한 31-1/2인치(80cm) 두께의 표면의 속이 빈 구조hollow-core structural콘크리트는 대지의 지형에서 솟아나와 옥상 광장을 만들며, 동시에 하부 미술관 천정의 형태로도 쓰인다. 외부 광장은 자갈 보도블럭cobblestone과 잔디로 덮여 있으며, 스케이트장과 레스토랑 건물, 서퍼를 위한 키오스크를 담고 있는 2개의 유리로 마감된 볼륨에 의해 활성화된다. 광장의 융기한 가장자리 아래로, 방문객들은 큰 더블 하이트 전시공간으로 유입되며 이 주위로 서비스 지역, 사무실, 강당이 있

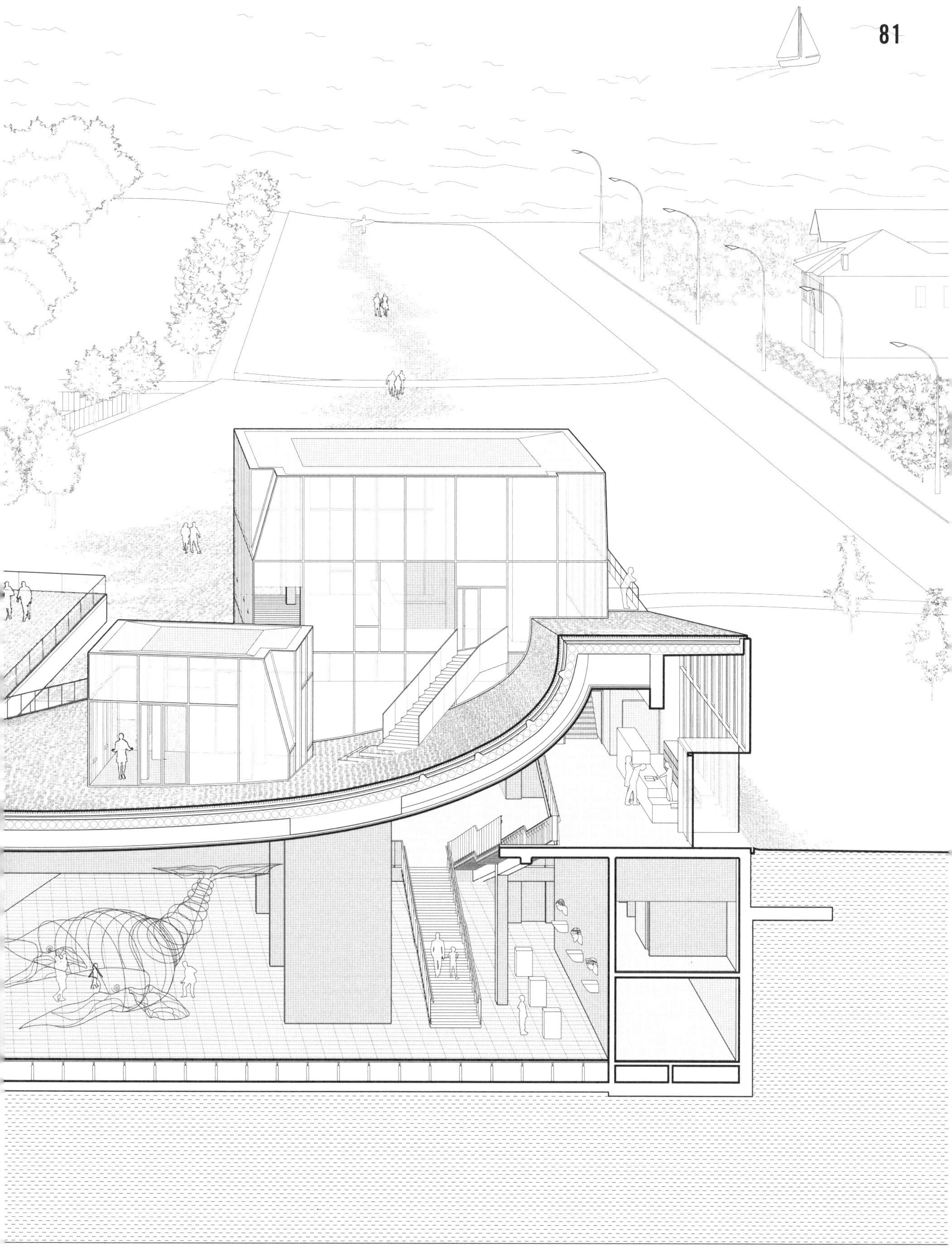

Steven Holl Architects | 2011

다. 이런 단일 형태의 기울어진 지붕은 대조적인 두 개의 대비되는 공간을 만든다: 하나는 위로, 그리고 아래로 만들어져 하나는 외부, 다른 하나는 인테리어이며, 하나는 하늘을 향해 열리고 다른 하나는 거대한 지붕의 볼록한 부분 아래의 안식처가 된다. 건물의 외관 또한 이중적인 형태를 나타낸다: 휘어진 단면은 바다쪽으로는 경사면으로 주위의 지형에 완벽하게 혼합되는 반면, 반대쪽은 명료한 모서리를 드러낸다. 광장의 조약돌 마감과 잔디는, 공공의 통로와 정원으로 물가를 향해 이어져 하이브리드 단면의 역동적인 공간을 확장한다.

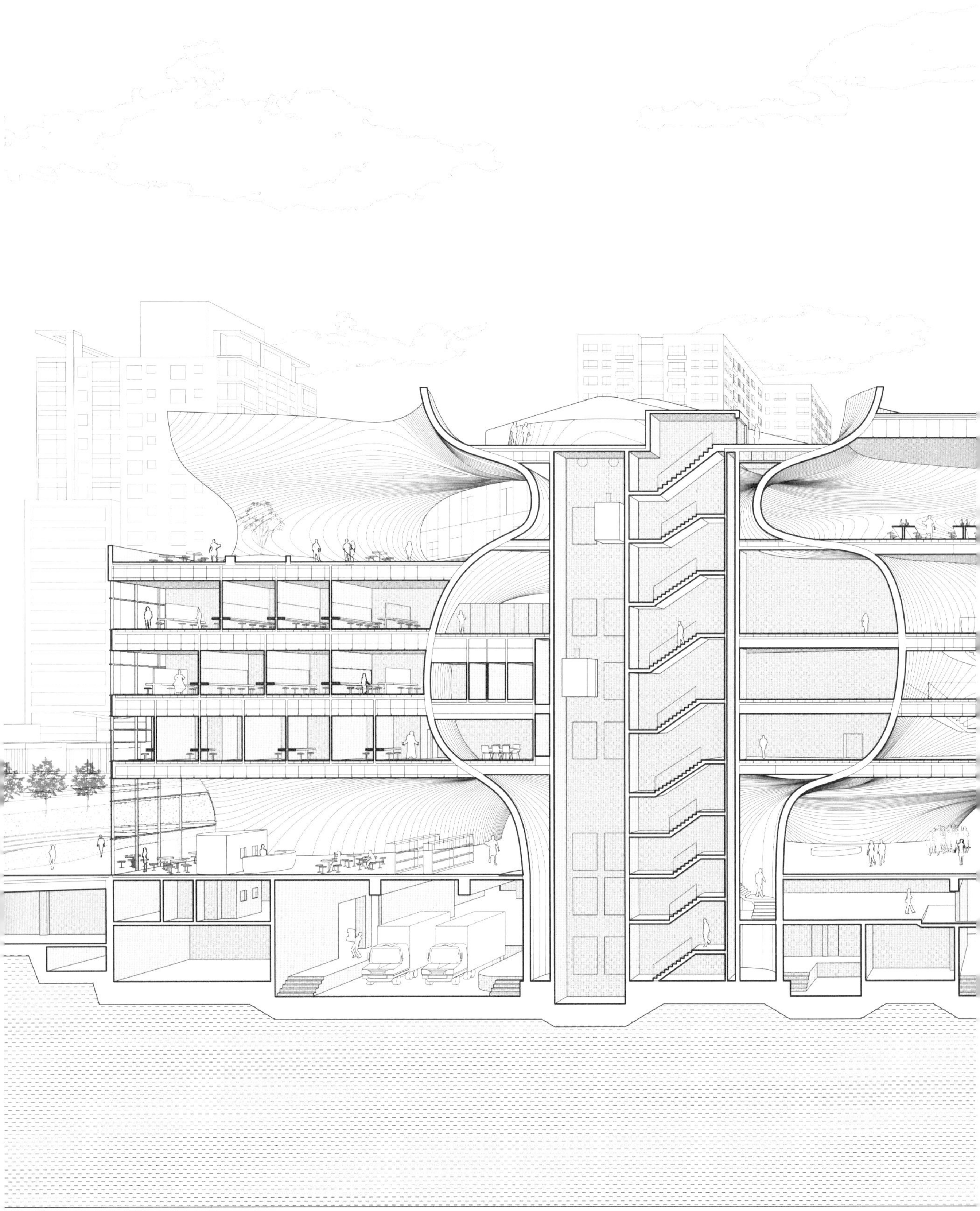

Taichung Metropolitan Opera House | Taichung, Taiwan

2000석의 대형 극장, 800석의 극장 및 2100석 블랙박스 극장을 포함한 이 오페라 하우스는, 수평 및 수직 표면 사이의 구별이 없는 3차원 곡선의 형태를 사용한 연속적인 위상학적topological 그리드에 의해 연결되어 있다. 58개의 현수면catenoids은 이 복잡한 형태를 효율적으로 시공 가능한 스틸 트러스 벽의 시퀀스에 콘크리트를 분사하여 만들어져, 공간을 규정하는 구조primary space-defining structure는 서로의 접촉면에서만 수평이 된다. 프로그램은 곡면 내에 중첩된 수평 바닥 위에 위치하게 된다. 따라서 곡면의 단면형상은, 벽이나 천장, 또는 순환 공간과 아트

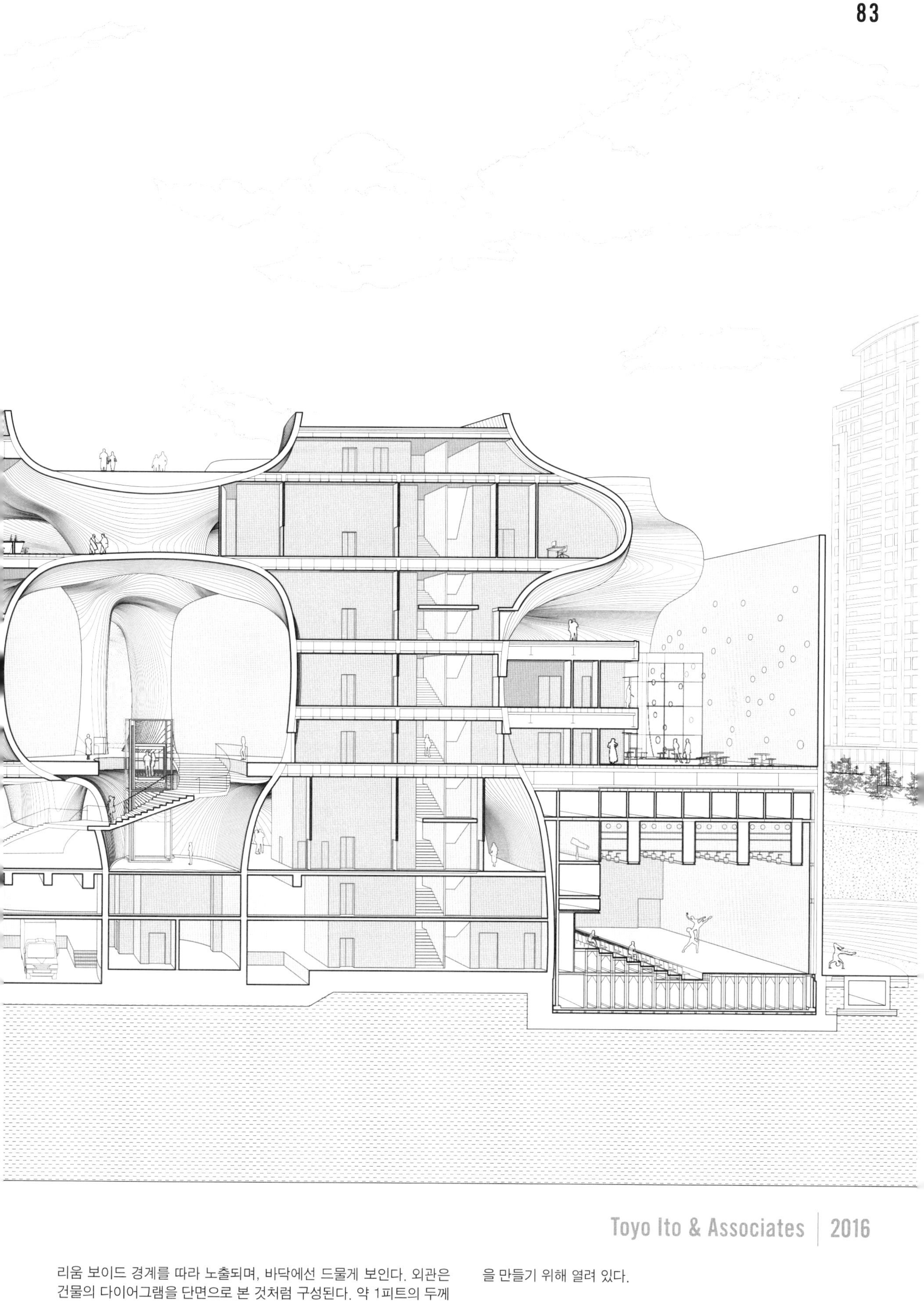

리움 보이드 경계를 따라 노출되며, 바닥에선 드물게 보인다. 외관은 건물의 다이어그램을 단면으로 본 것처럼 구성된다. 약 1피트의 두께(30.5cm)의 하이브리드 단면의 구조적인 곡선은, 커튼월 또는 다공성 분사 콘크리트로 채워지거나 혹은 외부 보이드 등의 굴절된inflected 공간을 만들기 위해 열려 있다.

전단은 단면의 수평 또는 수직축 중 하나에 평행하게 균열이나 절개를 유도한다. 이런 유형의 단면방식은, 압출 또는 적층 단면내의 시각적 연결, 열성능thermal 향상, 음향적 연결에 상당히 효과적이며, 그러면서도 압출, 적층 단면이 추구하는 반복적 구축적 효율에 크게 영향을 주지 않는 장점이 있다.

SHEAR

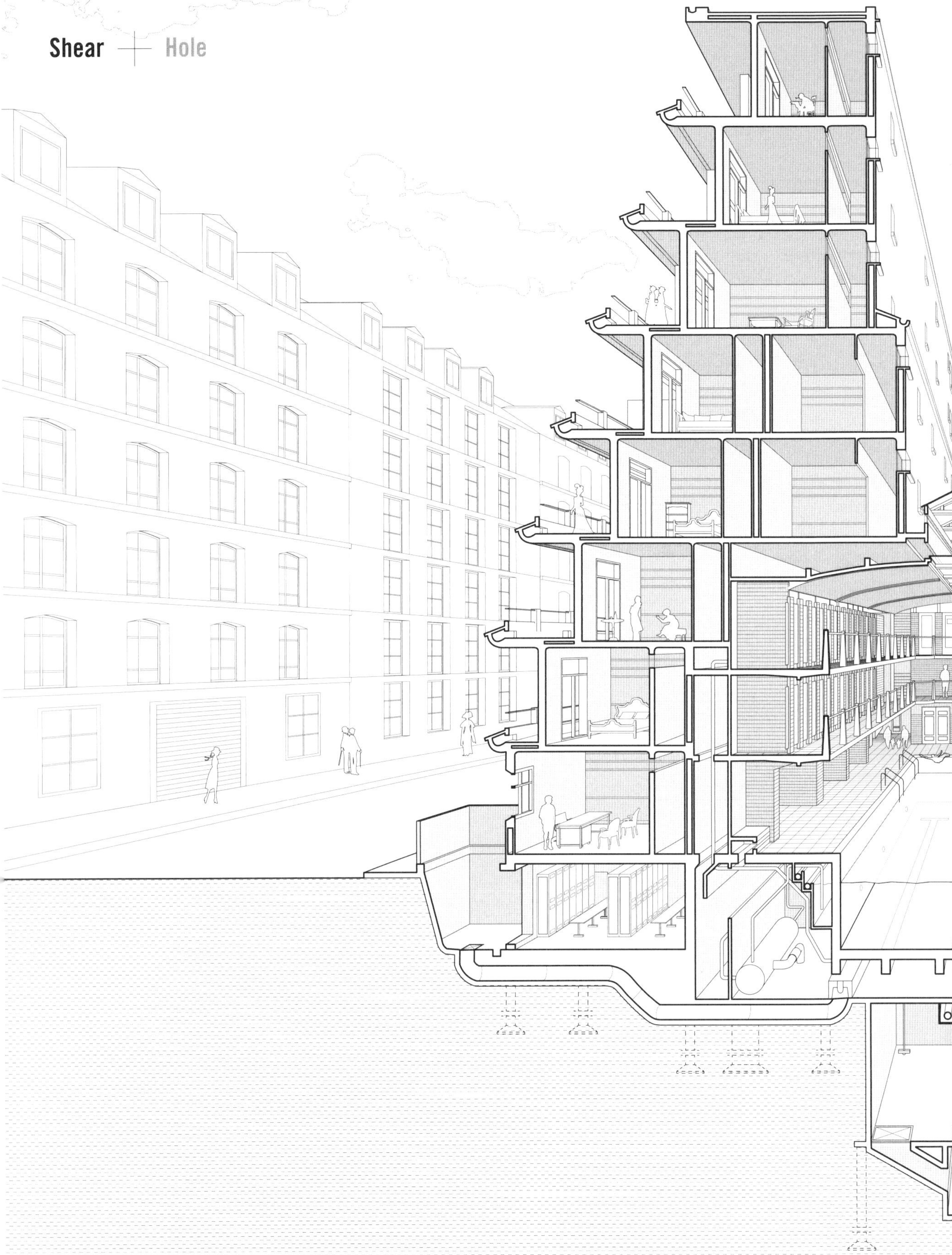

13 Rue des Amiraux | Paris, France

도시 블록city block의 3면을 채우고 있는 이 공공지원주택social housing 프로젝트는, 공동 프로그램 및 유틸리티 공간을 위한 하부 두 개 층과 78개의 아파트 유닛이 있는 상부 7개층으로 구성되어 있다. 앙리 소바쥬Henri Sauvage의 수평 전단 사용은 당시에는 혁신적이었다. 각 층은 3피트 3인치(1m)씩 물러나, 개선된enhanced 외부 테라스를 만들고, 모든 아파트 유닛이 하늘을 볼 수 있게 한다. 각 아파트는 3개 또는 4개의 방으로 이루어져 있으며 모든 방은 건물의 주변을 따라 배치되어 있다. 세라믹 타일로 덮인 콘크리트 구조인 이 피라미드 형의 건물은, 아파트 및 주변 거리에 충분한 채

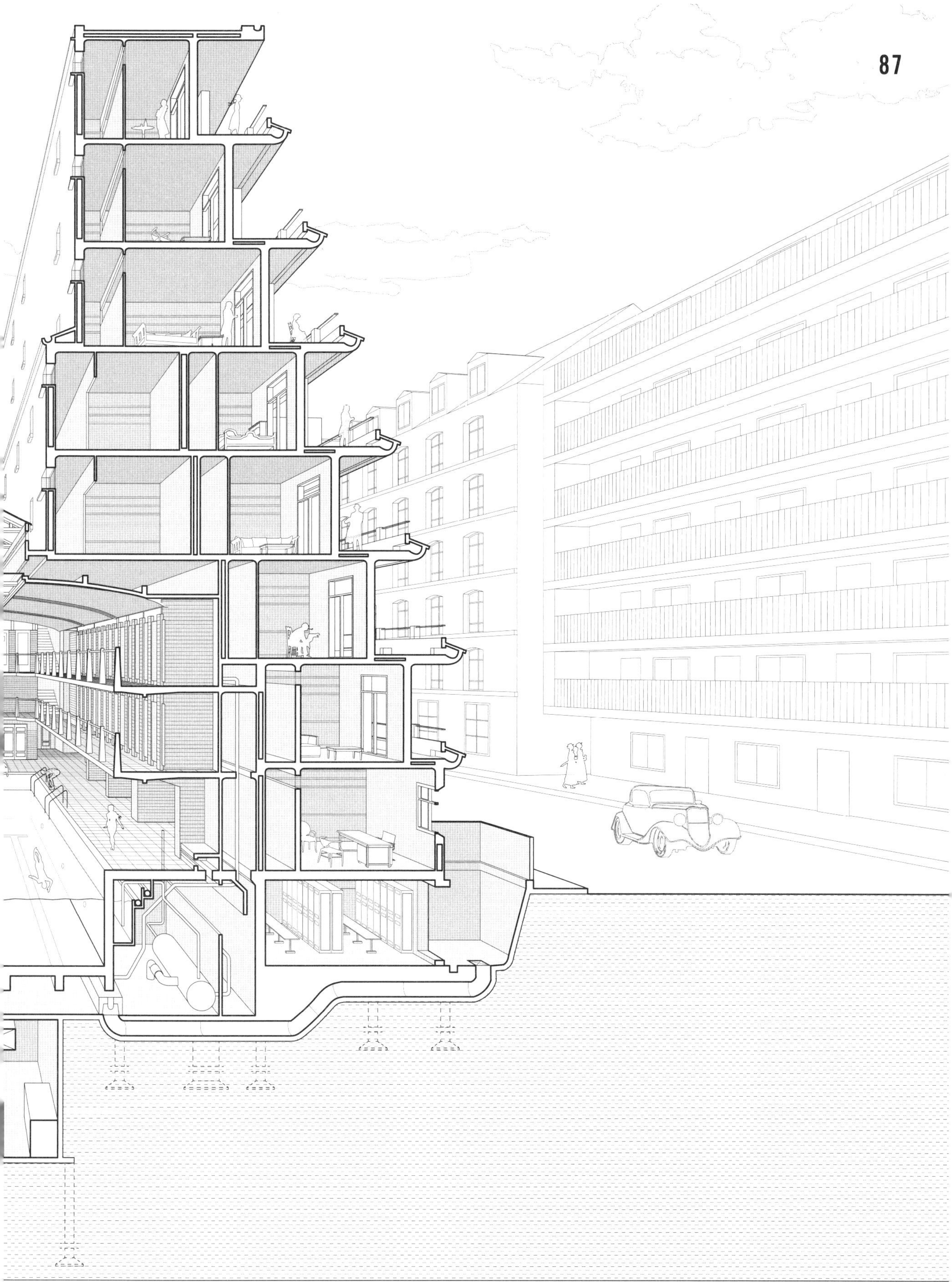

Henri Sauvage | 1930

광과 환기를 가능하게 한다. 탈의실이 딸린 수영장은 전단된 단면의 중심부에 있고 그 하부에는 온도 유지와 환기를 위한 기계실이 있다. 아파트의 작은 식료품 저장실은, 수영장 위 중앙 채광 부분에 인접해 배치되어 있다. 이 건물은, 수평 방향 전단 단면의 좋은 예로 그 후 다수의 유사건물variation의 모델이 되었다. 이 유형에서 주거 부분은 주로 채광과 환기가 좋은 상부에 배치되었고, 하부에는 채광이 그리 필요하지 않은 공동 사회적 프로그램이 배치되었다.

Shear

Fallingwater | Mill Run, Pennsylvania, USA

펜실베니아의 전원에 위치한 프랭크 로이드 라이트의 이 유명한 별장은, 작은 다리를 지나 건물을 감싸며 언덕에서 건물을 구분하는 도로를 따라 접근한다. 건물의 내부는 오픈 평면 거실과 침실을 위한 상부 두 층으로 구성되어 있다. 콘크리트 기초는 기존의 바위에 얹혀져 건물의 기반을 형성한다. 지역의 석재로 마감된 하중벽load-bearing walls clad이 이 기초에 고정된다. 콘크리트 와플 슬래브 바닥은 냇가위로 18피트(5.4m)나 캔틸레버로 돌출되어 있다. 대지의 기존 바위large site boulder는 거실을 뚫고 들어와 난로 바닥이 된다. 천장 높이는 각 공간마다 다르

며, 가장 낮은 공간은 6피트 4인치(1.9m) 밖에 되지 않는다. 수평 전단의 일반적인 방법과는 달리, 캔틸레버 트레이tray는 서로를 복제하지 않으며, 3가지 다른 방향으로 돌출project되어 다른 길이와 폭을 가지고 있다. 이러한 변화는 집의 모든 방향으로 치밀하게 계산된 내물림overhang 및 테라스를 생성한다. 이 전단된 단면에서, 캔틸레버는 시각적, 음향적 및 형태적으로 주택을 풍경 속으로 고정시키면서도embed 확장시키고, 대지 주면의 중첩된 바위들을 연상시킨다.

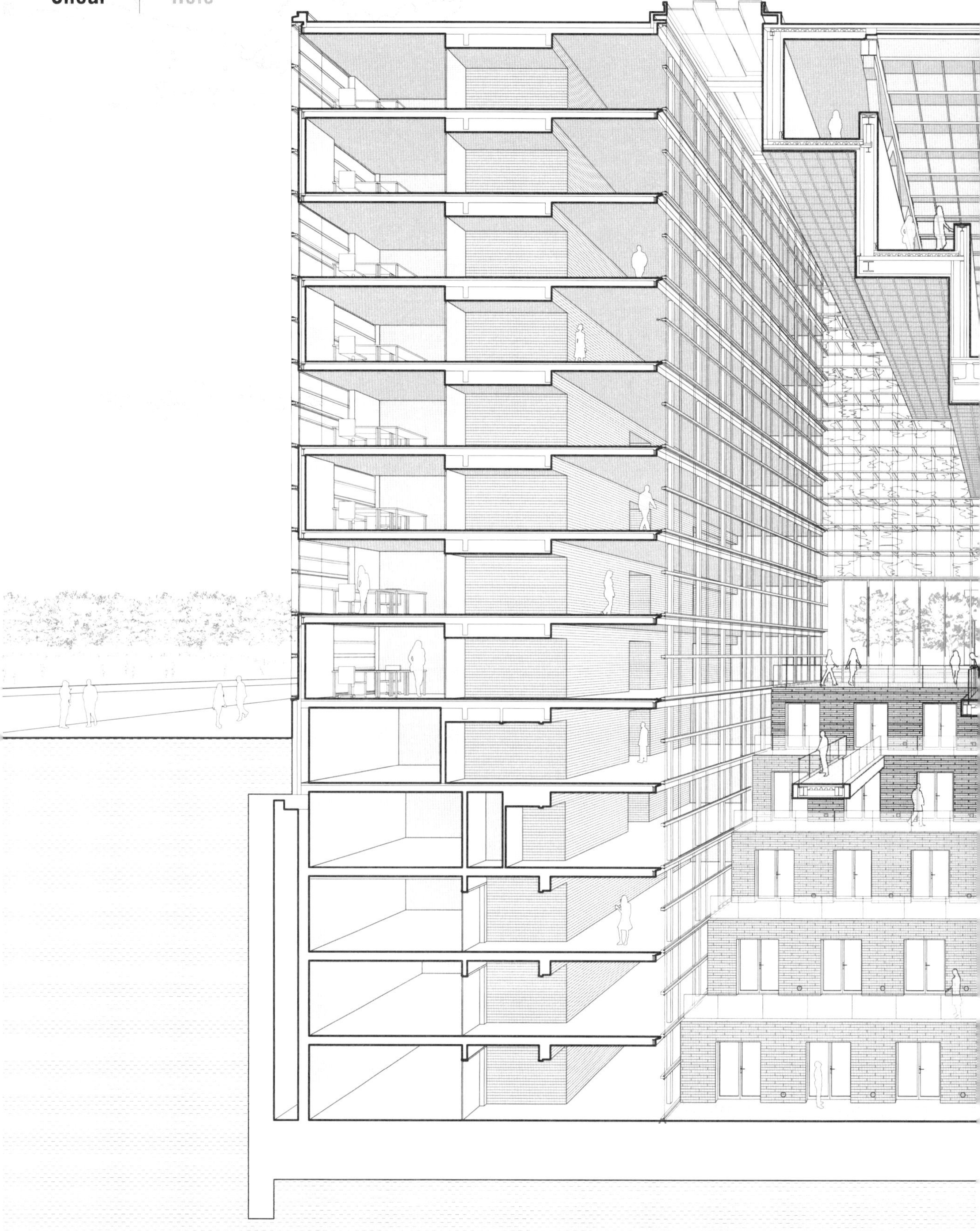

Netherlands Institute for Sound and Vision | Hilversum, the Netherlands

직선 형태의 이 건물에는, 네덜란드 TV와 라디오를 위한 연구기관 및 국가 아카이브가 포함되어 있다. 전체높이 82피트(25m)로, 건물은 13층의 사무실과 (기술적인)설치 작업들, 지하로 아카이브 5개 층 및 대규모 중앙 홀 안에 떠있는 3층의 전시 공간으로 구성되어 있다. 자연광과 스테인드 글라스를 통한 채광은 아트리움을 지나 슬레이트 바닥 아카이브까지 닿는다. 1층에 들어서면 중앙 홀 공간은 3개의 다리에 걸친 계단 모양의 협곡으로 확대되며 상부로는 전시층 옆 지구라트 형태의 보이드ziggurat-shaped void adjacent로 뻗어 있다. 내리고 오르는 공

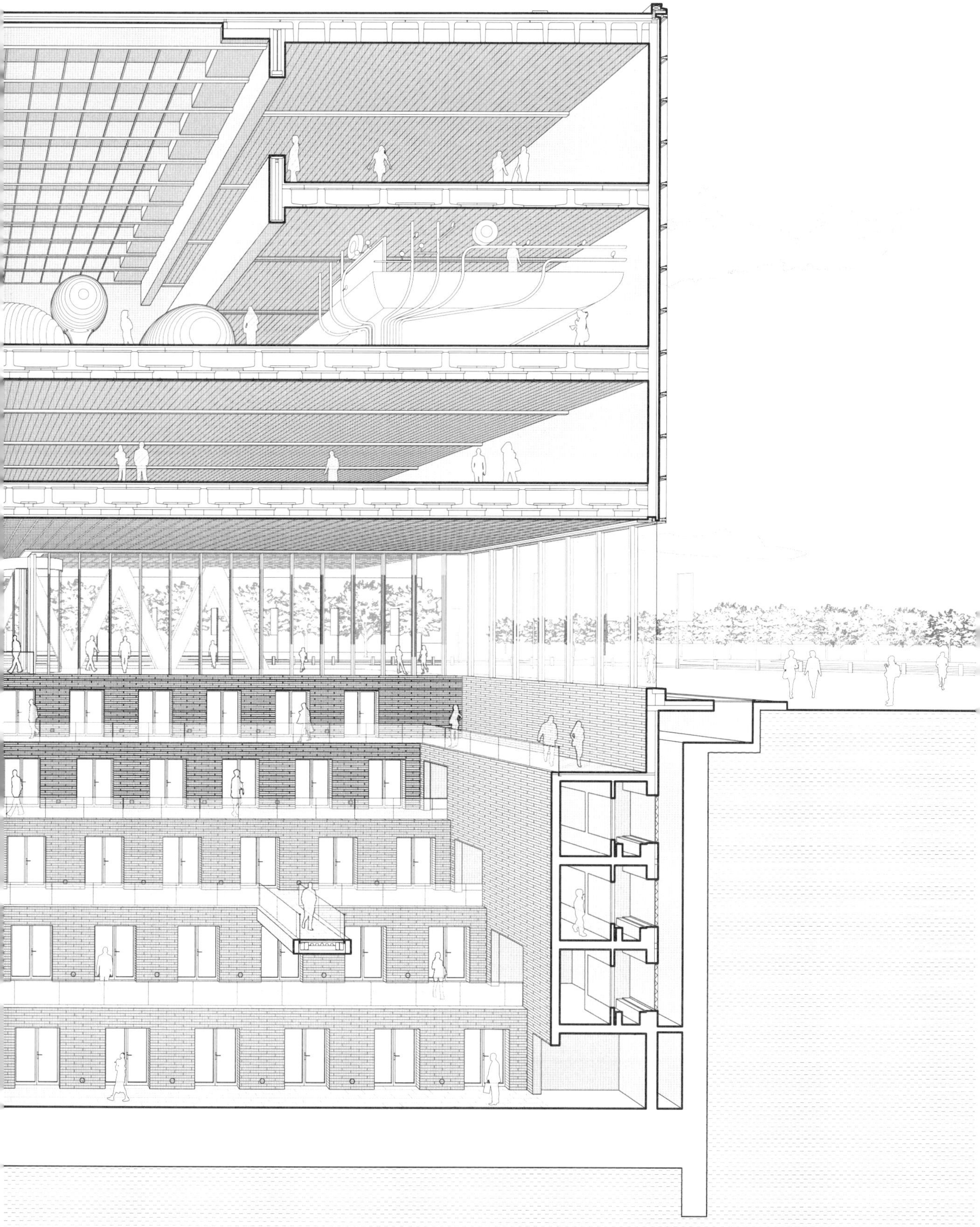

간은 수직으로 전단되어 내부 공간을 회전torque시킨다. 이 전단 단면은 전단된 바닥이 인테리어에 미치는 영향보다는 아트리움의 조형에 더 관여한다. 건물의 중심으로 깎여 들어가, 아트리움은 3개의 볼륨의 프로그램의 분리를 명확히 보이면서도 이 전단 단면이 하나로 읽힐 수 있도록 만들고 있다.

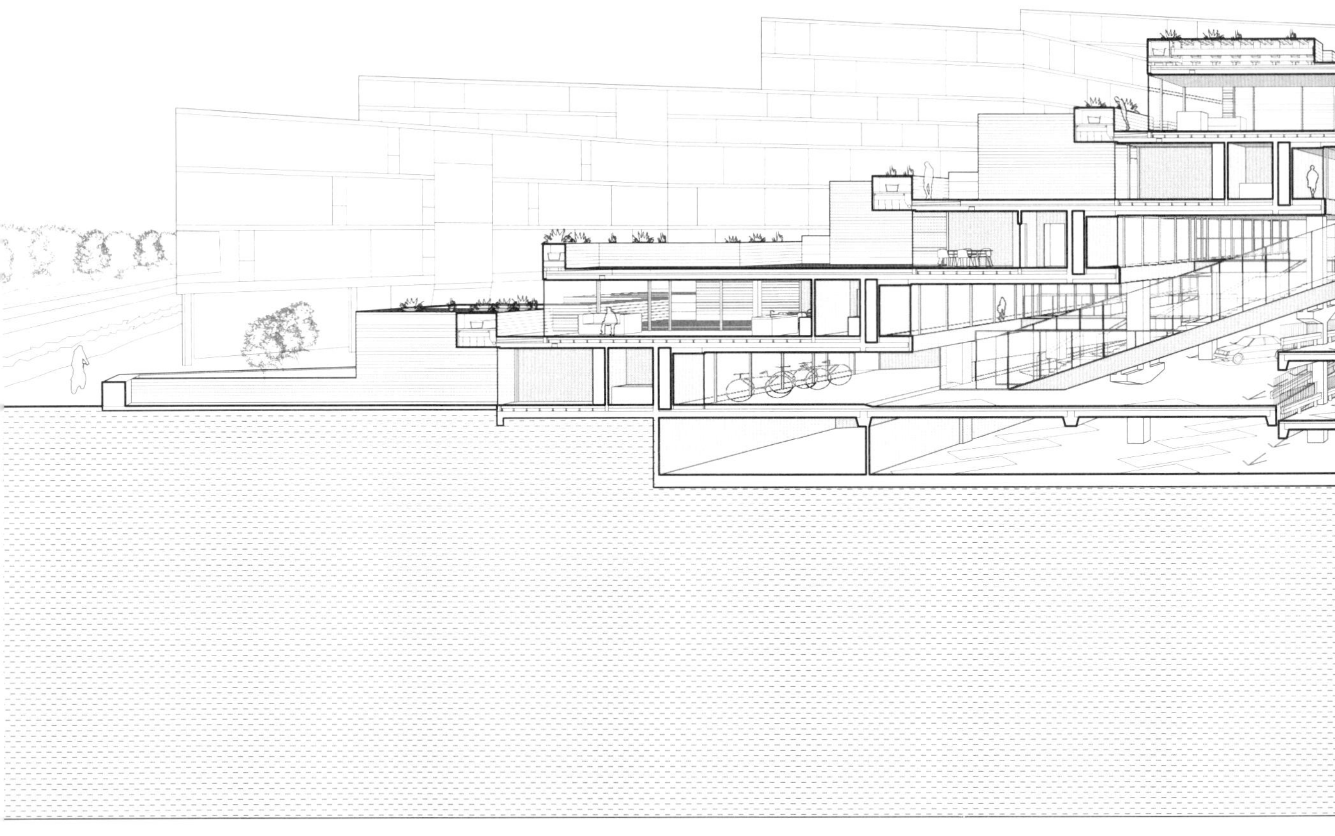

The Mountain Dwellings | Copenhagen, Denmark

마운틴 집합주거는, 주차장 위에 아파트 영역을 올린 것이다. 아파트는 주차 레벨(층)을 연결하는 경사진 엘리베이터를 통해 주차장 쪽에서 진입할 수 있다. 각각의 아파트는 독자적인 대형 L자형의 정원courtyard이 있으며 시각적 분리를 위해 조경화분built-in planters이 설치되어 있다.

북쪽과 서쪽 외관의 알루미늄 패널은 통풍을 위한 에베레스트 산 이미지로 천공되어 있다. 수평 전단 단면의 방식으로 상부에는 주거를, 하부에는 주차장을 설치하는 건물유형에 바탕을 두고 있지만, 이 프로젝트는 25도의 극단적인 기울기rake로 설계가 되어, 480대의 주차가 가능해 아파트에 필요한

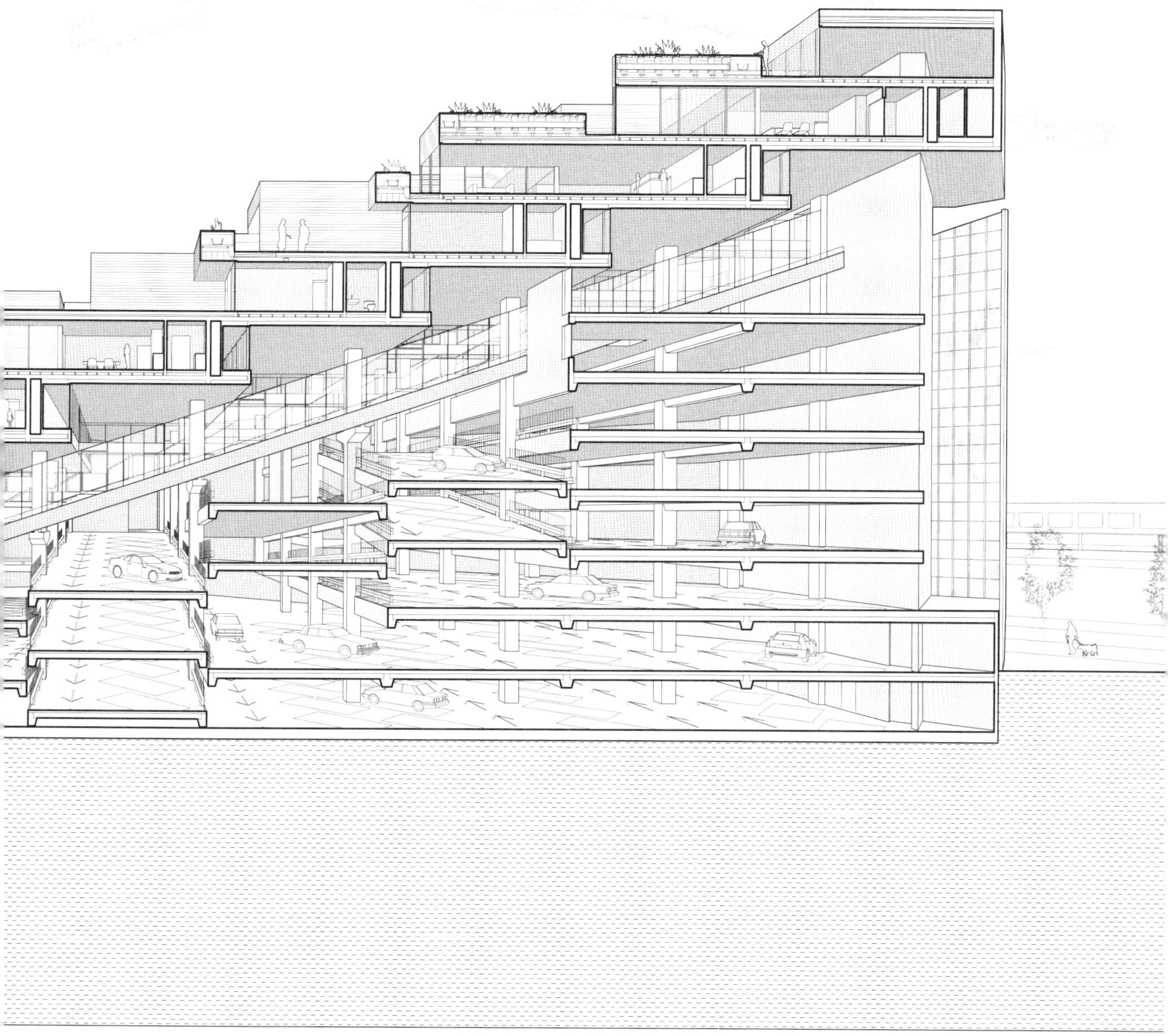

BIG-Bjarke Ingels Group / JDS Architects | 2008

80대보다 훨씬 많이 수용한다. (원래 이 부지는 건물 주차장으로 예정되어 있었다고 한다) 수평 전단은 또한 모든 유닛이 하늘로 노출이 되며, 이 장점을 중정 courtyard을 계획해 활용하고 있다.

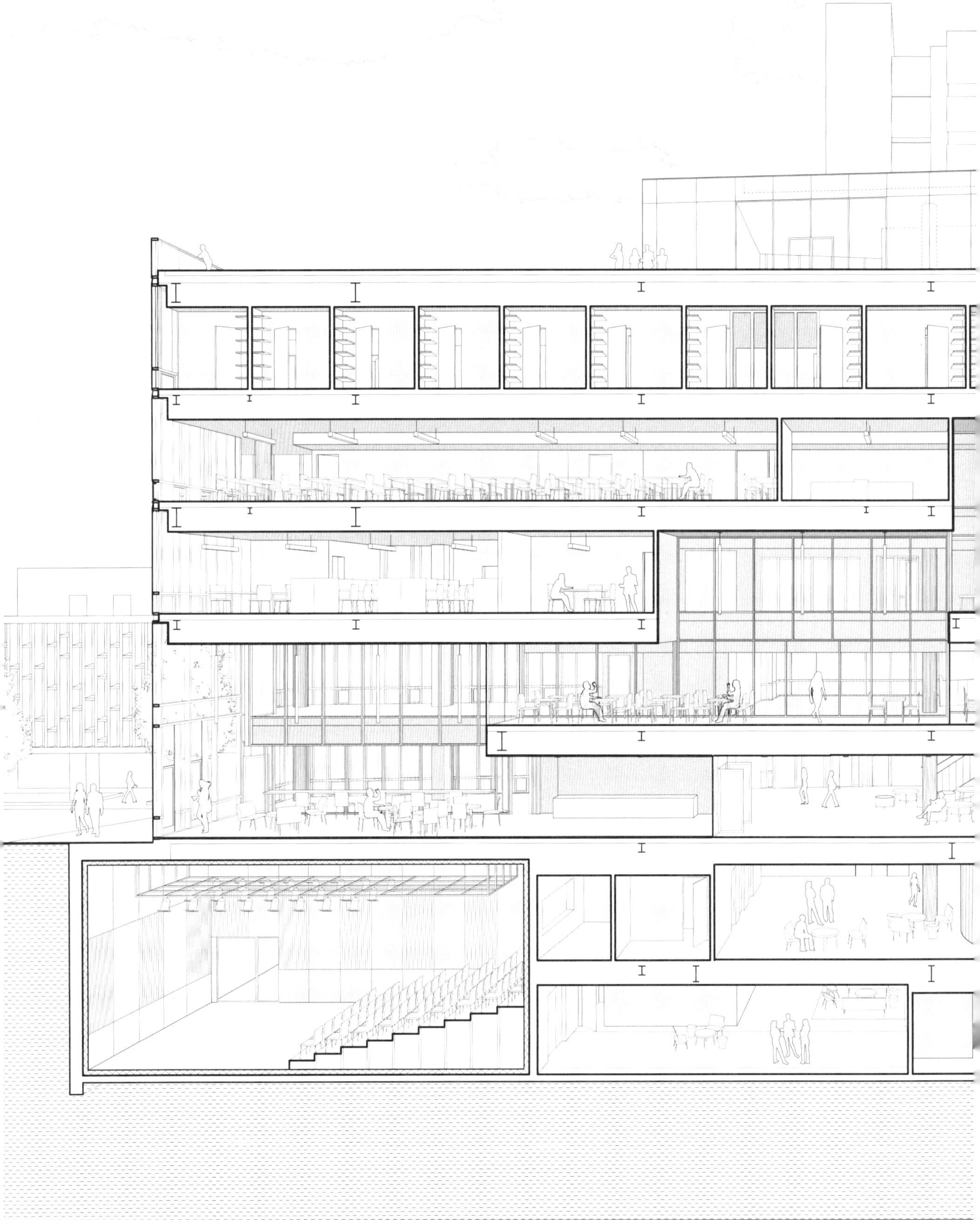

Barnard College Diana Center | New York, New York, USA

브로드웨이와 평행하게 위치한 이 아트센터는, 스튜디오, 교실, 사무실, 전시실, 블랙 박스 극장, 카페, 식당, 그리고 5백석을 갖춘 원형의 퍼포먼스(공연장)공간을 갖추고 있다. 네 개의 2층 높이의 공간은, 건물의 중심에 시각적으로 연속된 보이드를 만들며 대각선으로 적층되어있다. 이 보이드는 주문 제작된 유리 패널custom-fritted glass panels을 통해, 브로드웨이에 접한 동쪽 외관에서 인지된다. 음향적인 이유와 방화를 위해 투명한 유리로 구분된 이 볼륨들은 각각 사회적 프로그램social program이 포함되어 있어, 건물 전체뿐만 아니라 인접한 캠퍼스 잔디에

도 시각적인 연결이 가능하게 한다. 아카데믹 프로그램은, 수평 전단 아래에 위치한 큰 공간–원형의 공연 스테이스–을 포함한 사선의 보이드 주위에 분포되어 있다. 서쪽에 접한 측면에서, 동선circulation은 건물이 차지하는 공간building's footprint 밖으로 캔틸레버가 있는 유리 볼륨에 뻗어 있다. 이 단면은 수평 전단의 누적방식cumulative conseqeunce을 포함한 관통단면hole section의 시각적 공간적 효과를 결합하고 있다.

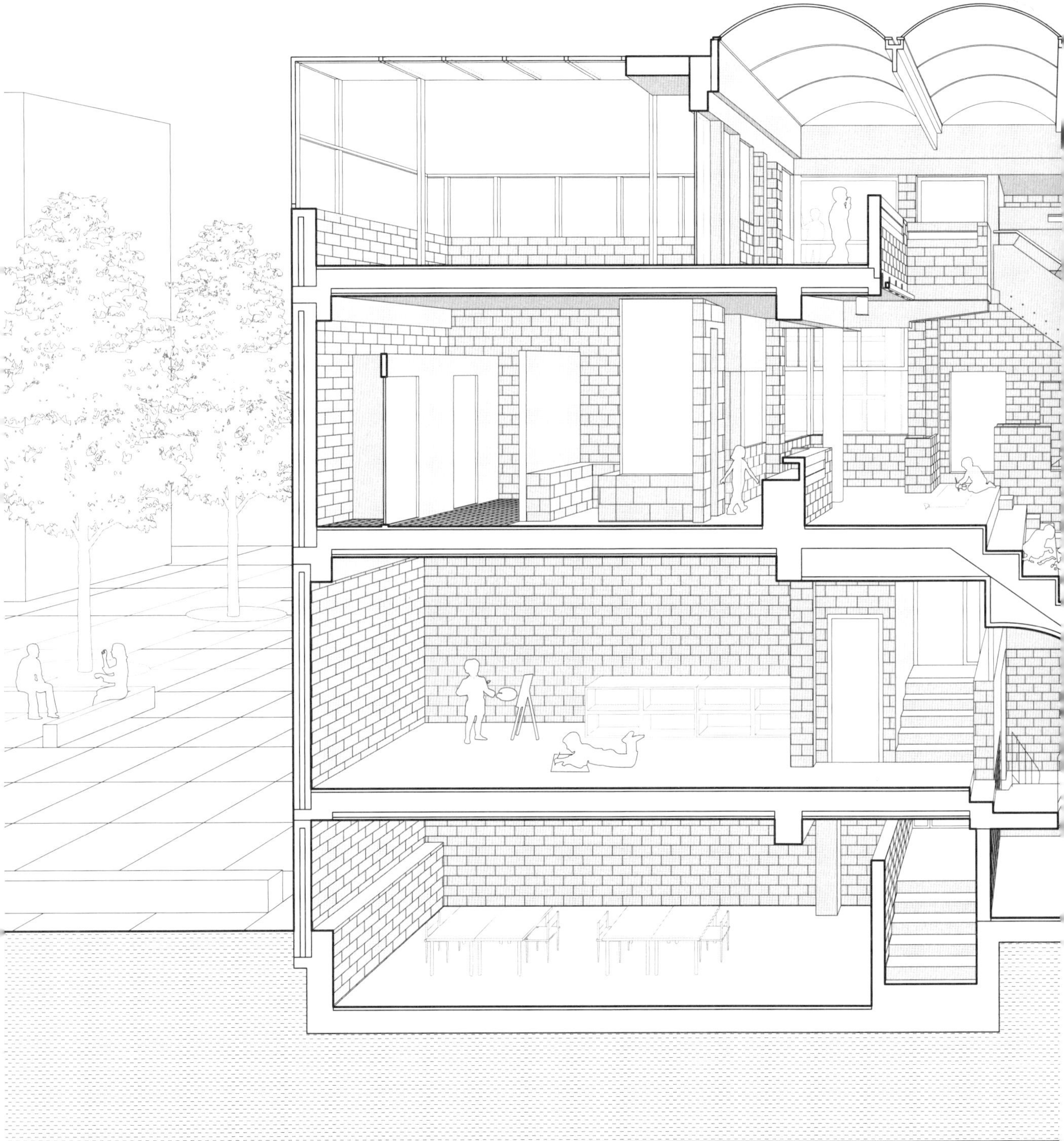

Apollo Schools–Willemspark School | Amsterdam, the Netherlands

아폴로 학교는 초등학교들 보완 건물complementary로 설계된 2개의 건물로 구성된다. 이 단면은 몬테소리 학교를 동쪽으로 보고, Willemspark 학교를 통하고 있다. 두 학교는 같은 공간 다이어그램에 의해 계획되었는데, 이는 전단 단면으로 중앙 보이드 공간은 계단식으로 상승되고 4개 코너마다 각 교실을 연결하고 있다. 전단shear의 부분중 계단이 없는 곳은 커다란 단이 되어 앉을 수 있는 자리가 되어 모임 공간을 만든다. 이 단면에서 전형적인 학교의 일반적인 교실 복도는 사라지고 즉흥적으로 이루어지는 이벤트와, 매일 반복되는 액티비티에 촛점을 맞

Herman Hertzberger | 1983

춰, 학교의 중심에 강당을 배치하여 활기를 불어넣는 공간이 된다. 곡면의 천창은 중앙 공간을 비추어 내부 학습 환경에 집중하도록 설계된 견고한 벽들과 균형을 맞추고 있다. 층간 시야를 허용하면서도 이 전단된 단면은 동시에 교육 공간의 중심으로의 대각선 전망을 방지함으로써 교실 각각의 개인 정보를 유지한다.

Shear

Granoff Center for the Creative Arts | Providence, Rhode Island, USA

강렬한emphatic 수직 전단에 의해 규정된 이 창작 예술센터는 남쪽으로는 리사이틀 홀, 전자제품 판매점, 녹음 스튜디오 및 제작 스튜디오를 갖추고 북측에는 갤러리, 목재 업체, 멀티미디어실, 추가의 프로덕션 스튜디오가 있다. 1층의 순환 복도는, 라운지로도 가능한 넓은 사이즈로, 건물의 여러 층에 전망을 가능케 하는 리사이틀 홀, 갤러리 사이에 있다. 천장에 있는 기계 시스템은 대부분 노출되어 있고, 현장타설된 콘크리트 바닥은 동서에 걸쳐 10인치 와이드(25.4cm)의 복층 유리벽과 평행으로, 유리벽이 천정과 기둥들과 독립적이게 한다. 이 유리 벽

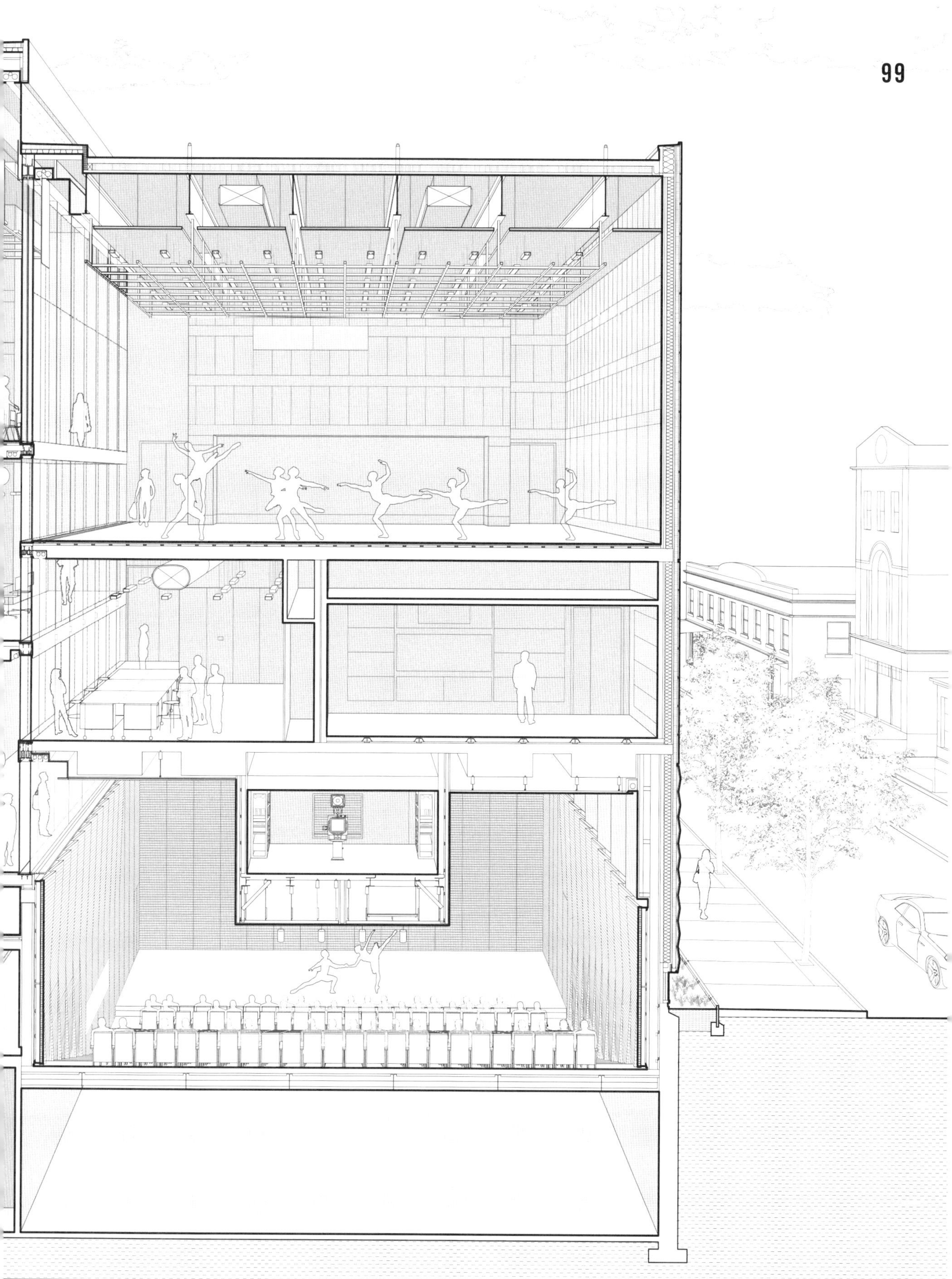

Diller Scofidio + Renfro | 2011

은, 학제성interdisciplinarity을 고양하기 위해 시각적인 교류를 강화하며 프로그램 사이에서 음향 분리를 유지한다. 개폐식 블라인드는 채광과 프라이버시를 제어하기 위해 유리 사이에 설치되어 있다. 세로 전단이 동선의 불연속을 만들기 때문에, 계획상 건물의 후면에 큰 계단을 배치하고, 라운지 기능을 겸하는 계단참을 두면서 여러 층을 연결한다.

관통 유형은, 실용적 단면을 생성하기 위해 흔히 사용되는 방법으로, 2개의 바닥 사이에 작은 개구부 하나부터 전체 빌딩을 조직하는 몇 개의 아트리움까지 그 스케일과 개수가 다를 수 있다. 관통 유형은 단면적 가능성을 위해 바닥 면적을 희생한다. 수직적 효과를 위해 쓸 수 있는 공간적 장치이다.

HOLE

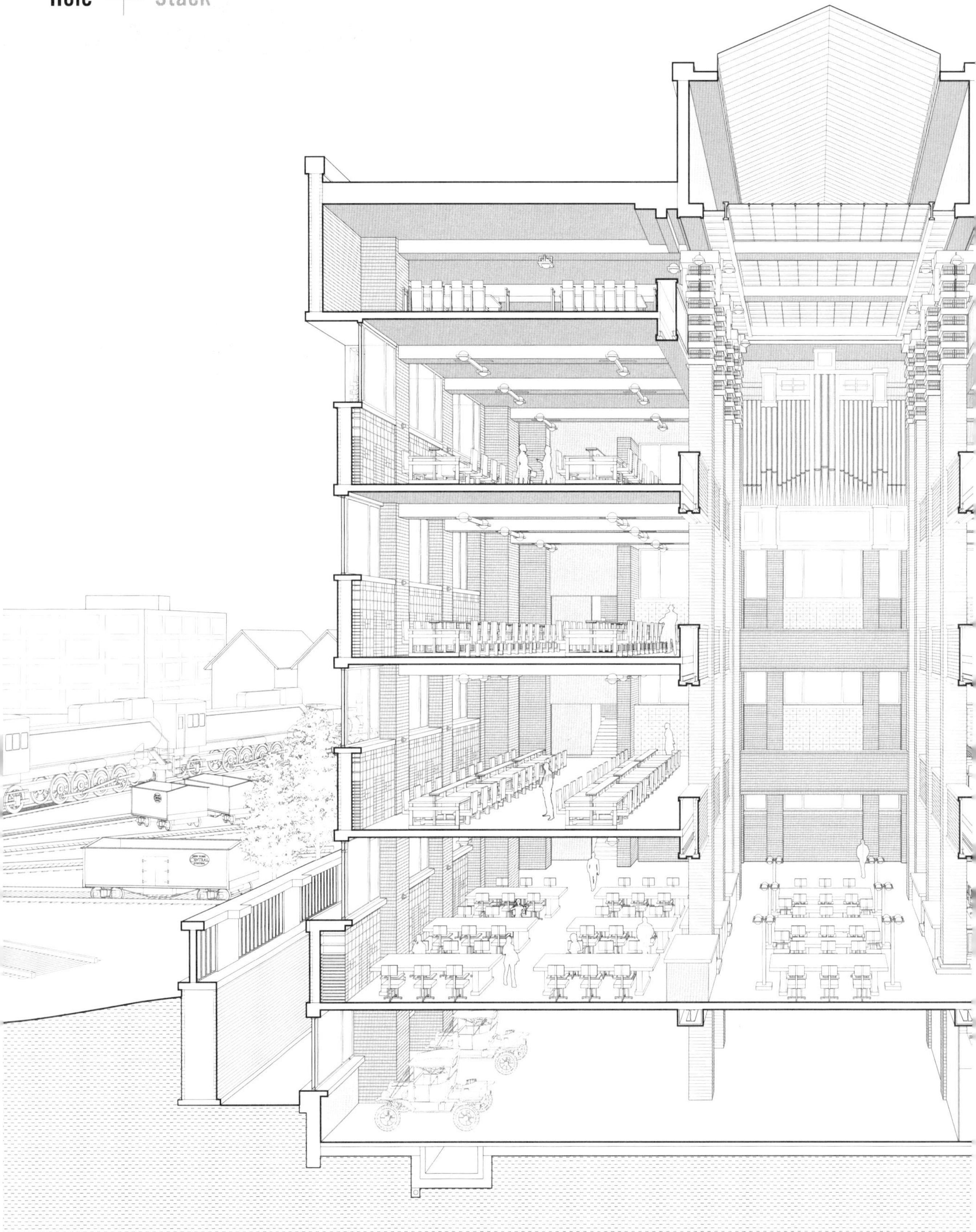

Larkin Building | Buffalo, New York, USA

비누 회사의 본사인 이 건물은, 네 개 층의 특출한 개방형 사무실, 주차 및 파일수납을 위한 지하층, 그리고 가장 상층에 레스토랑, 주방과 온실로 구성되어 있다. 건물의 동쪽에서 접근하는(그림의 오른쪽에 보인다), 중앙 아트리움의 크기는 25피트 3(7.7m) 폭에 길이 112 피트(34.1m) 그리고 76피트(23.2m)의 높이를 가지고 있었다. 이중 유리 천창에서 제공되는 채광은, 높은 천장(16피트[4.9m])의 오픈평 평면 사무실에 자연광이 비출 수 있도록 하였다. 건물은 철골 구조에 철근 콘크리트 바닥이 쓰였다. 각 사무실 층의 둘레는 눈높이보다 높은 복층 유리의 클리어스토리와 그 아래로

Frank Lloyd Wright | 1906

서류정리용 캐비닛이 설치되었다. 캐비닛은 외부로의 시선을 차단하고 아트리움으로 시야를 유도한다. 대지 주변의 산업 시설에 둘러싸인 오염으로부터 직원들을 보호하기 위해 설치된 에어컨은 아트리움 쪽 난간에서 분사 되었으며 이를 통해 밀폐된 환경을 냉각하였다. 계단들은 수직 홈chases에 통합되었고, 이 홈은 또한 기계 시스템으로 공기를 순환시키는데 쓰이며 건물의 4군데 모서리에 위치하고 있다. 아트리움의 스케일은 빛과 열 성능 균형을 맞추고 있고, 그 개방성은 집단 활동collective effort의 감각을 장려하고 있다.

Single House at Weissenhofsiedlung | Stuttgart, Germany

중산층 가정을 위해 1927년 '바이센호프 주택 전시회' 에 출품된 르 꼬르뷔제의 '단독주택' 은 시트로엥 박스Citrohan box–단면의 중앙에 더블 하이트 관통을 중심으로 구성된 프로토타입 거실 유닛–의 초기 실현작으로 평가받는다. 르 꼬르뷔제의 구성을 표현하는 "새로운 건축의 5원칙"에 따라, 주택은 2줄에 걸친 8피트 2인치(2.5m)간격을 둔 5개의 콘크리트 기둥 구조로 되어 있다. 기둥들은 지상층에선 필로티로 노출되어 있다. 위층에는 1열 기둥들이 외벽에 숨고 나머지는 계단의 한 쪽을 구획한다. 3층의 바닥은 대각선으로 잘라져 메자닌 레벨에 있는 부모

Le Corbusier | 1927

용 침실, 화장실, 내실boudoir이 이층 높이의 거실double-height living room을 바라볼 수 있는 각진 발코니가 형성되어 있다. 개폐가 가능한 두 개 층으로 이루어진 2층 높이의 유리벽은, 단열을 위한 이중 외피와 틈새interstitial 온실을 만든다. 최상 층은 분할되어 열린 개구부nonglazed ribbon window가 있는 야외 테라스open-air terrace와 침실이 있다. 침실 사이를 분할하는 파티션은 침대 및 리넨용 스토리지 옷장 역할을 한다. 기계 시대를 예고하는 이 프로토타입의 집에서 천공 단면은, 현대적인 가정 생활을 체계화하는데 사용된다.

Ford Foundation Headquarters | New York, New York, USA

내부정원을 자랑하는 '포드 재단 본부' 의 중심에 있는 유리 아트리움은 개인 사생활과 집단생활을 하는 기업 사이의 균형을 만들어 낸다. 법규로 허용하는 시공 가능한 용량(볼륨)보다 실질적으로 적은 공간을 필요로 했기 때문에, 포드 재단은 초과 공간에 시민 편의 시설을 만들었다. 이스트 리버에 대각선 전망을 제공하면서, 비대칭적인 건물의 남동쪽 코너에 위치한 179피트 높이(54.6m)의 아트리움은 시각적으로 사무실과 상호 연결된다. 84피트(25.6m)에 이르는 강철 빔은 남쪽과 동쪽 측면으로 최고 10층의 유리 입면을 유지해 내부정원을 밖으로 노출시키며, 또한 채

광이 가능하도록 한다. 온난한 온실 공기를 받아들일 수 있는 개폐 가능한 통유리 창문이 있는 사무실은, 북쪽과 서쪽에서 아트리움을 바라 볼 수 있다. 이그제큐티브 스위트룸, 집합 식당 시설, 널찍한 천창이 이 관통 단면을 덮는다.

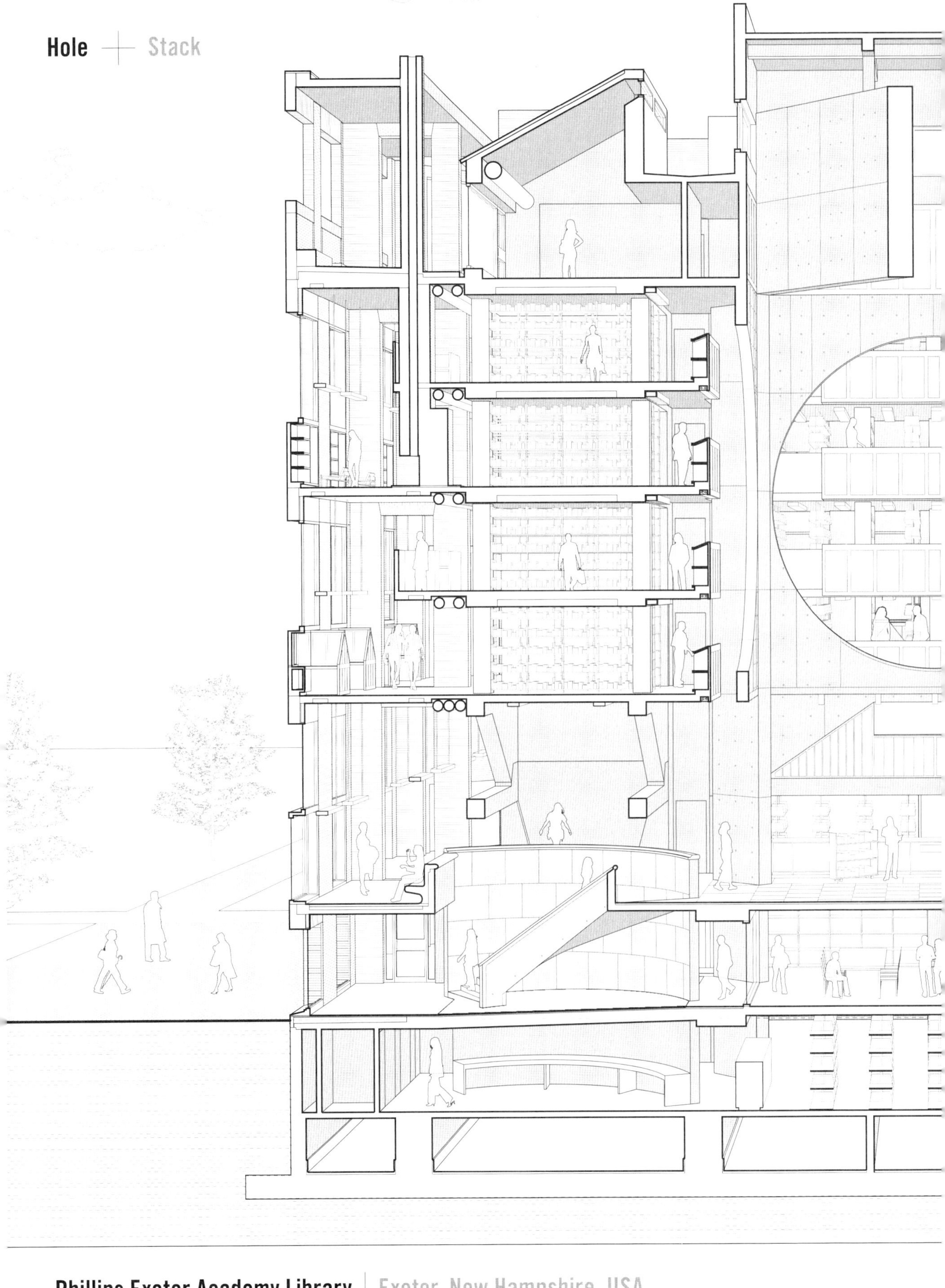

Phillips Exeter Academy Library | Exeter, New Hampshire, USA

'엑스터 라이브러리' 의 중앙에는 4면으로 둘러싸인 70피트 높이(21.3 m)의 아트리움이 있다. 16피트 깊이(4.9m)의 콘크리트 버팀brace 프레임과 목재널 고측창clerestory에 의해 둘러싸인 이 기념비적인 아트리움은 111 x 111피트(33.8 x 33.8m)의 사각 라이브러리 중앙에 채광을 하는 동시에 참고문헌 층과 동선공간을 비춘다. 아트리움 양쪽의 4층에 걸친 원형 구멍은, 각 층의 목재마루 발코니와 발코니 뒤 건물의 외피까지 연장된 서고를 드러낸다. 주변부에 210개의 빌트인 개인열람실carrels은, 외부 벽돌 표피와 목재 가구를 병합한 단면을 드러내

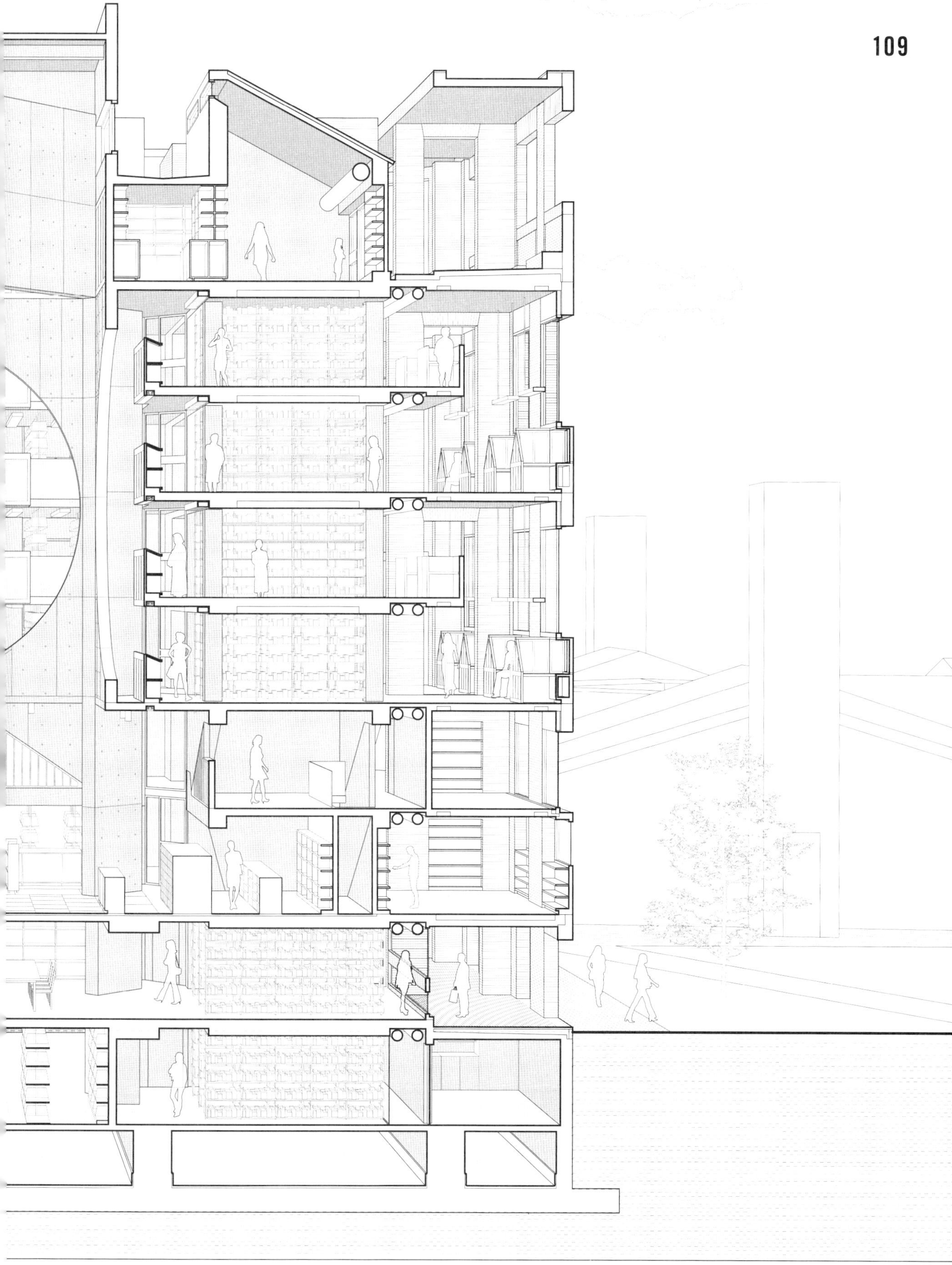

Louis I. Kahn | 1972

사용에 따라 달라지는 재료를 드러낸다. 콘크리트 바닥 슬라브는 서고의 구조적인 부하를 수용하면서도 동시에 조명기구, 기계 시스템, 발코니 및 계단을 통합한다. 이 관통holed 단면은 20세기 건축처럼 도서관을 활발하게 만들지만animate, 벽돌 기둥은 중세의 도서관을 연상시키며 주변을 보행하면 들쭉날쭉한(안형의) 효과crenellated effect를 만들어낸다.

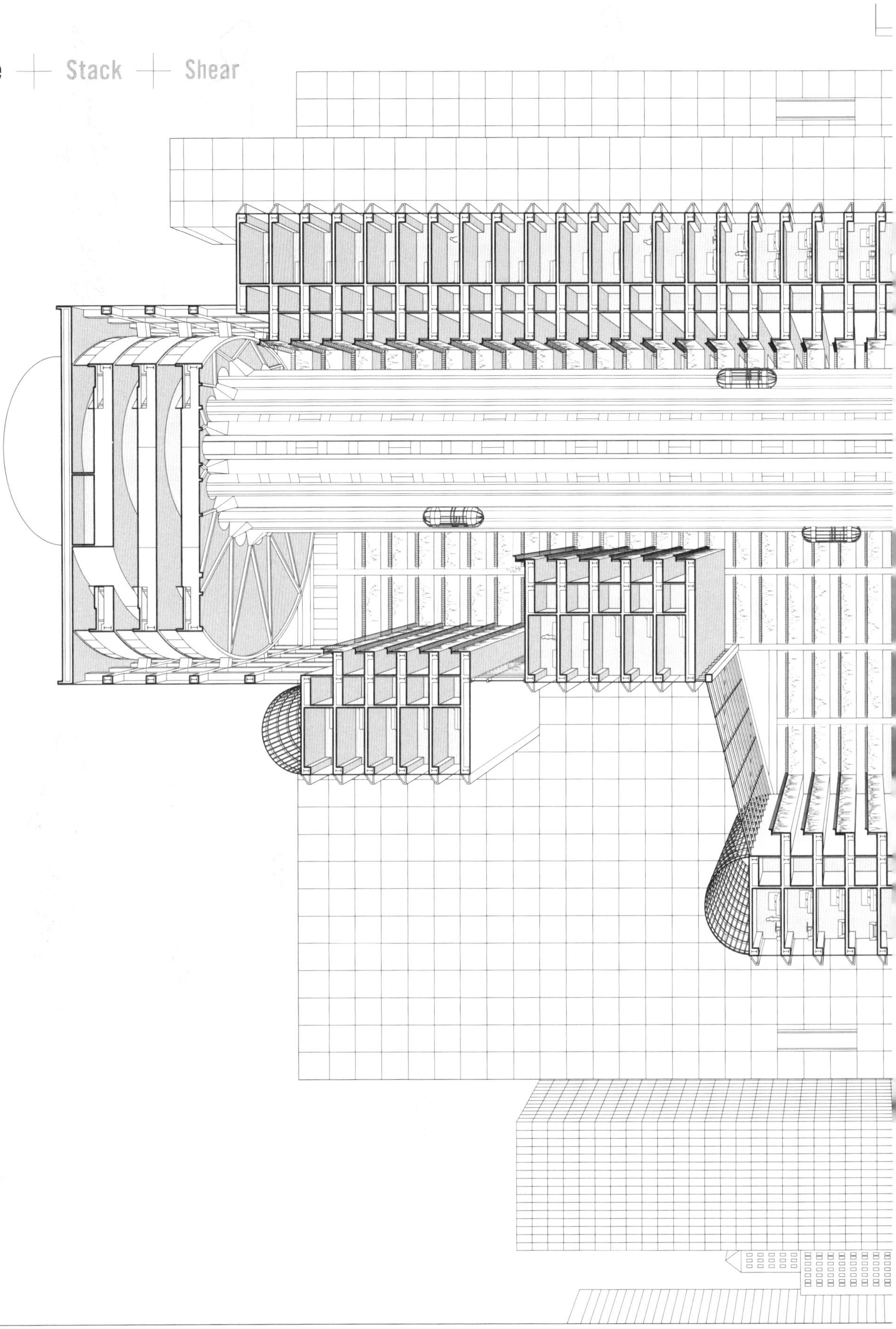

New York Marriott Marquis | New York, New York, USA

'메리어트마르키' 는과도하게커다란인테리어아트리움을중심개념으로 즐겨 구성하는 존 포트만이 설계한 많은 호텔 중 하나이다. 건물은 남북 양쪽에 있는 두 개의, 주로 스틸 프레임과 콘크리트의 판으로 구성되어 있는 수직부재로 지지된다. 서쪽에 위치한 제 3의 수직부재는 평행봉을 연결하고 5층씩 묶인 적층 유닛의 시리즈는 타임스퀘어를 직면하고 동쪽 외관에 걸쳐져 있다. 470피트(143.3m)높이의 아트리움은 1876개의 호텔 객실에 둘러싸여 있다. 오픈식 복도와 벽거리 식물에 의해 형성된 띠가 반복은 아트리움의 높이를 어지러울 정도로 느끼게 한다. 타임스퀘어에 접한 5개

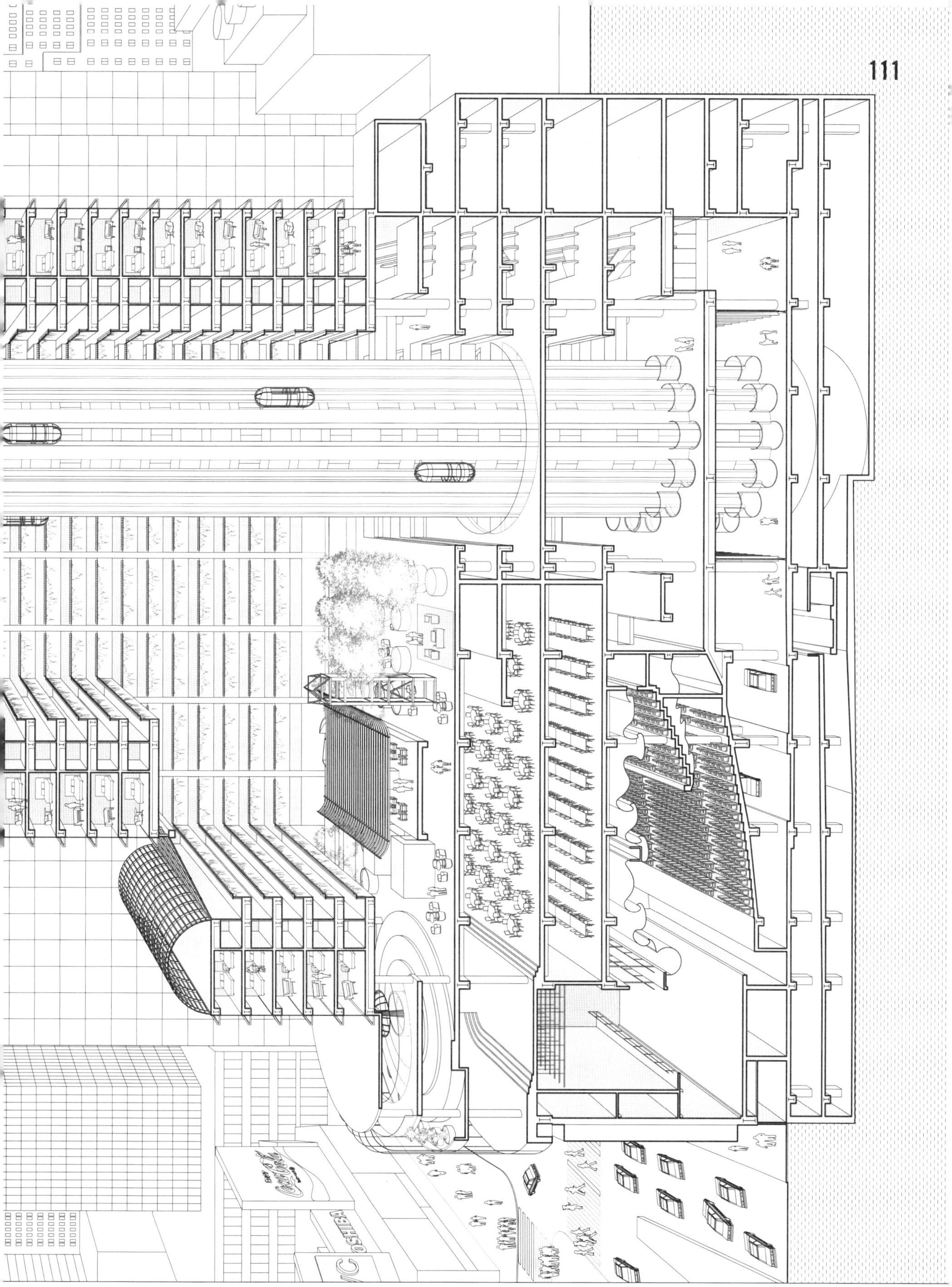

John Portman & Associates | 1985

의 계단식 볼룸은 타임스퀘어를 마주하고, 라운지는 거리와 아트리움 아래로 전망을 제공한다. 12개의 투명 엘리베이터는 아트리움 안에서 오르내리며 하부 연회장, 1500석 브로드웨이 극장, 회의실이 포함된 저층과 건물의 상단 회전하는 레스토랑과 라운지의 3개 층을 연결한다. 호텔 입구쪽에서, 내부로 이어지는 통로는 아트리움의 기지(베이스)인 8층의 30,000평방 피트(2,787m²) 스카이 로비까지 올라가는 에스컬레이터로 이어진다. 이 관통 단면에서 포트만의 화려한 인테리어의 장점은, 타임 스퀘어로부터 분리된 내부지향적인 환경이 된다는 점이다.

Sendai Mediatheque | Sendai, Japan

센다이 미디아테크의 구조적 기둥들은, 바닥을 뚫어 단면에 천공을 남긴다. 13개의 수직 강철 격자 관steel-lattice tubes은, 건물의 8층 전체에 공기 순환, 물, 전기, 채광, 사람의 이동을 담당한다. 층 높이의 세그먼트(조각)in floor-height segments으로 조립된 튜브는, 각 바닥 판에 포함된 스틸링에 의해 접합되어 있다. 바닥 판의 구조는, 15 3/4인치(40cm)두께로 평면의 벌집 패턴과 유사하며, 불규칙한 간격의 튜브들 사이에 걸쳐 있으며 튜브들은 역설적으로 그들이 구조적으로 지지하는 바닥에 구멍을 만든다. 구조적으로 견고하면서도 튜브의 가벼운 격자 구조는

Toyo Ito & Associates | 2000

각 층과 적층된 바닥 판 사이의 시각(시선)을 유지한다. 튜브는 연기와 화재의 확산을 막기 위해 유리로 덮여 있다. 도서관, 갤러리, 스튜디오, 영화관 및 사무실, 공공의 미팅 공간을 포함한 각 층은 반자율적으로 기능하지만, 바닥들은 건물의 상징적인 이미지를 부여하는 천공 기법 단면에 의해 일체화 되어 있다.

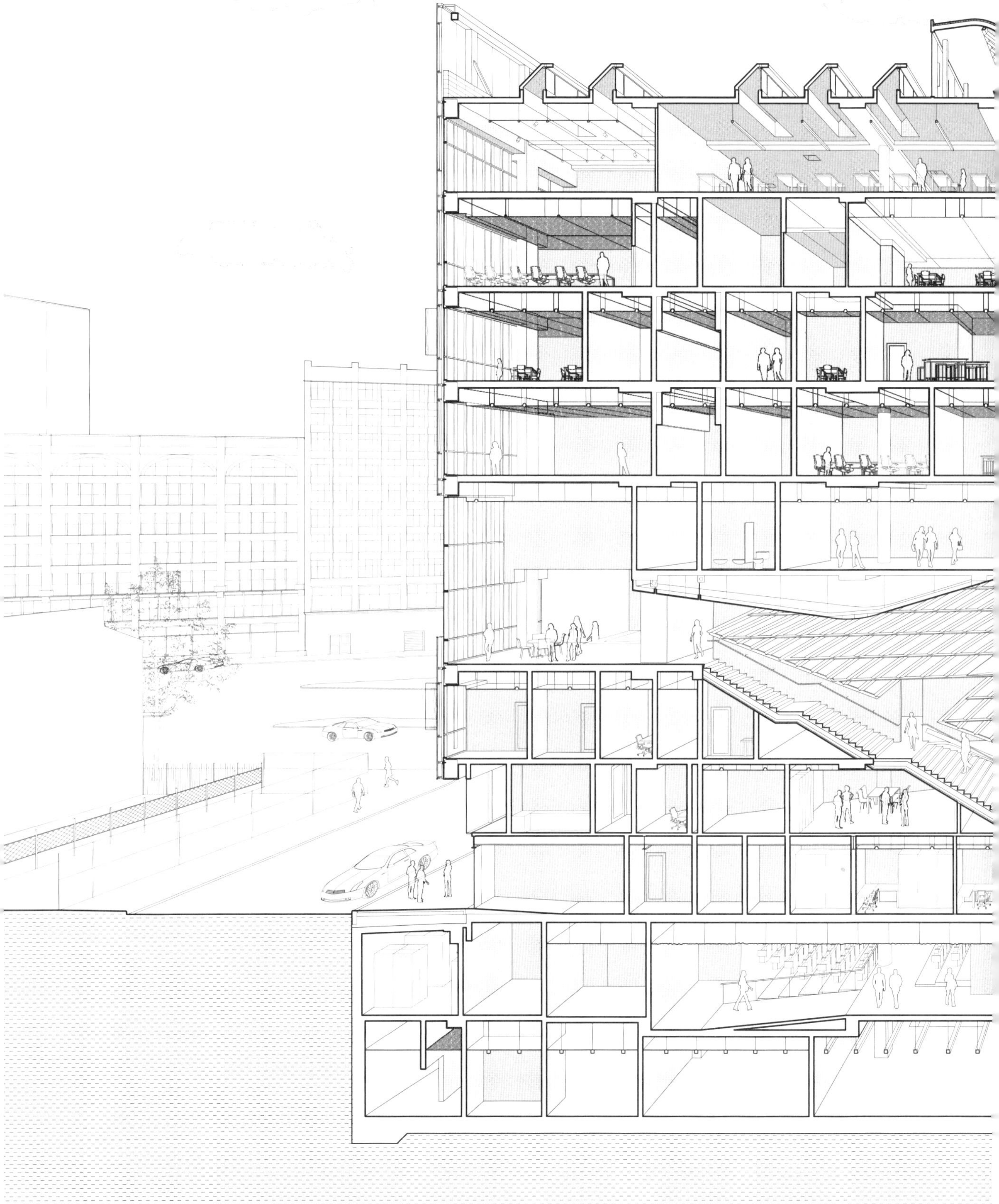

41 Cooper Square | New York, New York, USA

쿠퍼 유니언 대학을 위해 지어진 이 강의 및 연구동은, 직선적인 적층 건물에 복합적이고 조각적 단면의 보이드를 포함시키고 있다. 건물의 대부분은 전통적인 '철골 구조 그리드'로 구성되어 있지만, 지상 레벨의 경사 콘크리트 기둥은, 거리와의 관계를 용이하게 하고, 지하 공공 갤러리와 강당 공간에 시각적 접근을 허용한다. 상부로는, 중앙 아트리움이 연구소와 사무실 교실에 중첩된 바닥을 뚫고 건물의 끝까지 상승한다. 이 회전하는 듯한torquing 아트리움은 채광과 공기의 흐름을 증대시키며 각 층 사이의 시각적, 사회적, 순환적 교류를 만든다. 강관의 비틀림 격자(그리드)에

Morphosis | 2009

의해 정의된 아트리움은, 상부층에서는 반투명 백라이트 패널로 덮인 강한 형태의 계단을 포함한다. 아트리움은 동시에 천공기법과 중첩기법을 사용하고 있다. 기념비적인 계단은 4층에 있는 2층 높이의 학생 라운지double-height student lounge까지 이어지며, 여기서 도시 전망을 제공한다. 이 계단은 '운동' 과 '모임' 의 장소 두 가지 기능을 겸한다. 계단은 조형적 천장과 바닥과 함께 아트리움의 형태적 왜곡 및 아트리움으로의 연결고리 역할을 한다. 아트리움의 형태는 서쪽 외관의 천공 스테인레스 스틸 패널과 결합하여intersect 건물을 도시의 맥락으로 이어준다.

경사는 사용가능한occupiable 수평면의 각도를 변화시켜 단면에서 수평면을 연속적으로 만들어, 바닥을 단면과 관계시키는 수단이다. 적층, 전단 그리고 관통유형과는 달리 경사Inclines 유형은 평면과 단면 사이의 구별distinction를 희미하게 만든다. 경사 단면 유형을 적용하면 바닥의 면적을 희생할 필요가 없다.

INCLINE

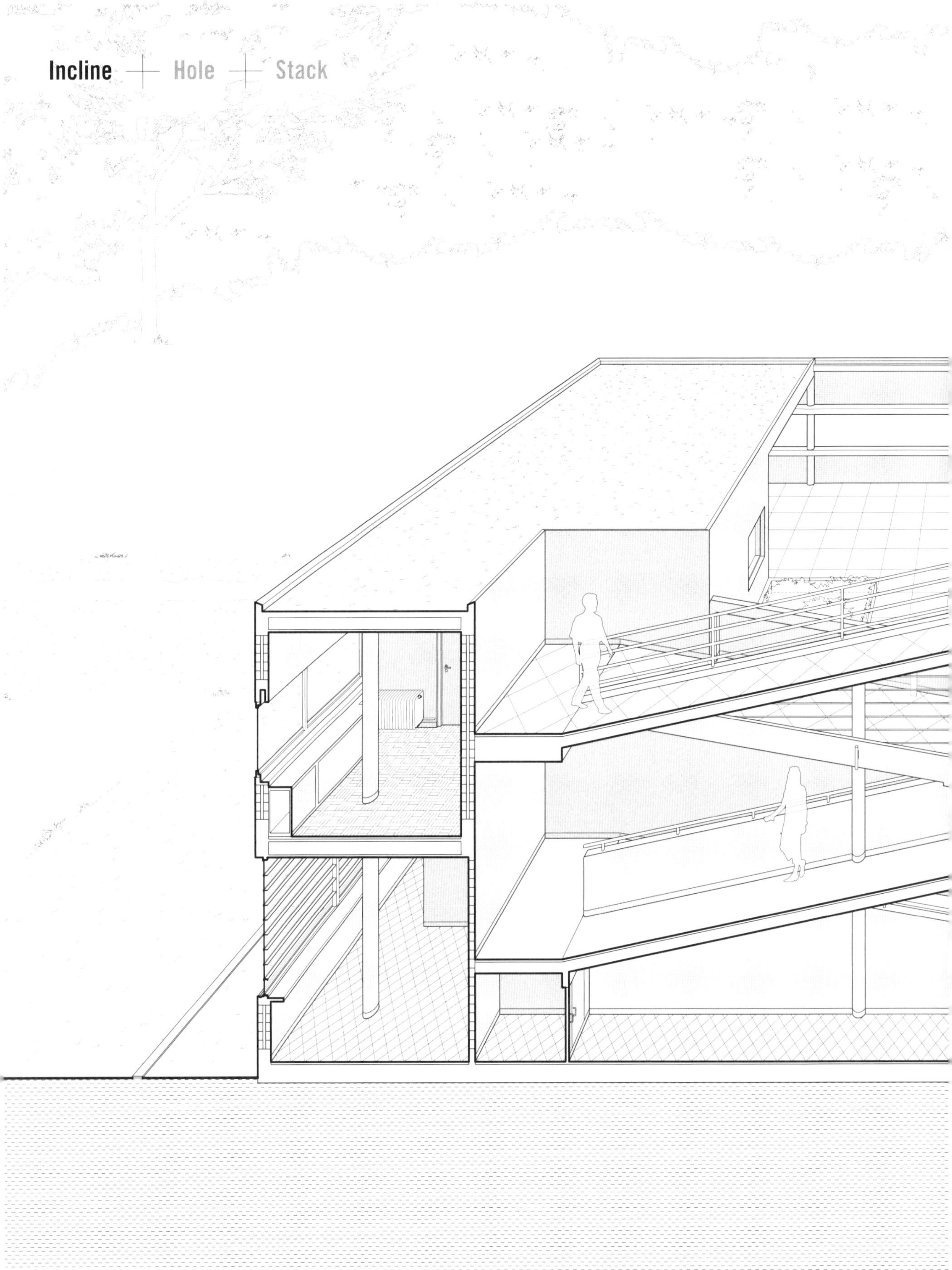

Villa Savoye | Poissy, France

르 꼬르뷔제의 '사보아 저택' 의 주동선을 담당하는 경사로는 '건축적 산책로' 의 전형적인 예시로서, 건축의 역사에서 중요한 위치를 차지하고 있다. 정문의 축에 위치한 이 중앙 경사로는 1층부터 2층의 외부테라스 그리고 옥상 일광 욕실까지를 연결하는 연속적인 보행가능한 표면이다. 그러나 이런 단면 연속성에는 평면의 불연속이 포함되어 있다. 4피트 1인치(1.25미터) 폭의 램프는, 32피트(9.6m)의 길이로 평면을 잘라 낸다. 램프는 기둥의 격자(그리드)를 파괴하고, 빌라의 중심에 수직 컷을 만들어 외내부를 가른다. 경사로면 양면의 수직 유리는

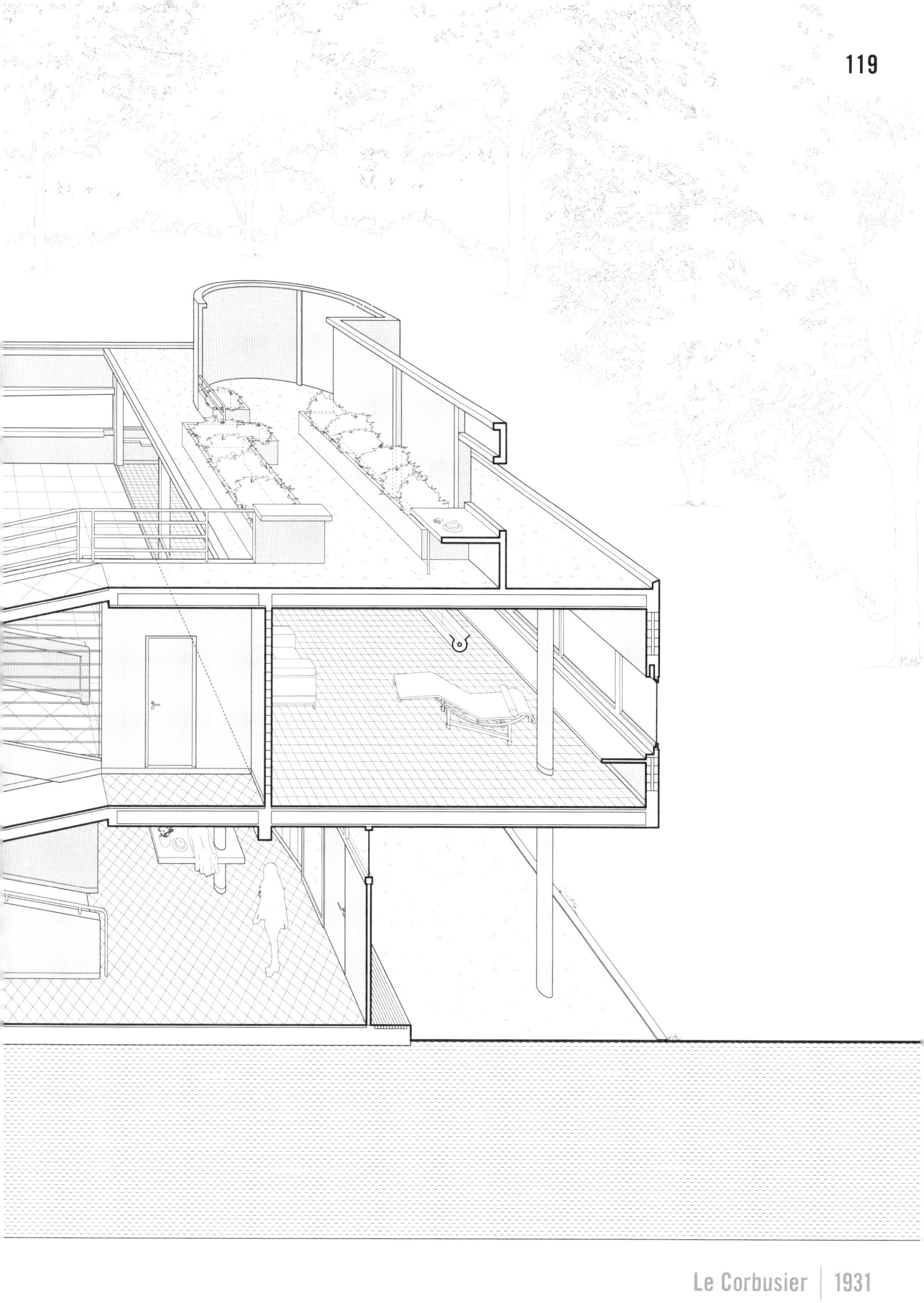

Le Corbusier | 1931

경사로를 통해 내부를 채광하여 직사각형 빌라의 중심을 조명한다. 현장타설cast-in-place한 콘크리트 경사로는, 빔(광선)과 기둥들이 구조를 형성하고, 콘크리트 바닥 판의 세라믹 충전재와 병치되어juxtapose 있다. 오늘날의 법규기준으로 보자면 너무 가파른 이 경사로는, 동선의 수단 그 이상의 의미를 가진다: 이는 집의 개념과 조직 및 공간의 표현을 위한 촉매이다.

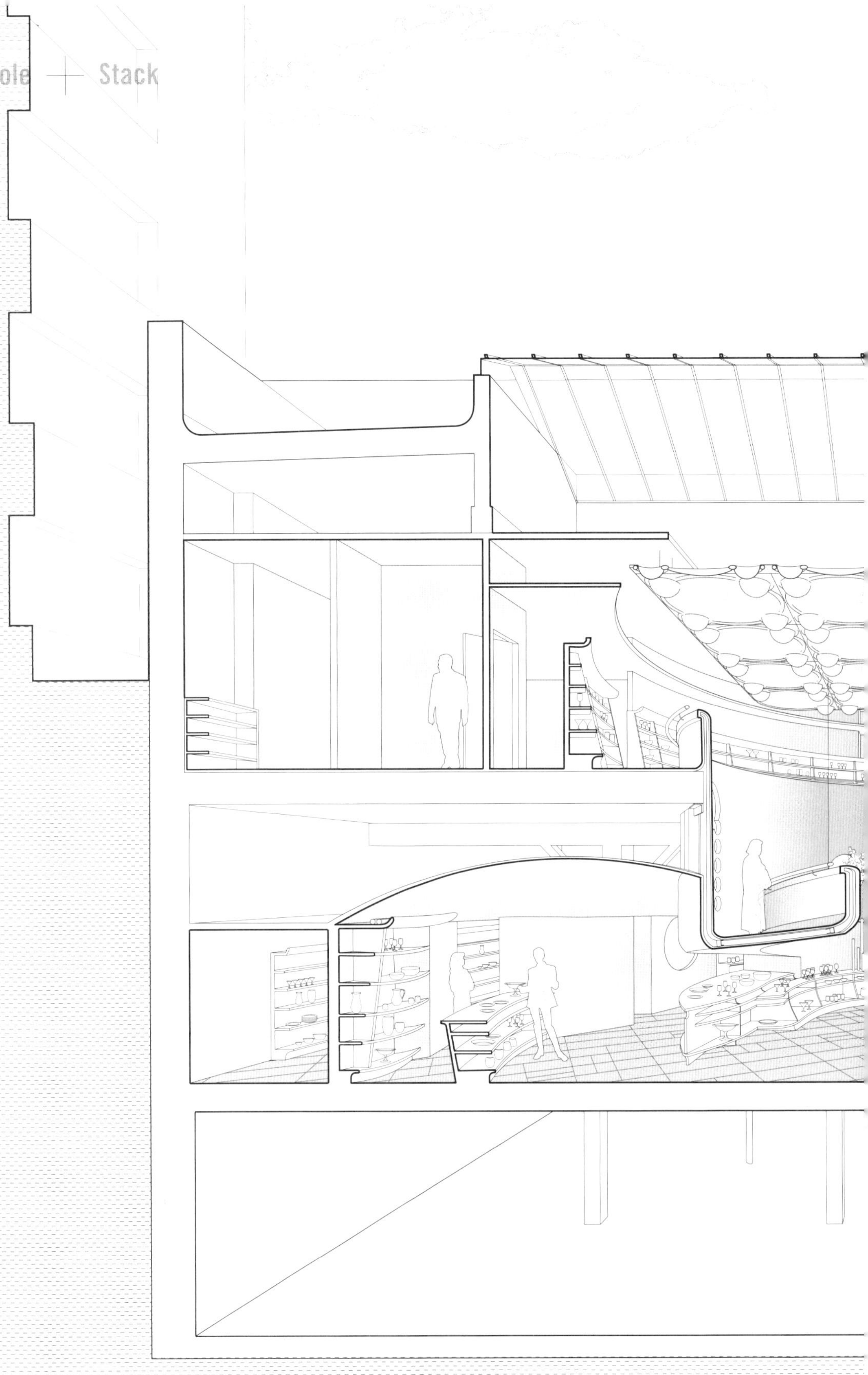

V. C. Morris Gift Shop | San Francisco, California, USA

'구겐하임 미술관' 을 위한 프랭크 로이드 라이트 디자인의 선구적 건물인 '모리스 기프트샵' 은, 기존 상업건물 안에 추가적으로 시공되었다. 단면에서 보면, 경사로ramp, 테이퍼드 아치형 입구, 곡면의 1층 천장, 2층의 파티션 및 기존의 채광 및 광확천장 아크릴 등을 추가 계획했음을 알 수 있다. 라이트의 이 작은 상점 디자인은 동선 경사로circulation ramp의 강한 형태로 결정된다. 둥근 4피트(1.2미터) 폭의 경사로는 반유리half-glazed로 만들어진 입구쪽 현관을 향한 공간의 중심을 이동시키고, 공중에 매달린 버블 천창bubble ceiling은, 기존의 채광창과의 틀어

Frank Lloyd Wright | 1949

짐misalignment를 숨긴다. 매혹적인 물체처럼, 경사로ramp는 메인 상업 공간인 위층으로 쇼핑객을 끌어들인다. 경사로의 측벽을 관통하는 작은 구멍은 경사로를 통해 이동할 때 상품을 볼 수 있게 한다. 경사로는 1층과 2층 사이의 연속성을 제공하지만, 동시에 1층을 뒷공간을 분할시킨다. 이 경사 단면은, 기존의 쉘 안에 존재하는 쇼핑을 위한 화려한 무대이다: 건물 안의 건물

The Solomon R. Guggenheim Museum | New York, New York, USA

구겐하임 미술관의 메인 갤러리는 경사 단면이 건물 전체를 정의함을 보여주는 전형적인 예시이다. 3%의 경사도와 1/4 마일(0.4 km) 이상 계속되는 경로는, 위로 오를수록 그 폭이 증가해 박물관의 중앙에 원추형 보이드를 생성하는 동시에 외부로는 역전된 원추의 형태를 만든다. 콘크리트 리브ribs로 받쳐진 자연 채광창은 92피트 높이(28 미터)의 아트리움을 빛으로 채우고, 외부벽에 계획된 천창들은 그림들이 떠 있는 것처럼 보이게 뒤에서 자연채광을 한다. 테이퍼드된 콘크리트 발코니 하부는 공기조화 덕트를 숨긴다. 경사와 레벨 바닥 사이의 긴장의 주요부는, 라이

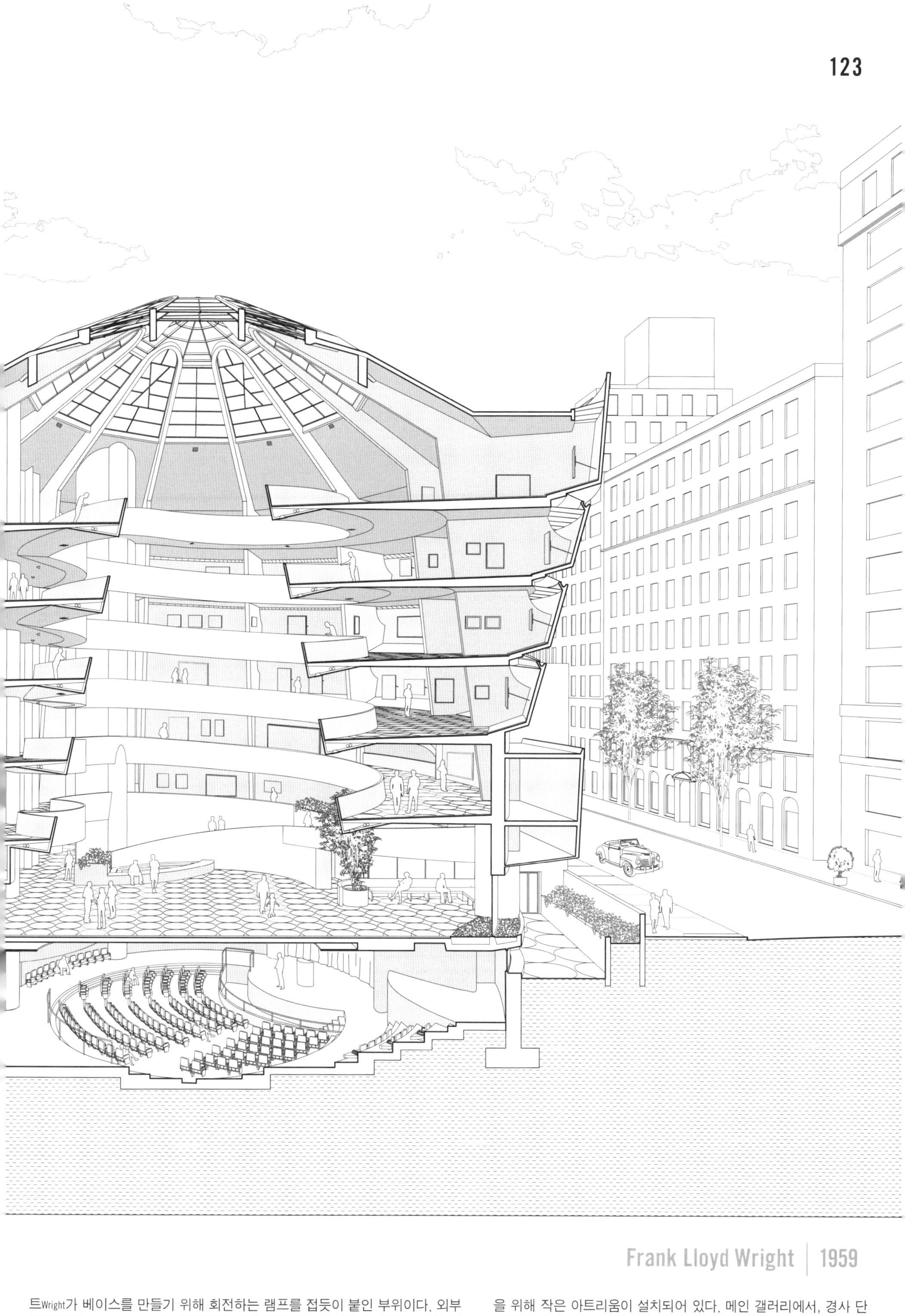

Frank Lloyd Wright | 1959

트Wright가 베이스를 만들기 위해 회전하는 램프를 접듯이 붙인 부위이다. 외부의 출입구exterior porte cochere는 행정동과 메인 갤러리를 분리한다. 행정동 또한 형태적으로 메인 갤러리의 원형형태를 떠올리지만, 경사 단면은 갤러리에만 적용되어 있고 둘 사이 연결은 서비스 코어를 통해서만 이어지며, 시각적 유사성을 위해 작은 아트리움이 설치되어 있다. 메인 갤러리에서, 경사 단면의 물리적 연속성은 큰 아트리움의 시각적인 연결성에 의해 보완complement된다.

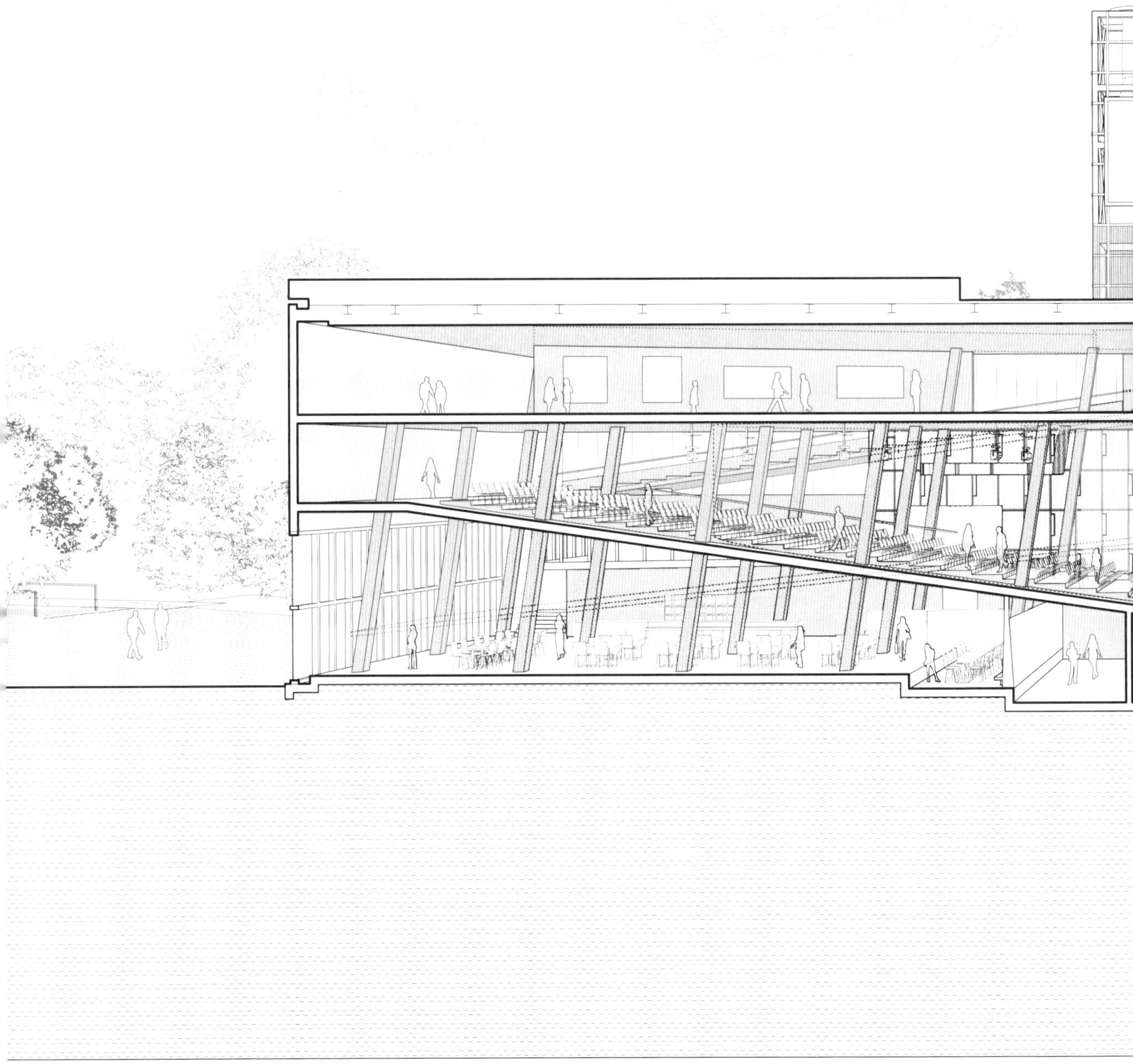

Kunsthal | Rotterdam, the Netherlands

제방의 가장자리에 반하여 위치한, 전시와 행사를 위한 이 직사각형의 건물은, 대지내 동선을 위해 두 방향으로 양분되어 있다. 건물의 중심을 통과해 경사진 보도가 제방에서 공원까지를 연결하고, 도로road가 이 경로 아래를 교차하여 통과한다. 예상치 못한 입구abrupt entry는 외부 경로의 경사와 강당의 경사의 교차점에 위치한다. 경사 바닥의 교차점은 위와 아래의 구분을 모호하게 한다. 건물은 이등분된 대지의 순환에 의해 생성된 분리를 강화하여 연속회로처럼 펼친다. 나선형 박물관의 단일 방향 로직을 재작업하여 동선 루프의 경사면은 강연장을 통한 입

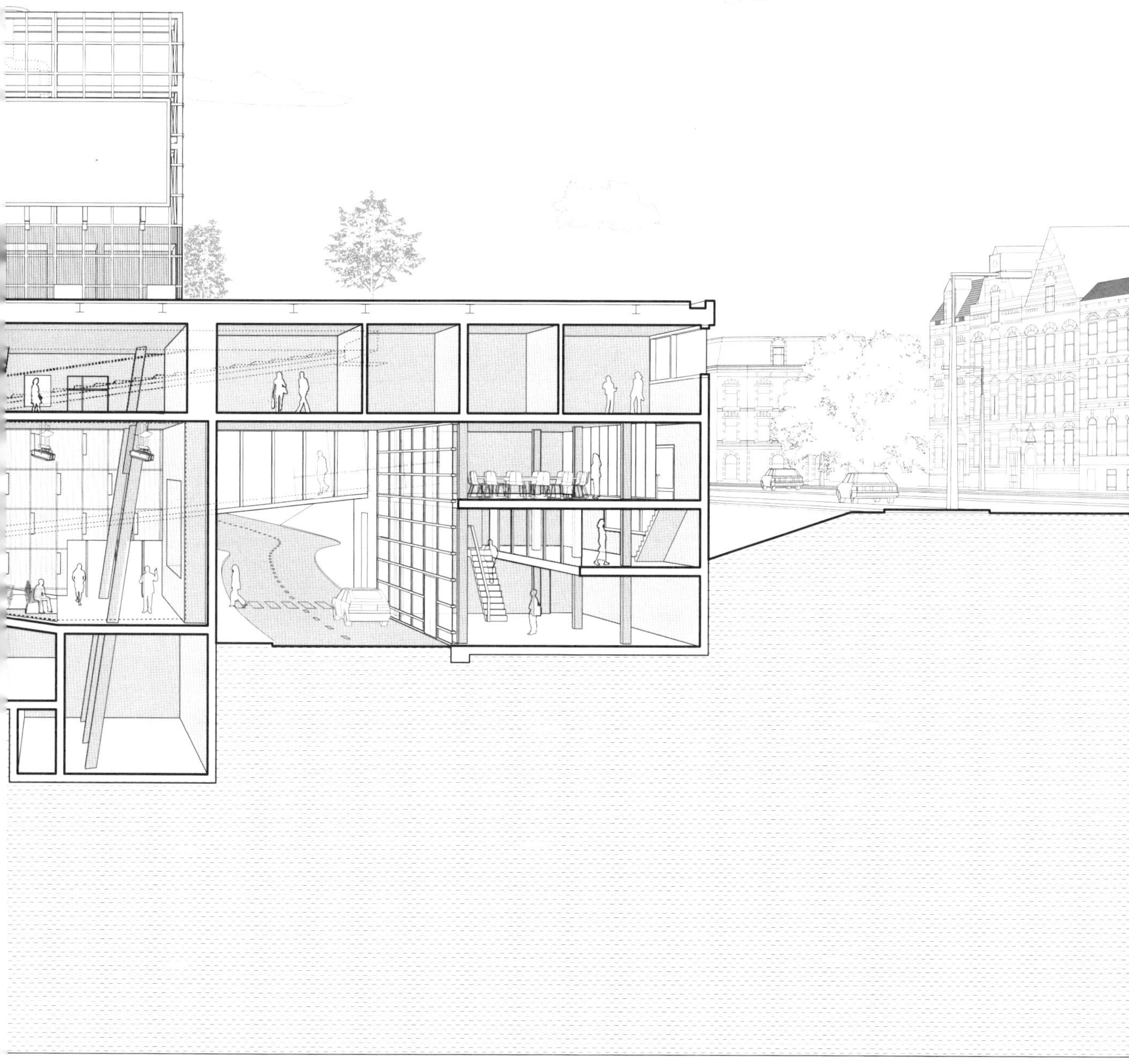

OMA | 1992

구로부터 1층 홀까지 내려갔다가, 램프를 통해 2층 갤러리로 향하고, 다시 강연장 뒤에 위치한 긴 계단을 통해 3층의 홀에 도달해, 지붕위로 제방이 보이는 전망을 프레임으로 보여준다. 이 단면의 경사면에 의해 만들어진 평면의 불연속성은 동선 루프를 따라 프로그램적, 공간적 마찰을 통해 오히려 강조되어 건축의 일부가 된다.

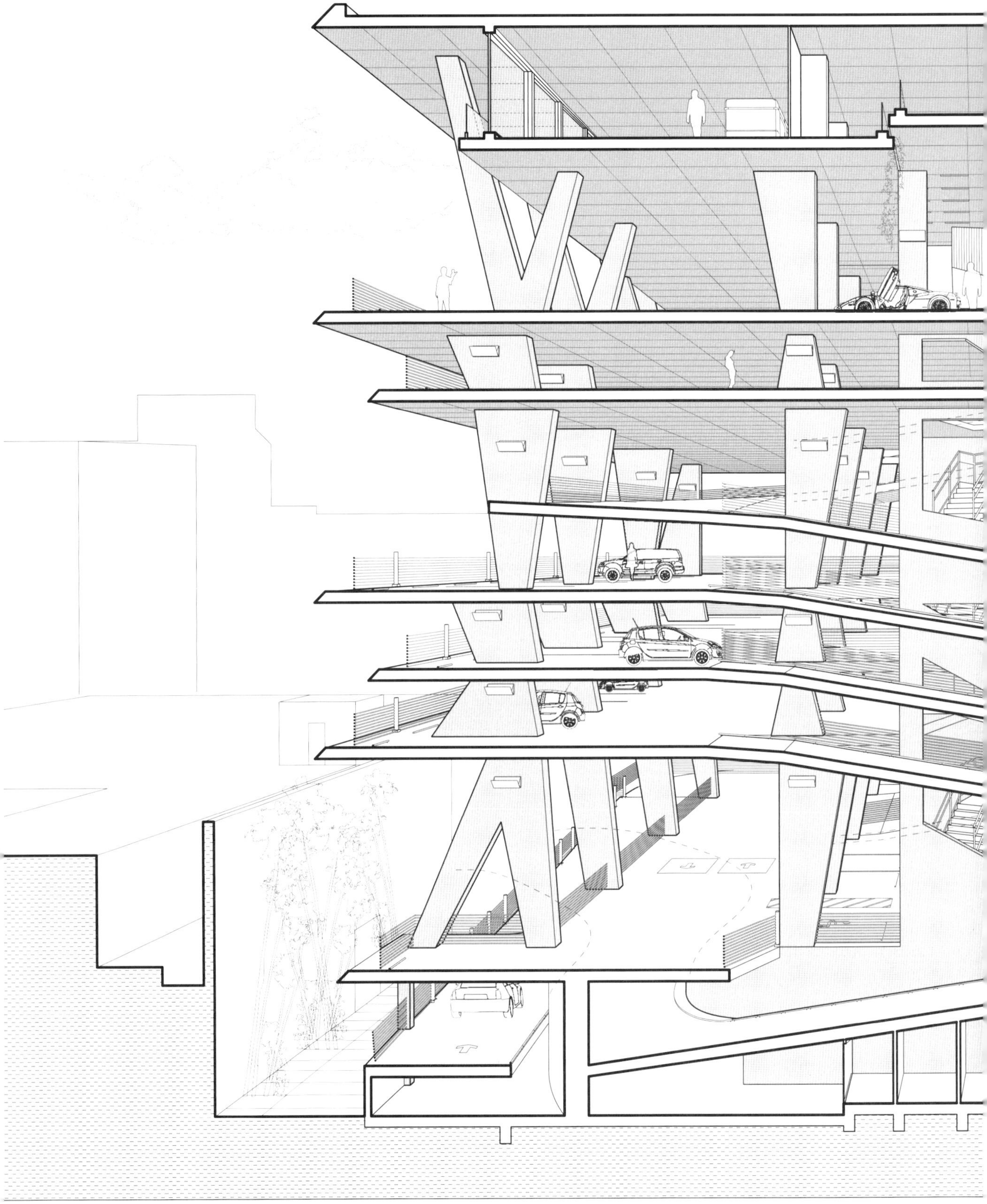

1111 Lincoln Road | Miami, Florida, USA

'111 링컨로드' 는 마이애미 비치의 온난한 기후를 반영하여, 일반적인 주차장의 경사를 더 강화함으로써, 300대 분의 차량 수용이 가능한 주차장을 개방되고 역동적인 공공 공간으로 변화시켰다. 이 새로운 주차장은 은행에서 주택으로 새로이 기능을 전환한 인근의 1970년대 'SunTrust 국제 센터' 를 위해 지어졌다complements. 각 레벨들은 차량의 원활한 흐름을 촉진하도록 램프로 연결되어 있다. 전형적인 주차장 단면과는 달리, '1111 링컨로드' 의 바닥은 주차장뿐만 아니라 사진 촬영, 요가 수업 및 기타 다양한 이벤트가 개최될 수 있도록 2층, 혹은 3층 높이의 공간을 계획하였

다. V형태의 기둥들이 다양한 높이를 강조하면서, 작은 와이어 가드레일과 가늘어진(테이퍼드) 콘크리트 가장 자리는 외관을 가볍게 보이게 한다. 8에서 34피트(2.4~10.4 미터)높이의 각기 다른 9개의 레벨들은, 마이애미에 때로는 낮고 때로는 광활한 전망vistas을 만들어 낸다. 보행자들을 위한 지상층 상업 공간이 있고5층의 패션 부티크인 링컨 로드몰Lincoln Road Mall은 조각적 계단의 사용을 유도하고, 꼭대기층의 펜트하우스 레스토랑과 개인 주거는 경사 단면의 산책로를 완성한다.

Moesgaard Museum | Aarhus, Denmark

고고학과 민족주의 박물관인 Moesgaard Museum Aarhus은 컬렉션의 근원이 되는 풍경에서 드러나면서도 일체화되도록embedded in 설계되었다. 방문자는 큰 계단의 중간 지점에 위치한 현관foyer을 통해 이 인공 언덕으로 유입되고 그후 3층(레벨)의 갤러리로 이어진다. 건물의 지배적인 특징은 10도 정도 기울어져 있는 사용가능한 잔디 지붕green roof로 이 지붕은 완만한 지형과 인접하여 경관을 이룬다. 건물의 기울기는 트인 전망을 제공하며 피크닉이나 썰매타기에 좋은 적당한 경사면을 제공한다. 이 경사의 아래 내부 는 연속적인 목재널 천장으로 보이며 건물의 주요 공

간을 구성한다. 경사면은 하부로 갈수록 안과 밖 사이의 시각적 및 물리적 연결을 위해 물러나recess 평평하게 된다. 건물은 경사된 지붕에 의해 덮여지고 교차하는 적층된 갤러리stacked gallery의 수평 전단horizontal shear 단면이다

중첩 기법은 개별 볼륨들discrete volume 사이에 중복되거나 상호작용이 일어나는 단면을 생성한다. 적층, 전단, 관통 및 경사 단면유형이 주로 평평한 면flat plates과 연동되는 반면, 중첩유형은 단면의 효과를 위한 새로운 관계설정을 위해 3차원 형태를 배치한다. 중첩의 공간적, 구조적 또는 환경적 성능은, 일반적으로 단독으로 작동하는 건물보다 탁월한 성능을 보인다.

NEST

Villa Moller | Vienna, Austria

아돌프 로스가 라움플란Raumplan이라고 부르는, 건축내부 방의 공간배치room clustering를 복합적이고 엇갈리게 배치하는 주거건축domestic architecture 의 접근 방식은 중첩된 건축 단면nested architectural section의 좋은 예시이다. 방들을 층에 맞춰 배치하는 것이 아닌, 집의 볼륨과 단면 안에서 특정한 distinct 공간에 위치시키는데, 이는 목조골조wood stick framing의 유연성을 활용한 것이다. 방들은 구조적으로 서로 연결되어 내력벽load-bearing wall에 고정된다. 빌라 몰러는 1층에 입구와 서비스 공간과 함께, 음악 살롱, 식당, 도서관, 아틀리에, 5개의 베드룸을 갖춘 주택이다. 대칭 정면 외관은 내부의 시퀀스와 단면의 복

Adolf Loos | 1928

잡성을 숨긴다. 4층 높이지만, 빌라 뮐러는 8개 레벨 변화를 통해, 정지stasis, 운동, 활동 및 전망view사이의 관계의 복잡한intricate 시퀀스(순서)의 단계를 제안하려 하였다. 특히 식당과 음악 살롱 사이는 서로의 행위를 액자처럼 보이게 하는 프레임 개구부와 세 개 정도의 계단three retractable steps으로 구분하였다. 이 관계와 수직되게 정문 바로 위 고정벤치built-in bench에서 바라보면, 비스듬히 음악실을 넘어 후면의 정원까지 시각이 연결된다. 계단은 굽이져 공간을 올라wind, 중첩된 단면nested section에 생기를 불어 넣는다.

Moore House | Orinda, California, USA

찰스 무어는 자신을 위해 이 집을 설계 하였는데, 26피트 8인치(8.1m)의 사각형 건축면적square footprint에 일련의 독특한 공간을 중첩nest하였다. 깔때기 모양의 나무판에 의해 덮인 4개의 목재 기둥 두 세트는 사각형의 평면에 비대칭으로 놓여있다. 이러한 작은 건물들aedicules은 다시 채광창으로 덮이고, 내부는 백색으로 페인트 마감되었으며, 욕조와 거실 같은 내부 공간을 밝힌다. 몇 개의 비구조 파티션 벽만이 뒤쪽 화장실과 옷장 등을 둘러싼 닫힌 공간을 구획한다. 표준 치수의 목재 상판으로 만든 지붕이 4개의 외벽을 덮는다. 외피perimeter walls의 절반은 고

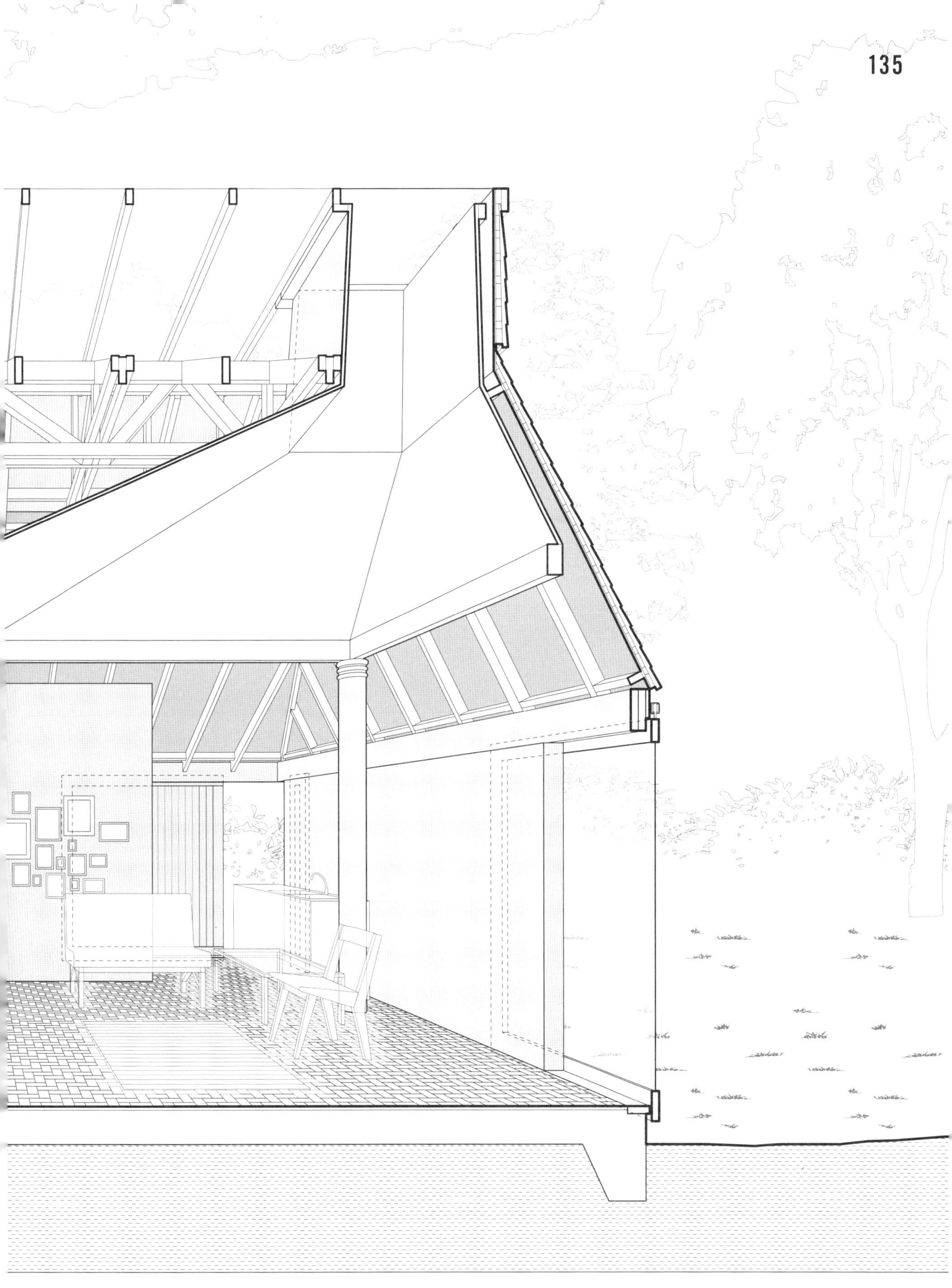

Charles Moore | 1962

정되어 있고, 나머지 절반은 트랙에 걸려 있는 목재패널과 유리패널로 이동이 가능하며 슬라이드 되어 주택의 네 구석 모두를 외부로 열 수 있다. 구석에 구조가 없기 때문에, 이 중첩된nested section 단면의 방식을 통해 전체 구조를 형성한다. 즉 내부의 8개의 기둥이 지붕의 트러스를 지지하고 있는 것이다. 중첩된 단면을 적용하여, 집은 작은 볼륨의 공간 안에서도 드라마틱함과 복합적인 공간을 실현하고 있다.

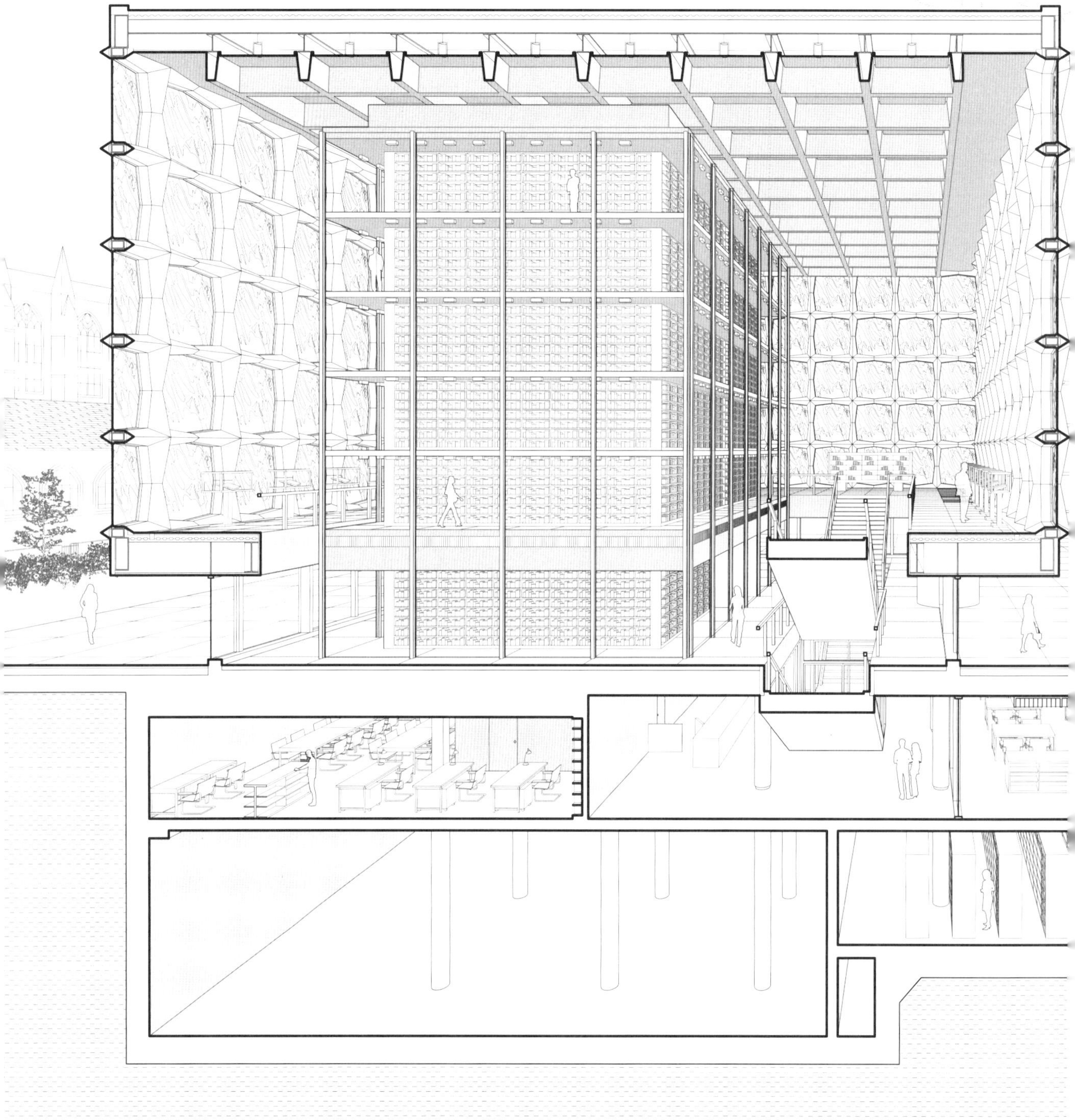

Beinecke Rare Book and Manuscript Library | New Haven, Connecticut, USA

예일 대학의 희귀본 도서관은 다층 구조multilayered construction를 통해 채광과 기후를 조절하는 중첩inset nesting의 가능성을 보여준다. 외부 상자는 4개의 강철 비렌딜 트러스steel Vierendeel truss와 자른면의 석재 및 프리캐스트 콘크리트로 구성된 벽이다. 트러스에 의해 형성된 그리드는, 간접 조명을 제공하면서 자외선을 걸러내는 1-1/4의 두께(3.2cm) 반투명 대리석 패널로 채워inset진다. 이 외부 석재 상자는 정확한 열 및 기후 제어를 위한 철강 구조와 유리 패널로 구성된 내부 상자와 대비된다. 이 유리 상자는 손상되기 쉬운 책들로 만들어진 타워를 외부에서 볼 수 있게 하면서도 극히 통제

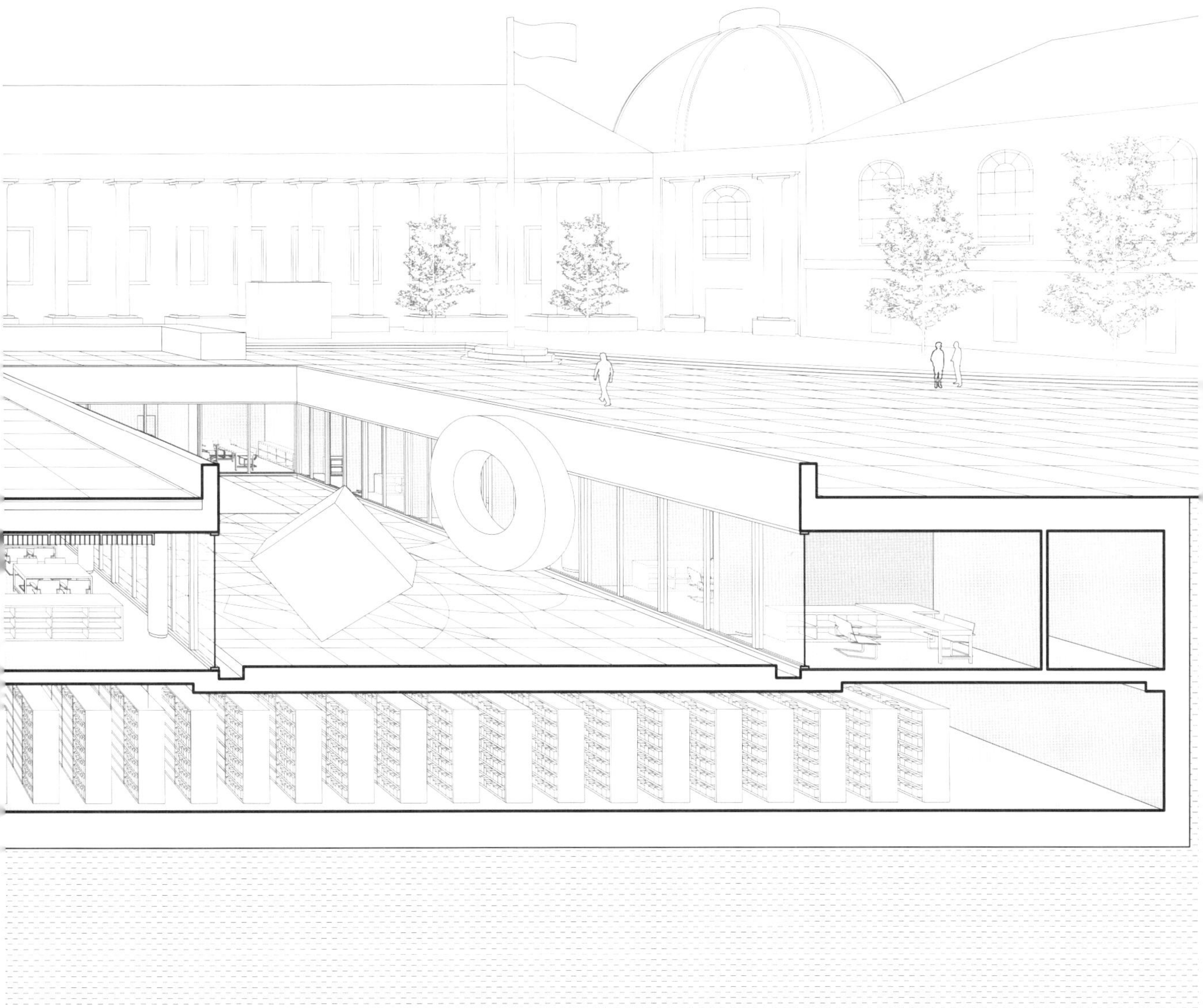

Gordon Bunshaft of Skidmore, Owings & Merrill | 1963

된 환경을 유지할 수 있게 한다. 전시를 위한 메자닌 층이 중첩된 볼륨을 감싸고 있다. 캠퍼스의 중심부에 위치한 석재마감 플라자에 위치한 이 건물의 외부 벽 하중은 코너의 4군데 포인트로 집중되고 이 곳의 기둥은 이 벽을 지상에서 들어올려 외부 프레임이 지상위로 기념비적으로 떠있는 것처럼 보이게 한다.

선큰 중정은, 지하 사무실 및 도서관 시설에 일광을 제공한다. 중첩된 단면이 이 도서관을 스펙터클하게 만들고 있지만, 지하에 위치한 세미나 룸, 사무실, 큐레이터 공간, 그리고 방대한 양의 책들 대부분을 포함한 지원시설이 기능적인 보조를 하고 있다.

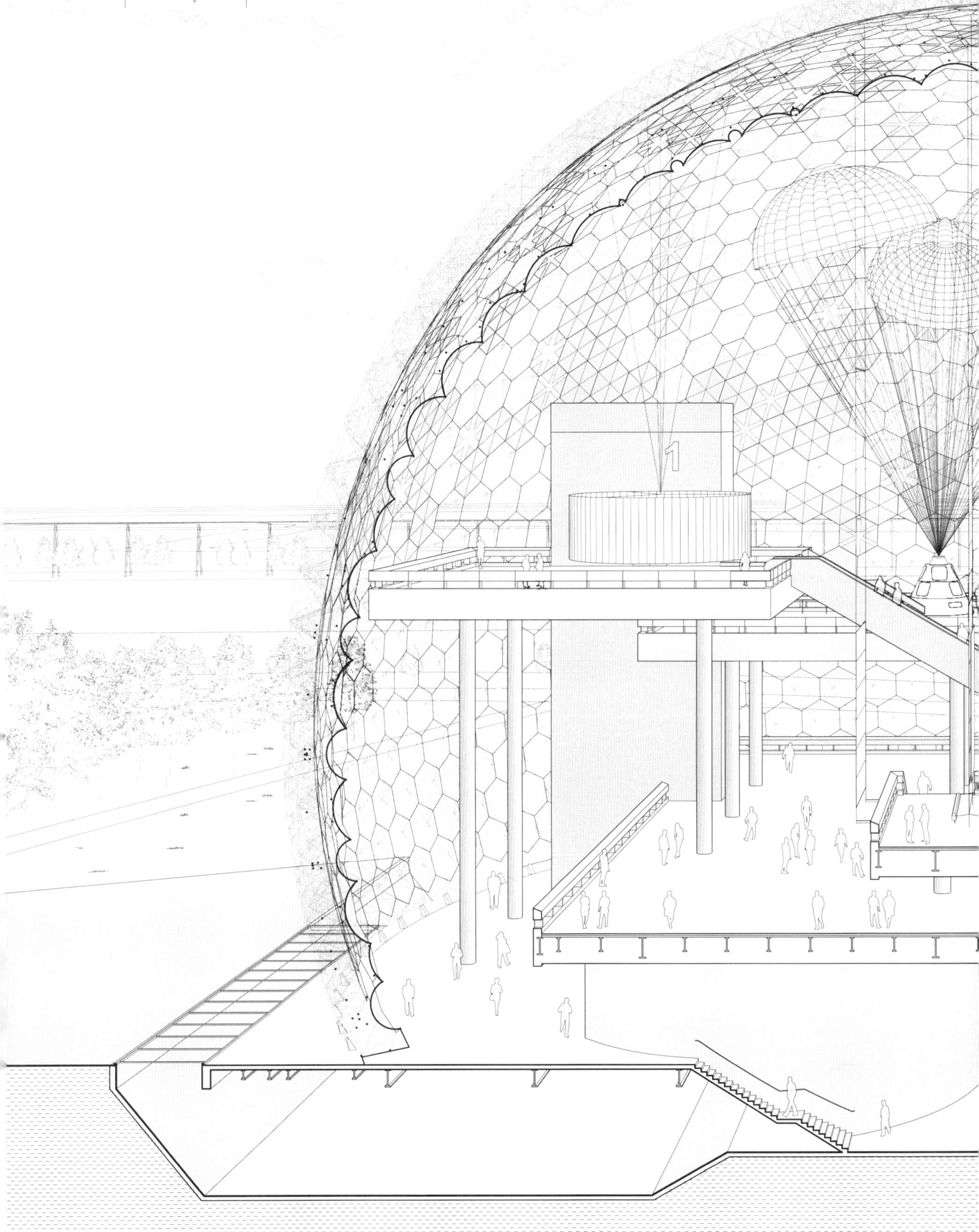

United States Pavilion at Expo '67 | Montreal, Canada

이 파빌리온은, 냉전 시대 소련에 대항하려는 미국 정보 기관의 의뢰로 소련 파빌리온 앞에 설치되었다. 이 미국의 파빌리온은 국가의 문화적, 항공분야의aeronautical 성과를 과시하기 위해 캠브리지 세븐 어소시에이츠Cambridge Seven Associates에 의해 설계된 300석의 극장과 다단계 전시 플랫폼을 포함했다. 모든 전시 공간은 250피트(76.2m)직경 206피트(62.8m 높이의 측지선 철골 돔geodesic steel-framed dome 내에 중첩nested되었다. 돔의 외부 삼각 표면은 1/ 4인치 두께(6.4mm)의 투명한 아크릴 패널로 채워진 내부 육각면과 40 인치(101.6cm) 간격으로 분리되어 있다. 전동식 자기 조절 음영 시스템이 패널

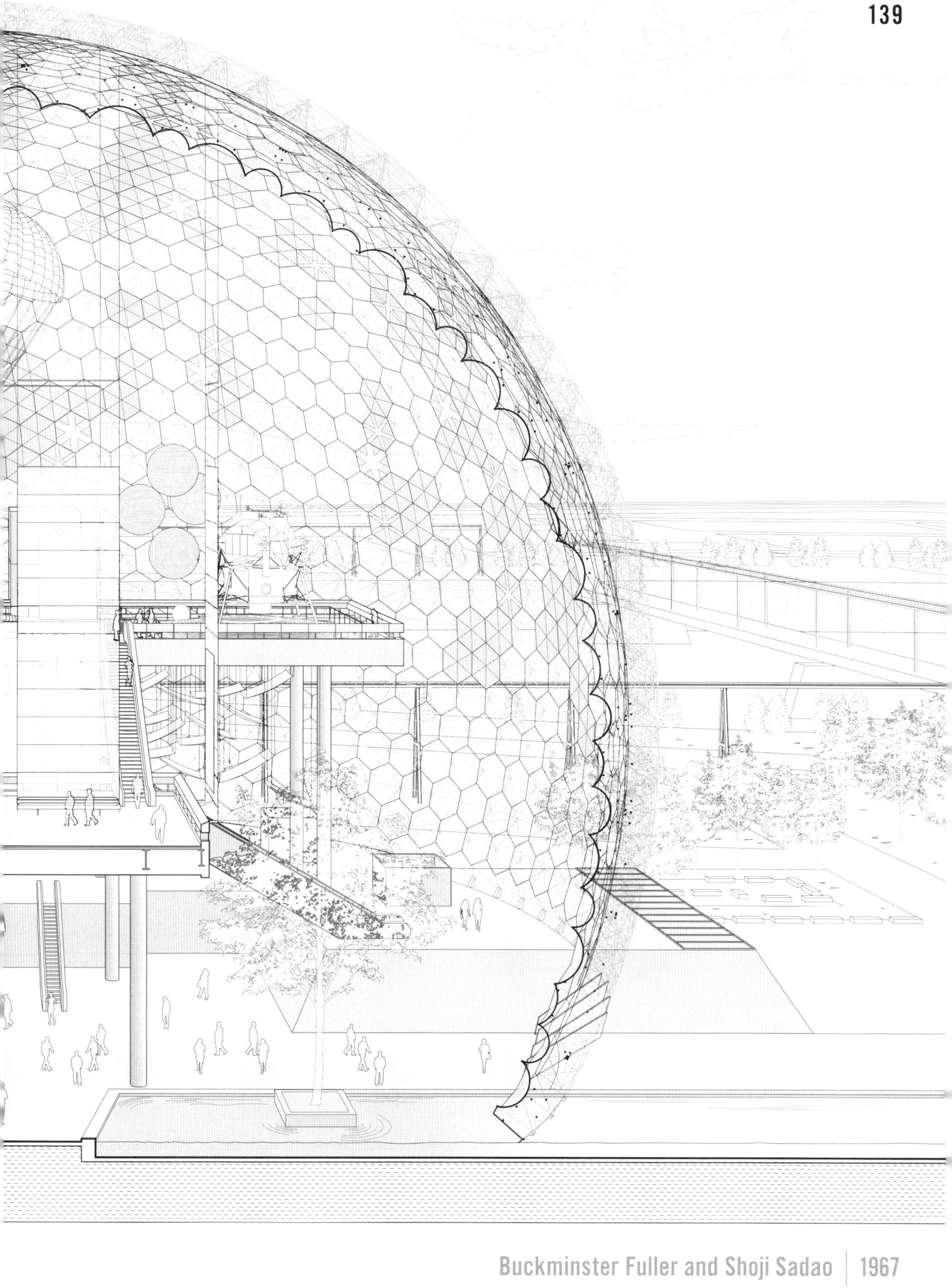

Buckminster Fuller and Shoji Sadao | 1967

의 3분의 1을 덮고 있으며 이 시스템과 에어컨이 방대한 소기후micro-climate을 유지한다. 670만 입방 피트(189,722m^3)의 내부 용적 내에 압연 철강 봉과 30인치 직경(76.2cm)철골 기둥으로 지지되는 콘크리트 플랫폼들이 있다. 이 전시 공간exhibition trays은 일련의 에스컬레이터들을 통해 연결 되었는데, 그 중 하나는 125피트(38.1m)–당시에 시공된 것 중 가장 긴–나 되었다. 공간은 점유 가능한 수평 플랫폼occupiable horizontal platforms과 거대한 반투명 돔 사이의 급진적 차이로 인해 결과적으로 독특한 공간이 탄생했다.

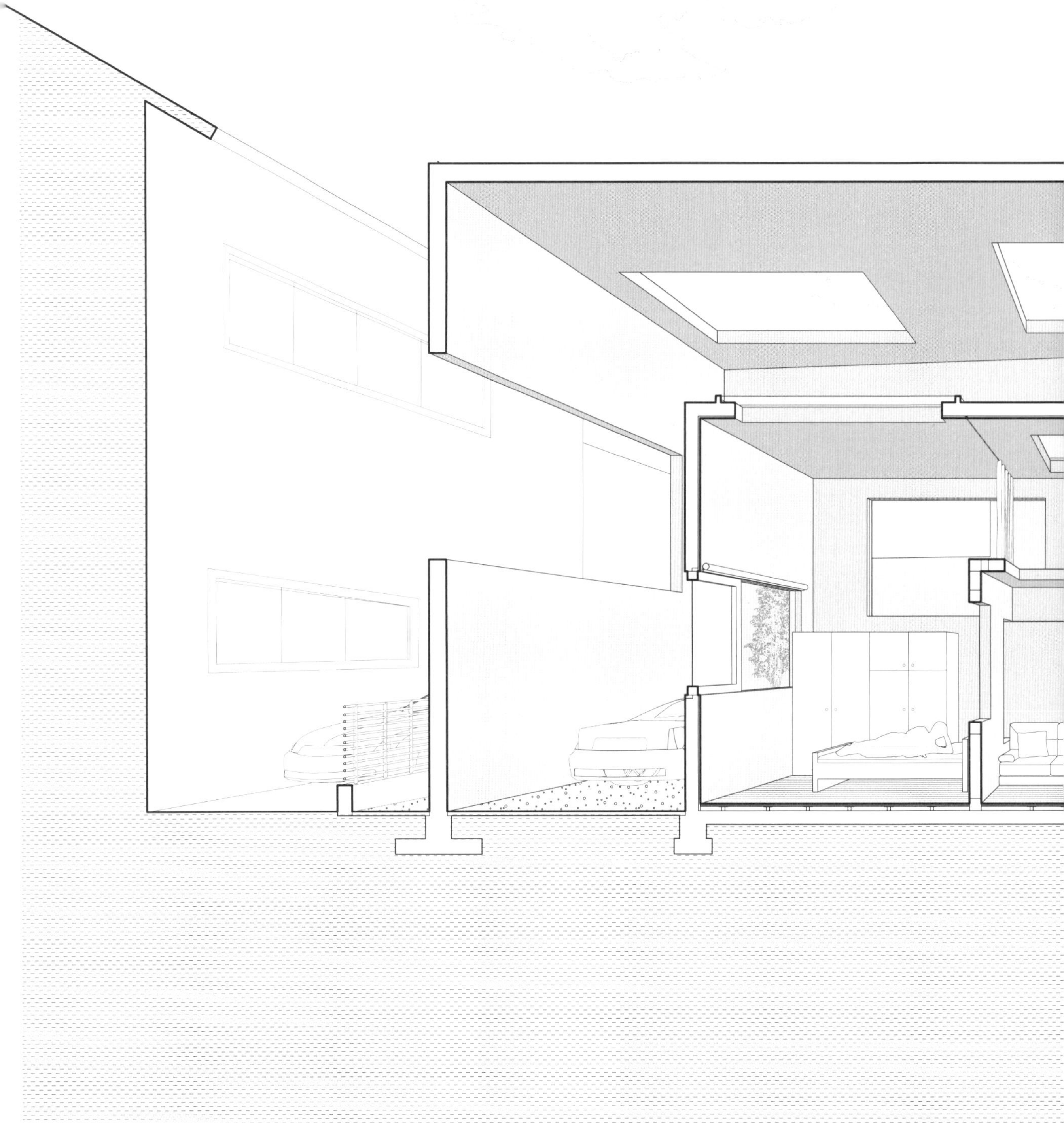

House N | Oita, Japan

단독주택을 위한 소우 후지모토의 디자인은, 집의 인테리어와 외관을 구성하는 큰 사각형 개구부opening들이 있는 세 개의 중첩된nested 상자box를 사용하고 있다. 각 상자는 건축 외피구성enclosure에 각각 다른 역할을 하고 있다. 가벼운 나무와 석고로 만든 가장 안쪽의 상자는 상자 안 거실과 식당의 기능을 상자 밖 침실 및 다른 기능의 공간ceremonial space으로부터 분리한다. 유리 및 콘크리트로 구성된 중간 상자는 비바람 차단 및 단열의 기능을 맡는다. 가장 바깥 쪽 콘크리트 쉘은, 소유권의 경계를 지정하며, 해 가리개 역할을 하고, 정원에서 야외활동을 하는

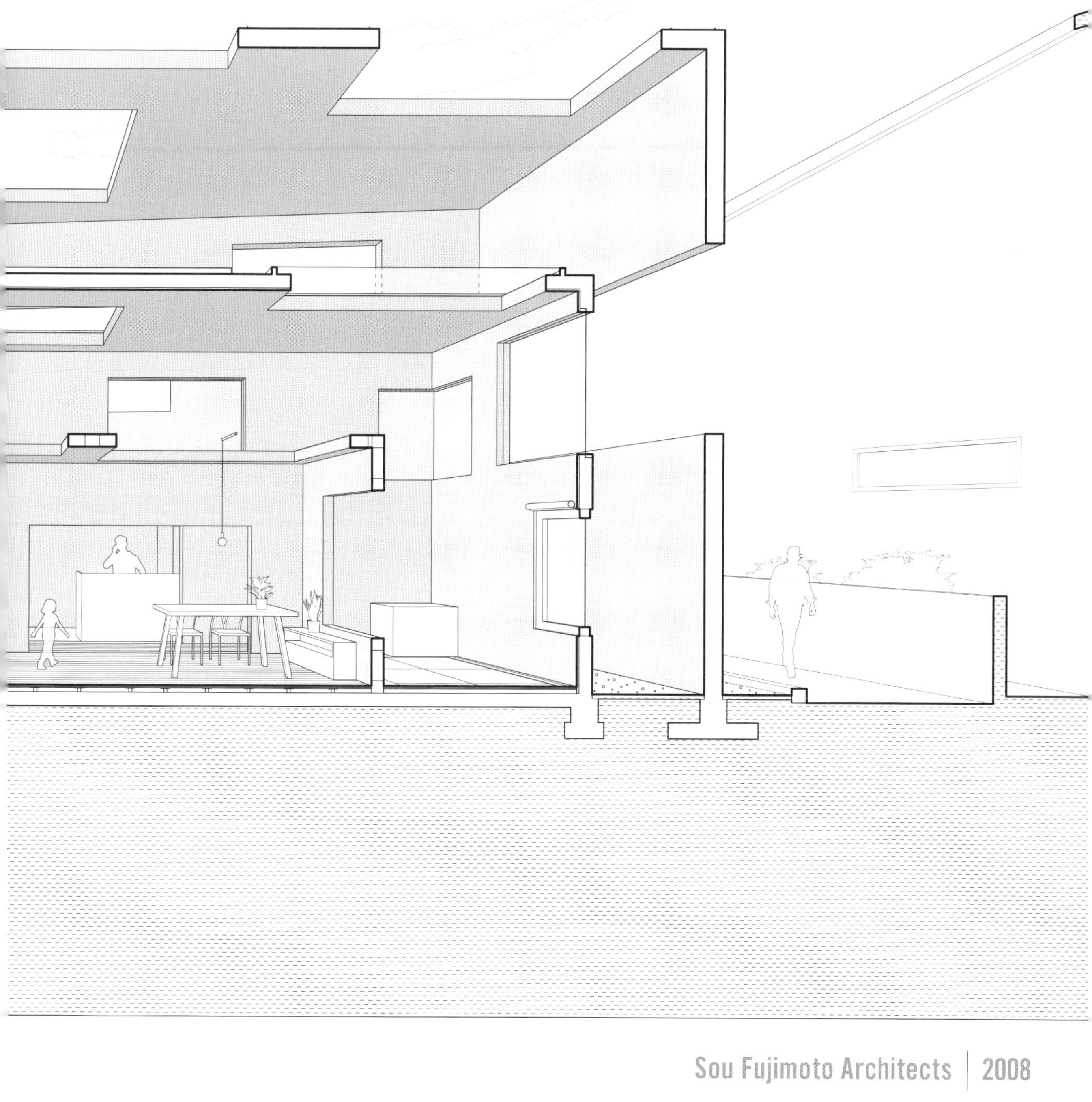

Sou Fujimoto Architects | 2008

사용자의 프라이버시 보호 차원의 스크린(망)을 만든다. 구조적인 필요에 의해, 벽의 두께는 가장 안쪽 상자에서부터 밖의 상자로 갈수록 늘어, 5 7/16인치(13.8cm), 7 1/16인치(18cm) 8 11/16인치(22cm)까지 증가되었다. 외부 쉘과 중간 쉘 사이에 위치해 유리 파티션으로 구분 되어있는 부엌과 욕실은, 건물의 중첩nested 단면의 논리에서 벗어나 있다.

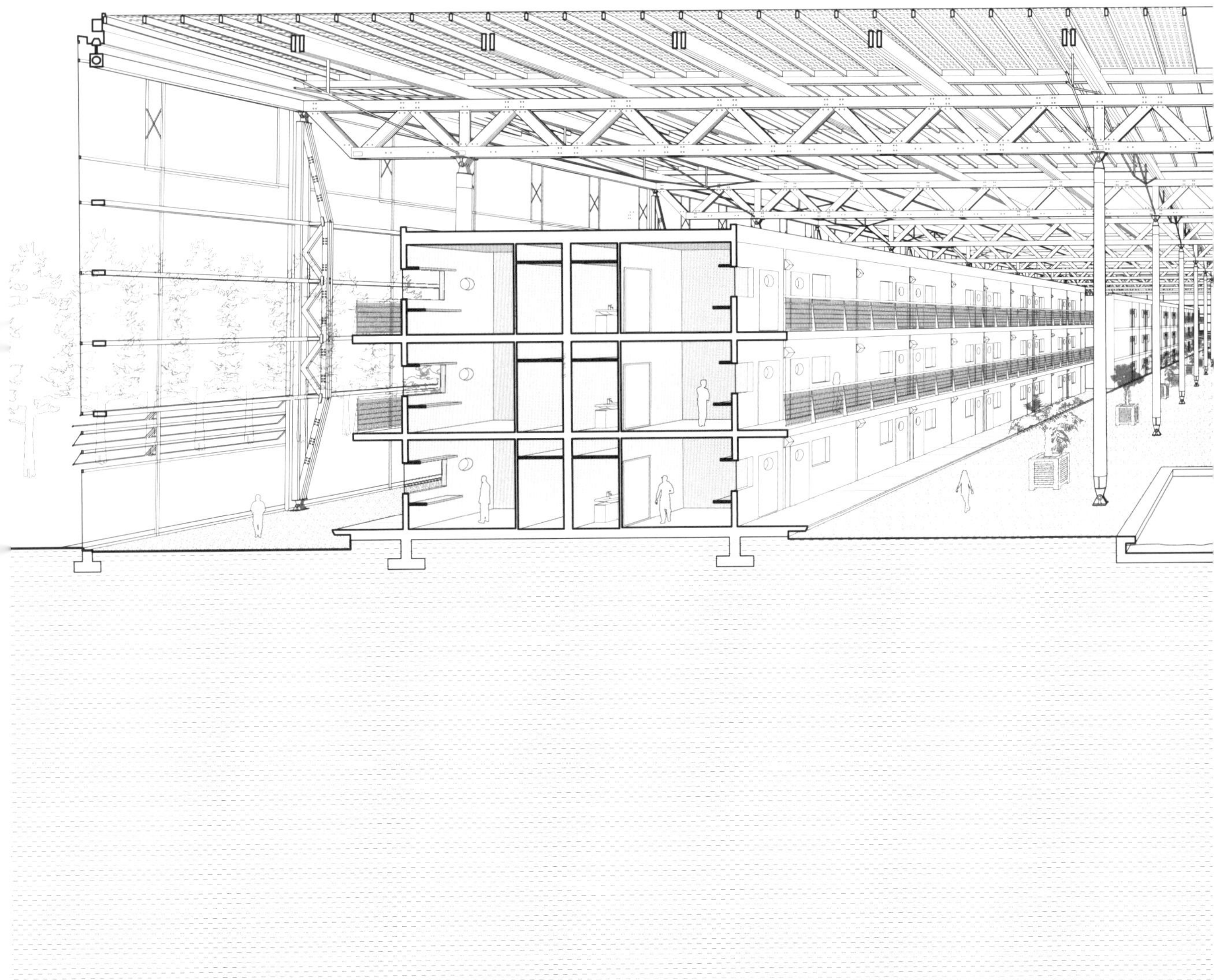

Mont-Cenis Training Center | Herne-Sodingen, Germany

버려진 '몽스니 탄광' 위에 세워진 이 시민 서비스 시설은, 도시 규모 스케일의 환경에서 중첩된 단면이 마이크로환경을 통해 어떻게 온도 변화를 만들 수 있는지 보여준다. 2열의 2-3층의 구조는, 단기 연수 및 교육 시설 지원을 목적으로 설계 되었고, 넓은 123,000평방 피트 ($11,427m^2$)의 유리 외피 안에 놓여져 있다. 시공은 이 지역에서 생산되는 유리 지역에서 벌채된 목재를 이용하였으며, 태양 온실은 50피트 높이(15.2m) 나 기둥으로 지지되고, 얇은 목재 트러스에 의해 확장되며, 이 트러스 위 100,00 평방 피트($9,290m^2$)의 태양광 패널은 건물에서 소비되는 에너지의 2배 반을

성한다. 유리 상자의 상하 사분면에 설치된 전동식 개구부는, 제어된 연돌효과를 유도하여 연중 내내 온화한 인테리어 온도를 조절한다. 이 '캠퍼스-인-테라리엄' (식물을 기르거나 뱀-거북 등을 넣어 기르는 데 쓰는 유리 용기) 같은 이 공간의 정원과 중정에 설치된 수영장과 다양한 식물들은 냉각효과를 제공한다. 외부기후에 대비한 외피나 또는 단열이 필요 없기 때문에, 배움을 위한 내부 건축물은 저렴하게 시공되었다. 이 중첩된 단면을 통해, 이 사이 공간은 완전한 외부도 완전히 내부도 아니지만, 패시브하게 조절되는 완충 지대로서의 거주공간을 제공하여, 내부 건물의 성능을 향상시킨다.

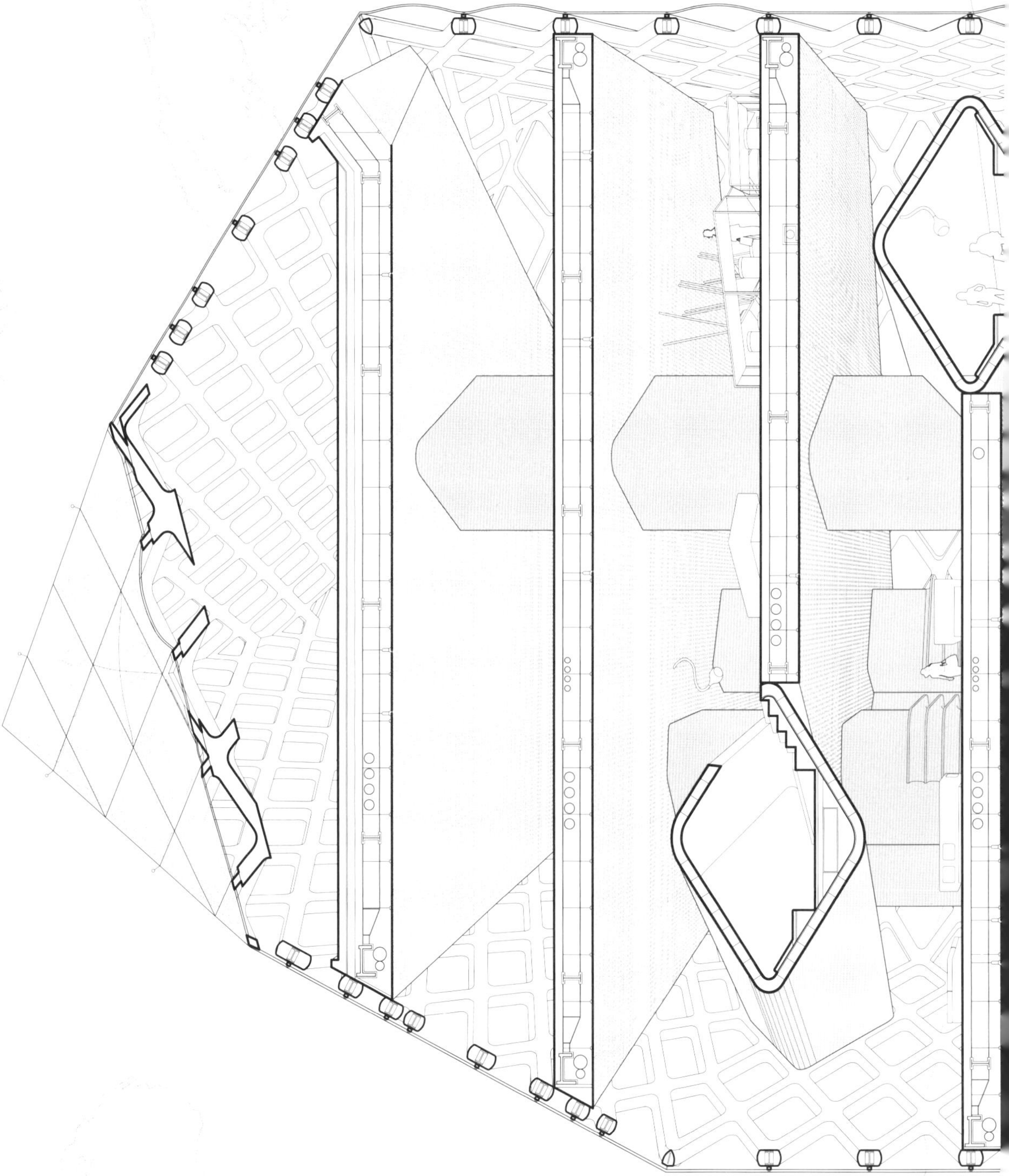

Prada Aoyama | Tokyo, Japan

도쿄의 프라다 플래그십 스토어는 삽입된 적층된 바닥과 중첩된 튜브 공간, 조형적인 모양을 결합하여 강철 및 유리의 쇼핑 아이콘을 만들었다. 현장에서 용접되고 내화성 칼슘 규산염 층이 있는 7-1 / 16 x 8-1 / 16-in (18 x 20.5cm) 강철 I-형강으로 만들어진 구조 외골격exoskeleton은, 10 ft 6 in x 6 ft 6 in (3.2 x 2m)의 마름모꼴rhomboids 격자를 형성한다. 대각선 프레임 내에서, 베개모양의 볼록, 오목 및 평면 유리는 10개의 표면이 있는 건물의 외피building envelope에 다양한 질감을 제공한다. 건물 전체는 콘크리트 통 안에 설치되며 지진 발생시에는 격리 매트isolation mat가 구조물을 안정시킨다. 내부

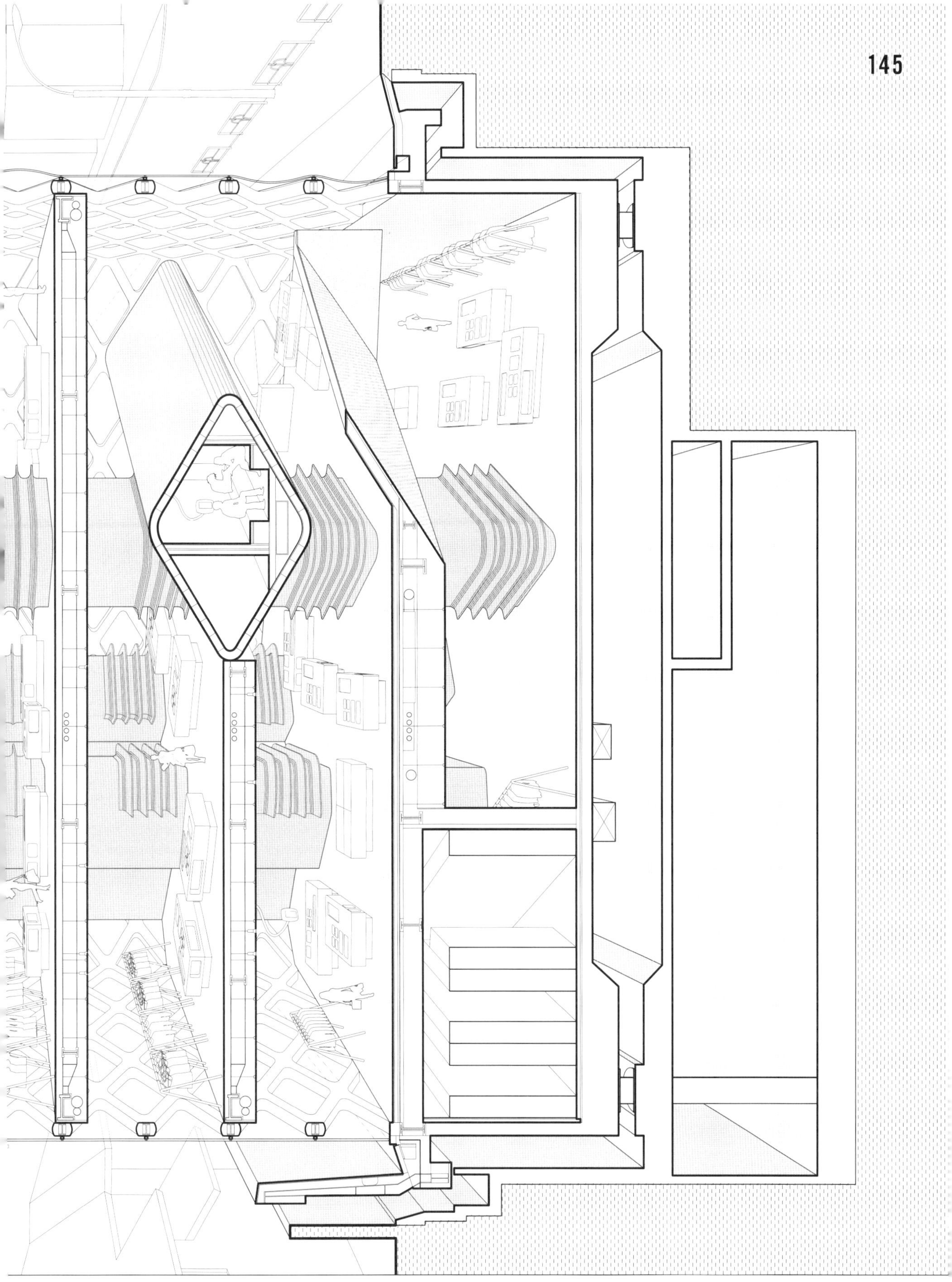

에는 7개의 콘크리트 바닥 판이 일정하게 분포되어 있는데, 이는 외피와 내부 동선 코어에 걸쳐져 있고, 기계설비와 전기설비를 숨긴다. 외피의 4개의 마름모꼴과 맞게 설치된 3개의 수평 튜브들이 바닥 층에 중첩nest되어 있다. 이 튜브는 탈의실 및 체크아웃을 위한 공간을 만들며, 동시에 측면하중 안정성을 높인다. 다이아 그리드 외관diagrid facade에서 돌출되지만 건물의 내부에 있고 층을 가로지르는bifurcating 이 nested 튜브는 외부 및 내부 또는 층과 층의 복잡한 관계를 만들어, 구조, 공간, 양식 사이의 구별을 융합시킨다.

De Effenaar | Eindhoven, the Netherlands

다기능 공연장을 목적으로 만든 이 '청소년 음악 센터'의 설계는, 분리된 직사각형 형태의 볼륨 세트로 구성돼 있다. 철근콘크리트로 만들어진 각 볼륨은, 작은 무대, 탈의실에서 녹음실, 카페 등의 특정한 기능이나 프로그램을 가진다. 단면에서 가장자리에 위치시킨 이 상자들은 합쳐져 입면에서 보았을 때는 하나의 직사각형으로 보인다. 내부의 남은 빈 공간은 메인 퍼포먼스의 공간이 된다. 5층의 벽들은 오픈 퍼포먼스 공간에 걸치는 구조적 보로 기능하여 북쪽과 남쪽으로 하중을 전달한다. 중복되고 어긋난 상자는 발코니 공간과 프로젝션실을 만들게 되며 부가적

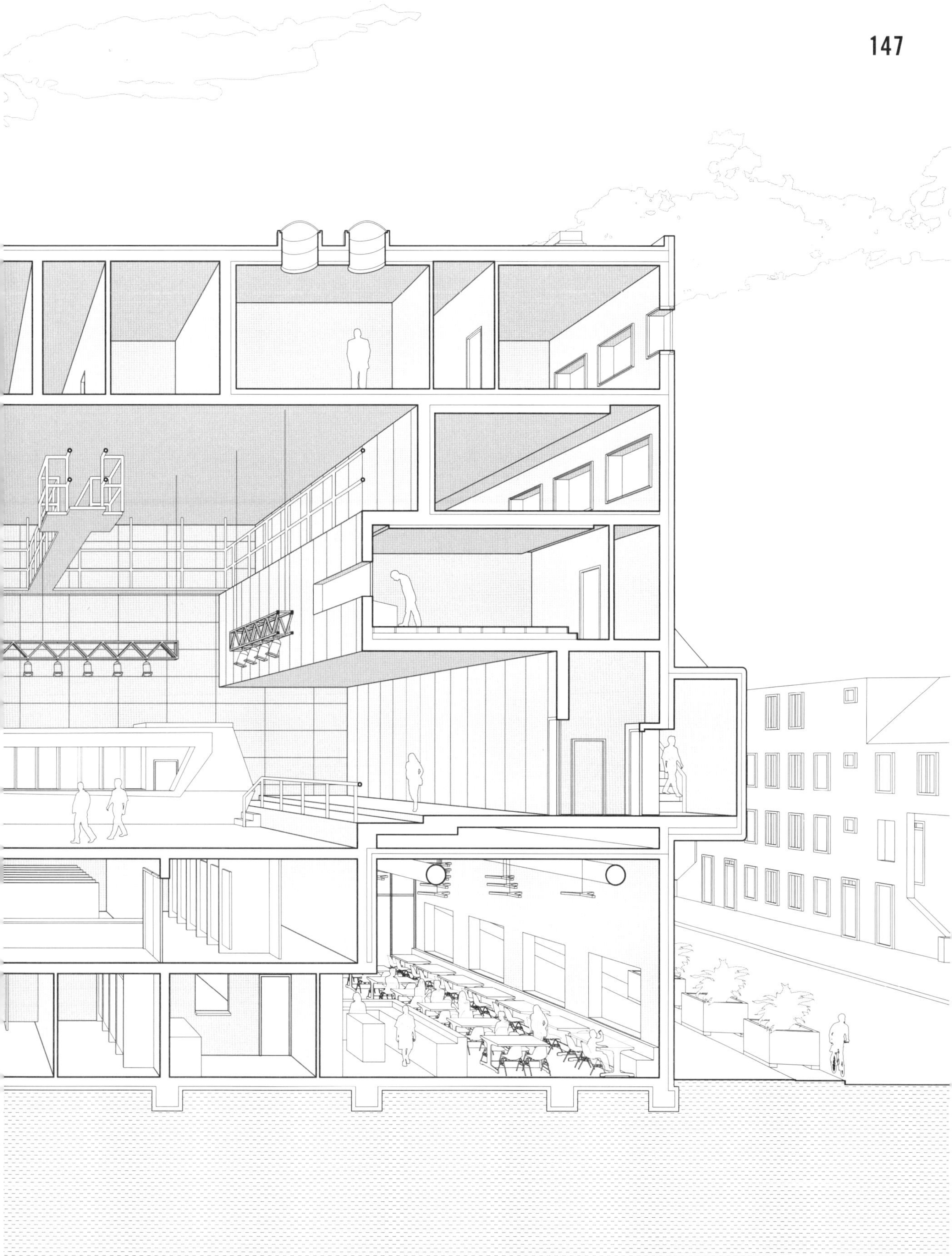

인 캐트워크catwalk로 이어져 있다. 동선 및 비상계단은 주 볼륨의 외부에 부가적으로 부착되어, 특징이 없는 박스에 비틀어진 형상으로 나타나게 되며, 동시에 단면에서 볼륨들의 중첩nesting을 더 밀도 있게tight 만들 수 있게 한다.

Poli House | Coliumo, Chile

멀리 떨어진 절벽에 위치한 '폴리하우스'는 한눈에 스케일과 기능이 드러나지 않는 수수께끼 같은 천공(구멍 난) 조각의 입방체이다. 6피트 6인치(2m)의 콘크리트 외형의 사각형 펀치는 구조, 스킨 및 중첩된 볼륨의 풍부한 겹침layering을 보여주고 있다. 이 별장/문화 센터는 큐브 안의 큐브로 두 큐브의 차이는 3피트 3인치(1m)이다. 이런 레이어의 반복redundancy는 일반적으로 내부와 외부의 구별을 강화 하겠지만, 여기에서는 그 주변부의 차이는 더 복합적인 관계를 만든다. 그늘 및 비바람으로부터 보호하기 위해 보정된 외장 글레이징은 내 외부 큐브에 모두 설치되어 주변부는 외부인 동시에

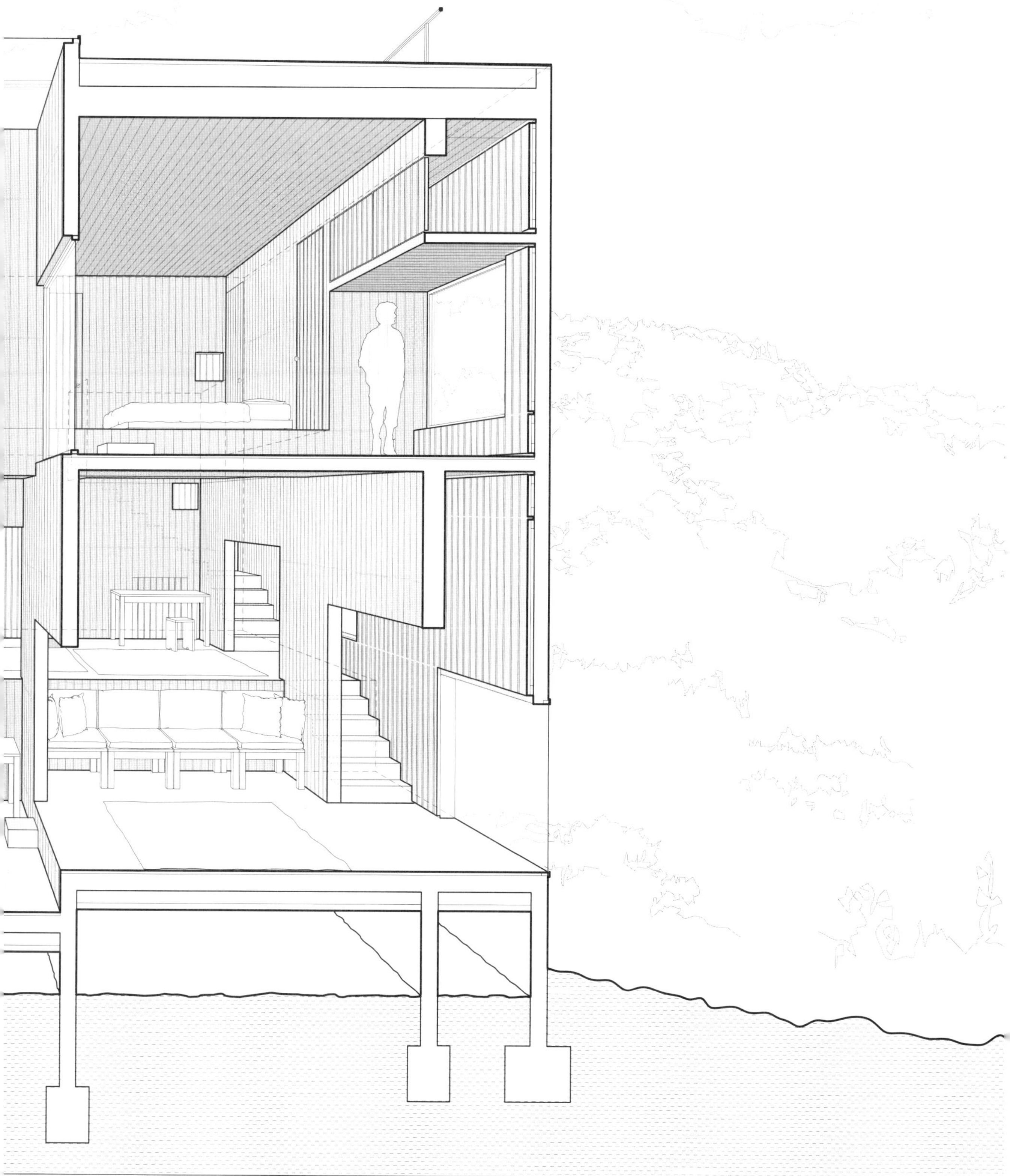

내부이기도 하다. 이렇게 생활 가능한 주변부occupiable perimeter는 주방, 욕실, 계단 등 모든 서비스 공간을 수용한다. 가구는 벽장에 수납될 수 있어, 주변부가 모든 서비스 공간을 수용하여 내부의 공간은 거실부터 침실까지 다양한 용도로 사용될 수 있다. 일련의 대형 개구부로 연결되어, 방들은 중앙 3층 생활 공간을 중심으로 시계 반대 방향으로 나선형으로 레벨이 달라져, 집은 별개의 6개 레벨로 구성된다. 공사시 거푸집으로 사용된 목재 보드는 벽과 가구를 위한 인테리어 마감재interior cladding로 재사용 되어 건물 외피와 구조 사이의 구별을 흐리게 한다.

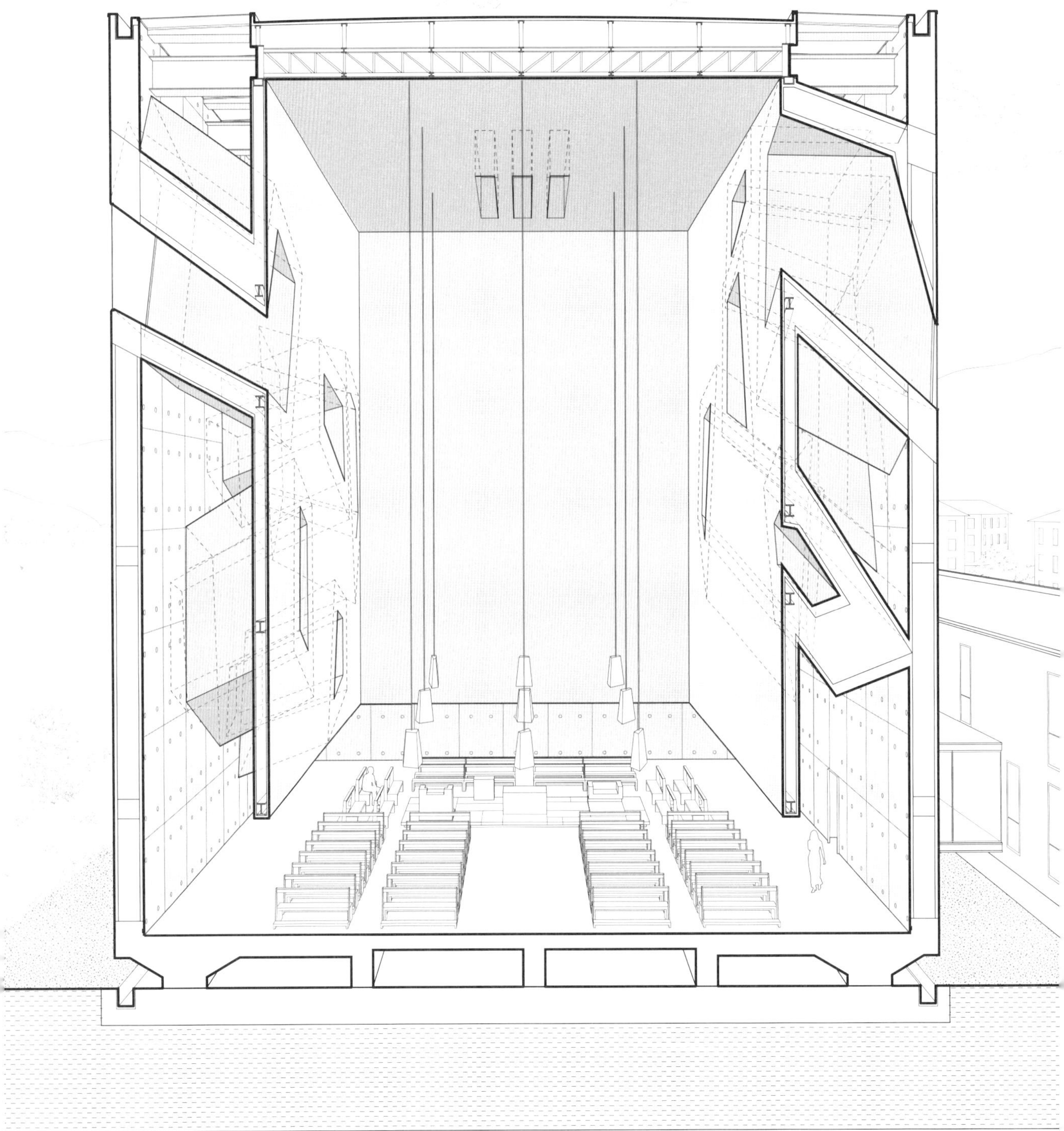

San Paolo Parish Complex | Foligno, Italy

'산 파올로 교구 콤플렉스' 는 중첩nest 인클로저enclosure를 통해 구조적 탄력성resiliency과 중앙집중적 건물의 시퀀스 안에서 채광 효과를 극대화시킨다. 이 콤플렉스는 지진에 의해 파괴된 예배당 자리에 세워졌다. 82피트(25m) 높이에 폭 98피트 5인치, 깊이 73피트 10인치 (30바이 22.5m)의 크기로, 외부 볼륨인 현장타설cast-in-place 콘크리트박스concrete box가 일차 구조 시스템을 담당한다. 성인의 머리 바로 위 정도 높이로 떠있는 석고로 마감한 내부경량 스틸 박스는, 콘크리트 상자 지붕역할을 하는 상단 프레임 강철 빔에 매달려 있다. 내부 공간은, 제

단을 향해 일광을 비밀스럽게discrete 끌어들이는 사다리꼴 튜브들에 의해 외부 구조와 연결 되어 있다. 두 개의 쉘shells 사이의 광범위한 채광창은, 어두운 안쪽의 교회와 주변부peripheral ring의 풍부한 빛으로 대비되어 그 재료의 차이를 드러낸다. 이 중첩된nested 단면의 효과는 공간의 최소한으로 꾸민 흐름minimally furnished sequence of spaces으로 신성한 기능을 강화하는 것이다.

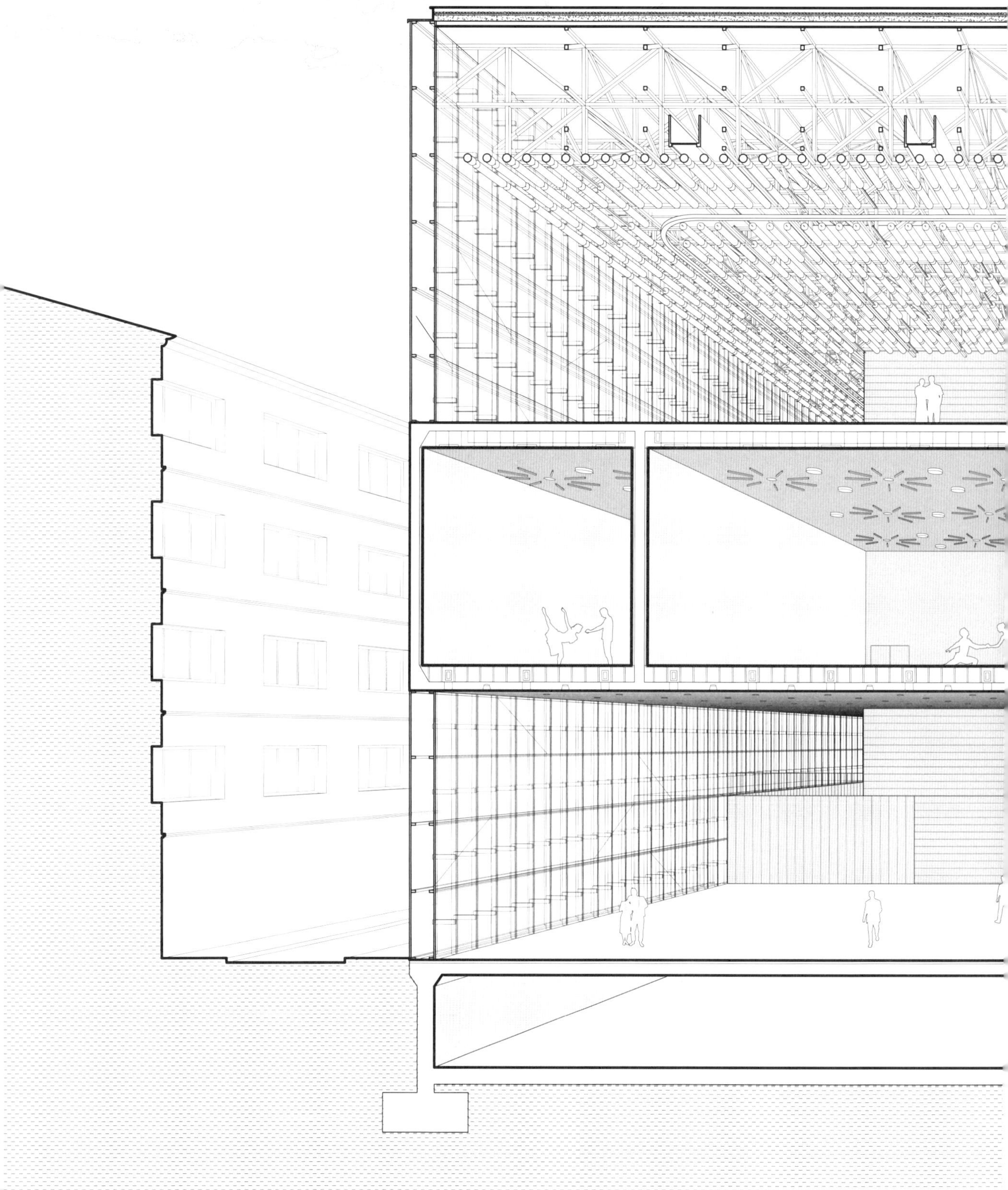

Center for the Arts in La Coruña | La Coruña, Spain

도면에서와 같이, 이 예술시설은 원래 2가지 기관-댄스 예술학교와 공공 박물관-이 단일의 철골, 단열 유리 상자 안에 중첩되어nest 얽혀있는 모습을 상상하며 시작 되었다. 댄스 예술학교에 관련된 공간은, 학생과 직원(스태프)들만이 출입할 있는 수직 순환 코어에 의해 연결된 별도의 숨어있는discreet 볼륨의 내부에 위치한다. 이 볼륨들은 건물 외피 쪽으로 붙여져, 볼륨은 건물의 이중 표피 내에서 인지가 가능하게 하였다. 공공 박물관은 댄스 예술 학교 볼륨의 상부에 위치하였다. 2개의 프로그램은 서로 간섭 없이 자율적으로 운영되는 것을 전제로 하였으며, 이런 특성은 각각 재료와 조명

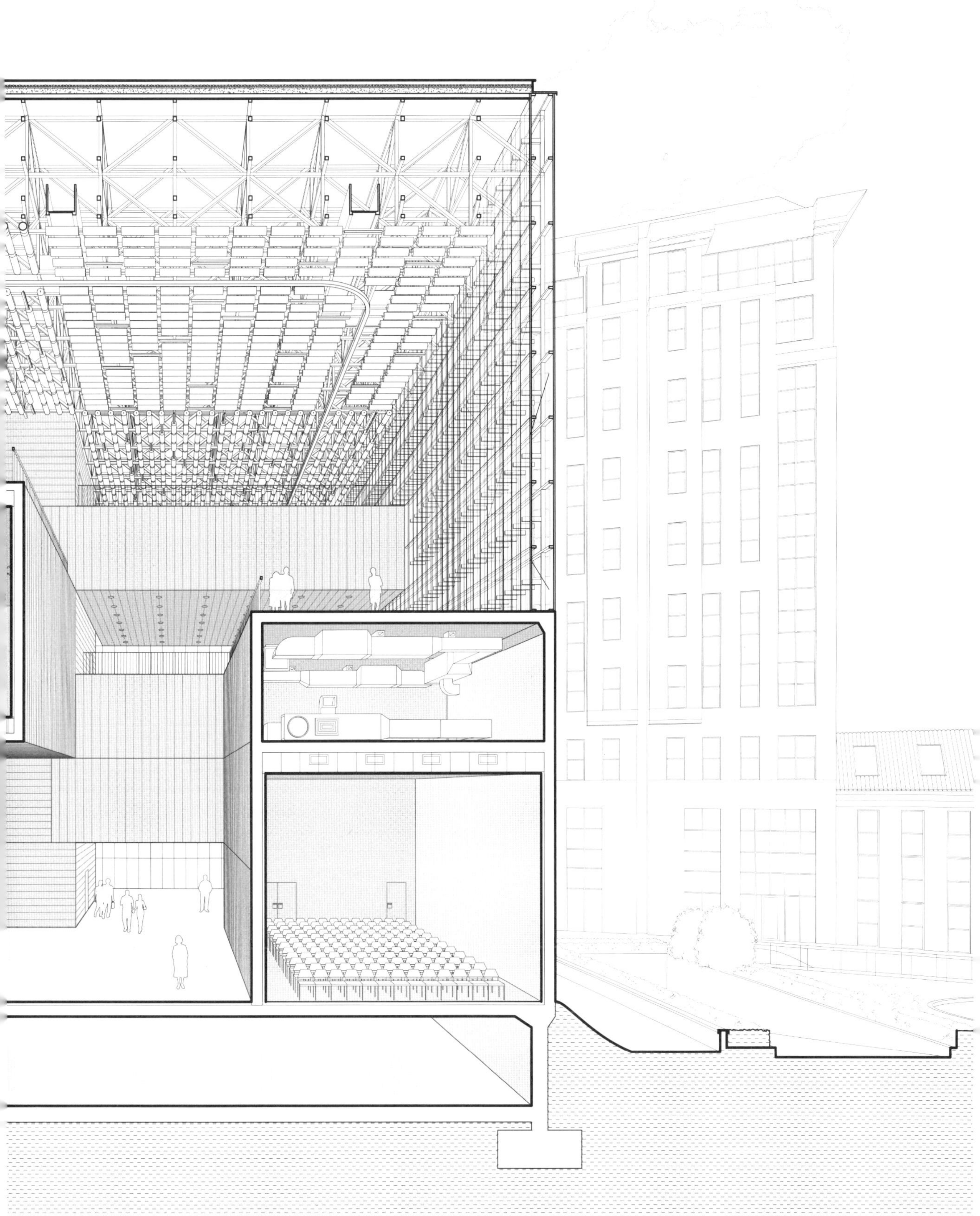

의 차이에 의해 강화되었다. 화려한 색채의 음향관acoustic tubes이 관객들의 소리를 흡수하고 기계 설비와 지붕틀(트러스)를 감추기 위해 천장에 매달려 있다. 댄스 스튜디오는 형광등 및 직접적인 일사광에 의해 채광되었으며 갤러리는 확산 광에 의해 조명된다. 그러나 완공 이후 10년동안 비어있던 이 곳은, 결국 과학 기술 국립 박물관이 사용하게 되었다. 따라서 본래 두 가지 기능으로 사용하기로 되었던 건물은 한 가지 기능을 위해 통합되었으며, 이는 원래 디자인의 단면적인 구분의 의도를 사라지게 하였다.

압출, 적층, 형상, 전단, 관통, 경사 및 중첩 유형은 단면을 구성하는 주요한 기법들이다. 명확히 말하면, 기법들은 모두 독립적인 유형으로 제시되었으나, 실제 프로젝트에서 한 가지 기법만을 사용하는 경우는 드물다. 복합적complex이고 복잡한 intricate 단면의 경우, 대부분 이 모든 유형들의 다양한 조합이거나 하이브리드를 포함한다.

HYBRIDS

Villa Girasole | Marcellise, Italy

'빌라 지라솔레' Villa Girasole 의 주요 생활 공간은, 집을 일조에 맞추어 최적화 하기 위해 기술 및 단면 장치를 통해 회전하는 형태로 제안되었다. 반원 모양의 단단한 석조 공간base이 언덕에 지어져, 경사면을 유지하면서도 상부에는 원형 테라스를 가진다. 3층의 이 베이스base는 차고, 낮은 층에서의 입구, 그리고 야외 보행로 역할을 한다. 전체 8층으로 된 원형 계단은 등대를 닮은 디자인으로 베이스에 둥지를 틀고nest, 상위 빌라의 생활 공간의 양 날개를 연결하기 위해 상승한다. 판금sheet metal으로 덮여있는 콘크리트 프레임으로 구성되어, 계단을 포함한 전체 상위 레벨은 2개의 모터

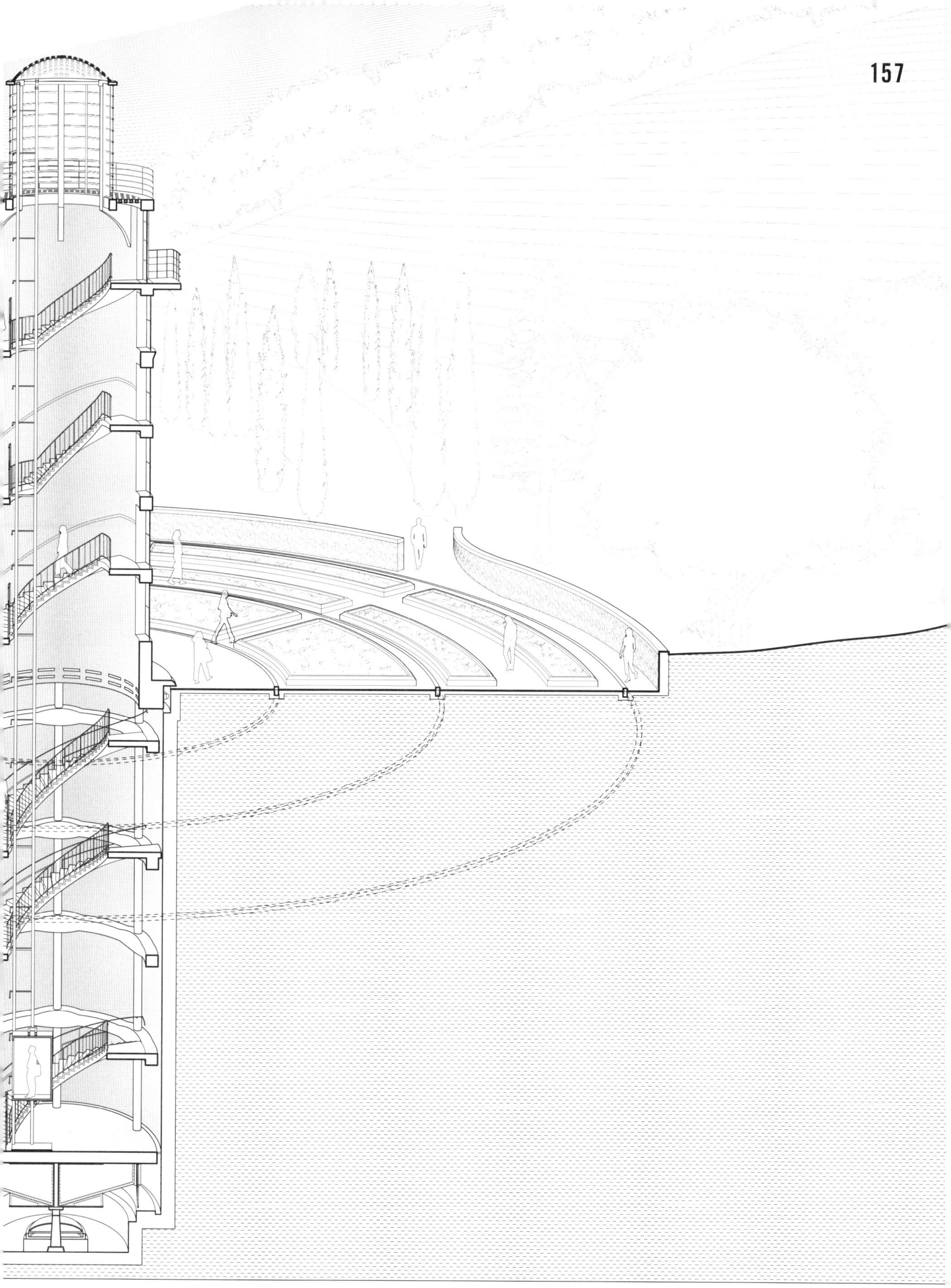

Angelo Invernizzi | 1935

에 의해 구동되는 15개의 바퀴 위에서 한 바퀴 회전에 9시간 20분이 걸린다. 지상 정원은 원 운동에 맞추어 계획되었고, 138-피트-11(42.35 미터)높이 계단의 바닥에 스러스트 블럭은 회전 탑을 고정한다. 빌라는 그 수평 방향의 이동을 통해 태양과 같이 회전하기 때문에, 집 내부에서는 태양의 높이에 따른 변화만이 느껴진다. 빌라 지라 솔레의 하이브리드하며 동적인 단면은, 건물의 회전을 통해 태양을 끌어 안는다.

Yale Art and Architecture Building | New Haven, Connecticut, USA

예일 대학 건축학부 학장으로 폴 루돌프 교수가 재임하던 시절 디자인한 아이콘적인 A&A 빌딩은 줄무니 콘크리트 타워 주변 개방된 집합적 공간의 중앙코어 주변에 37개의 각기 다른 바닥 레벨을 배열하였다. 단면은 적층stacked, 전단sheared기법 및 관통에 의해 강조되어 중첩된 양식nested forms 으로 구성되고, 특히 넓은expansive 중앙 핀업 공간과 갤러리 및 인접한 공간적으로 압축된 스튜디오와 사무실 사이에서 다양한 시각적 공간적인 오버랩과 교차를 생성한다. 다양한staggered 레벨, 브리지 및 벽의 변형/벽의 뚫림offset은 인접한 공간 사이의 상호 작용을 증대 시키며 동시

Paul Rudolph | 1963

에 내부의 깊숙한 곳에서도 철골로 된 대형 유리 창을 통해 캠퍼스 전망을 가능하게 한다. 무거운 질감의 잔다듬된bush-hammered 콘크리트로 만들어진 거대한 기둥타워pier은, 수평 플랫폼의 구조를 담당함과 동시에 설비 시설 및 수직 동선을 포함하고 있다. 상부 층에서 수평 면의 구성방식the play of horizontal planes은 아래의 공간을 둘러싸도록 수직 매스를 연결하는 튜브형태의 형태로 바뀐다. 이러한 볼륨 사이에 천창 및 높은 측창clerestories은 빛을 유입하여, 복잡한 단면 유형 조합의 다양한 공간을 북돋워 생기를 준다.

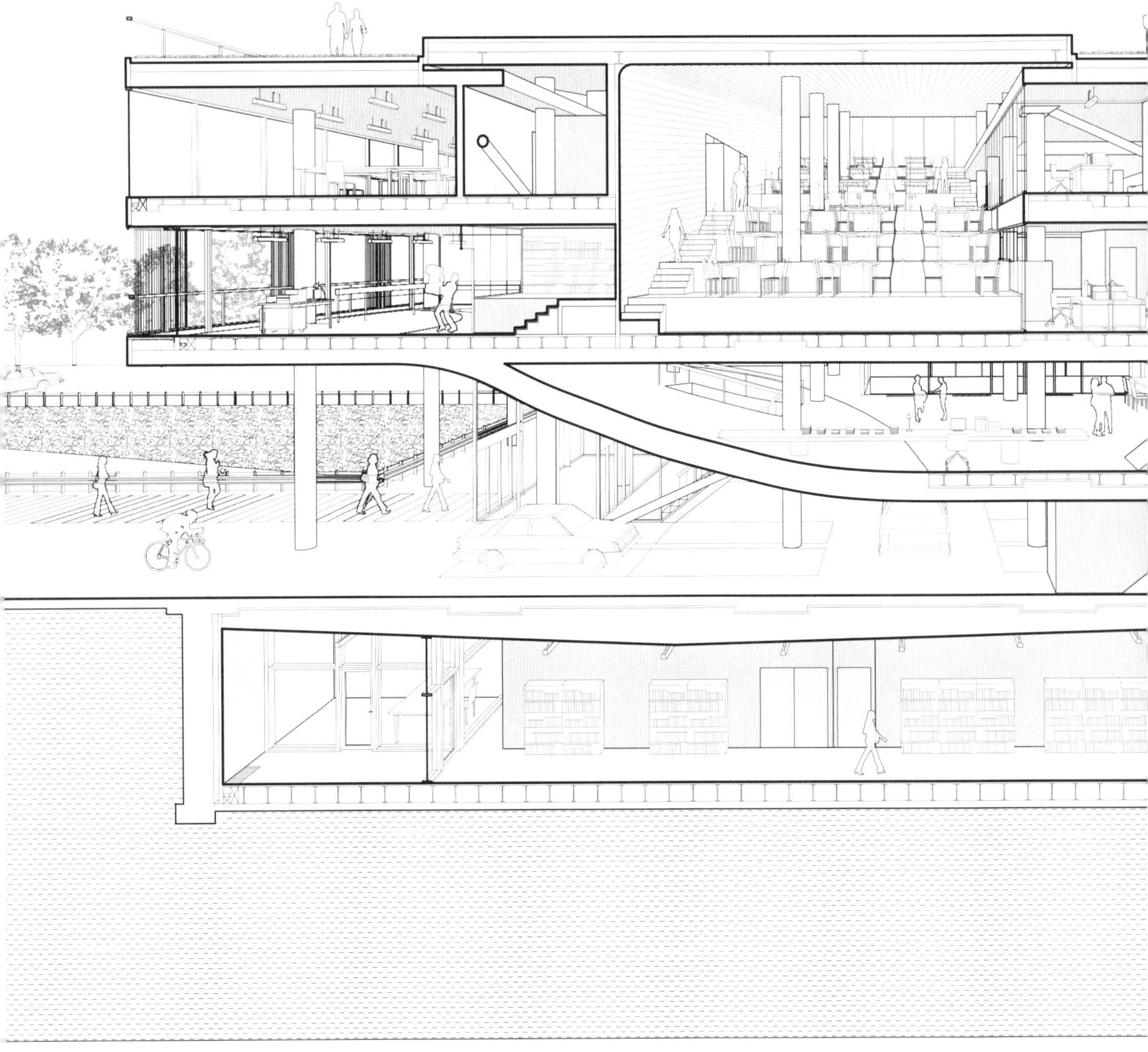

Villa VPRO | Hilversum, the Netherlands

The Villa VPRO는 형태적인 개입을 통해, 적층stacked 오피스 빌딩의 균일성에 도전한다. 방송국 본사를 위해 제안된 MVRDV의 디자인은 기존 VPRO 방송국이 사용하고 있던 13개의 오피스 빌라의 특이한 공간 구성을 유지하면서 한 개의 신규 건축물에 통합하려 하였다. 프로젝트는 사각 기둥 그리드rectilinear column grid로 만들어진 5개의 콘크리트 바닥으로 이루어진 사각형 건물의 평면의 규칙성과 이런 일반적인 형식을 붕괴시키는 일련의 움직임 사이의 상호 작용dialogue을 실험한다. 주차 레벨의 바닥은 자신의 천장 쪽으로 휘어져 3층 높이의의 중앙 척추 모양을 만든다. 여러 구멍이 전체 프로젝트

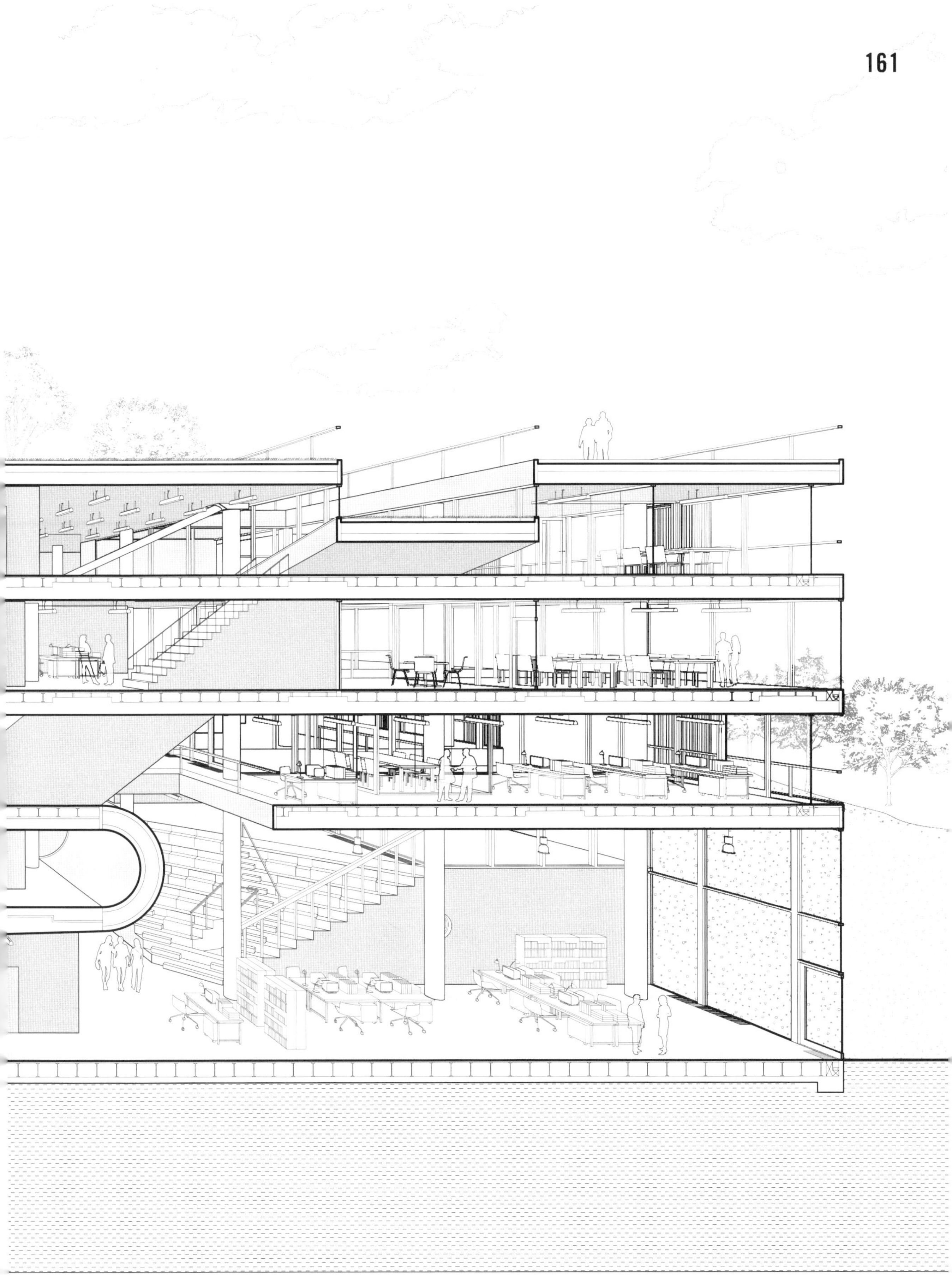

의 평면의 연속성을 방해하고, 단면적 연결을 유도한다. 경사면은 다른 바닥의 연결을 도모하며, 옥상 정원과 연결된 '선큰 중정'을 형성하고, 영화 관람을 위한 경사 바닥 역할을 한다. 층 바닥floor plate은 공간의 단차 시퀀스를 생성하고, 채광 및 시야를 제공하기 위해 전단 되어 있다. 이러한 개입으로 인한 공간의 다양성과 밀접하게 짜여진interwoven 순환 경로는 회사 안 사회적 상호 작용을 강화한다. 4개의 입면 모든 곳에 있는 보이드와 오목 유리창은 콘크리트 슬라브를 드러내고, 건물의 상징적인 이미지로 하이브리드 단면을 드러낸다: 입면으로의 단면the section as facade

Seattle Central Library | Seattle, Washington, USA

도시의 번화가의 한 블록 전체를 차지하는 '시애틀 중앙 도서관'은 응집된 관계clustered relationships 속에서, 여러 스케일의 다른 단면 유형들이 호환 교차하고 있는 디자인의 예시이다. 이 프로젝트는 연속적인 표피skin에 유사한 기능 영역을 모아 적층하는 방식sequence으로 구성되어 있다. 관리 및 직원의 영역, 문서 저장, 회의실, 주차장 등의 안정된 프로그램은 바닥 트레이trays 내부에 위치한다. 이 트레이들은 수직으로 띄어져 배치offset되고, 수평적으로도 4 방향으로 각각 밀어져slide, 아트리움과 외장 캐노피, 내부로 그림자를 드리우는 돌출부위self-shading overhangs를 만든다. 독서와 사교를 위한 가

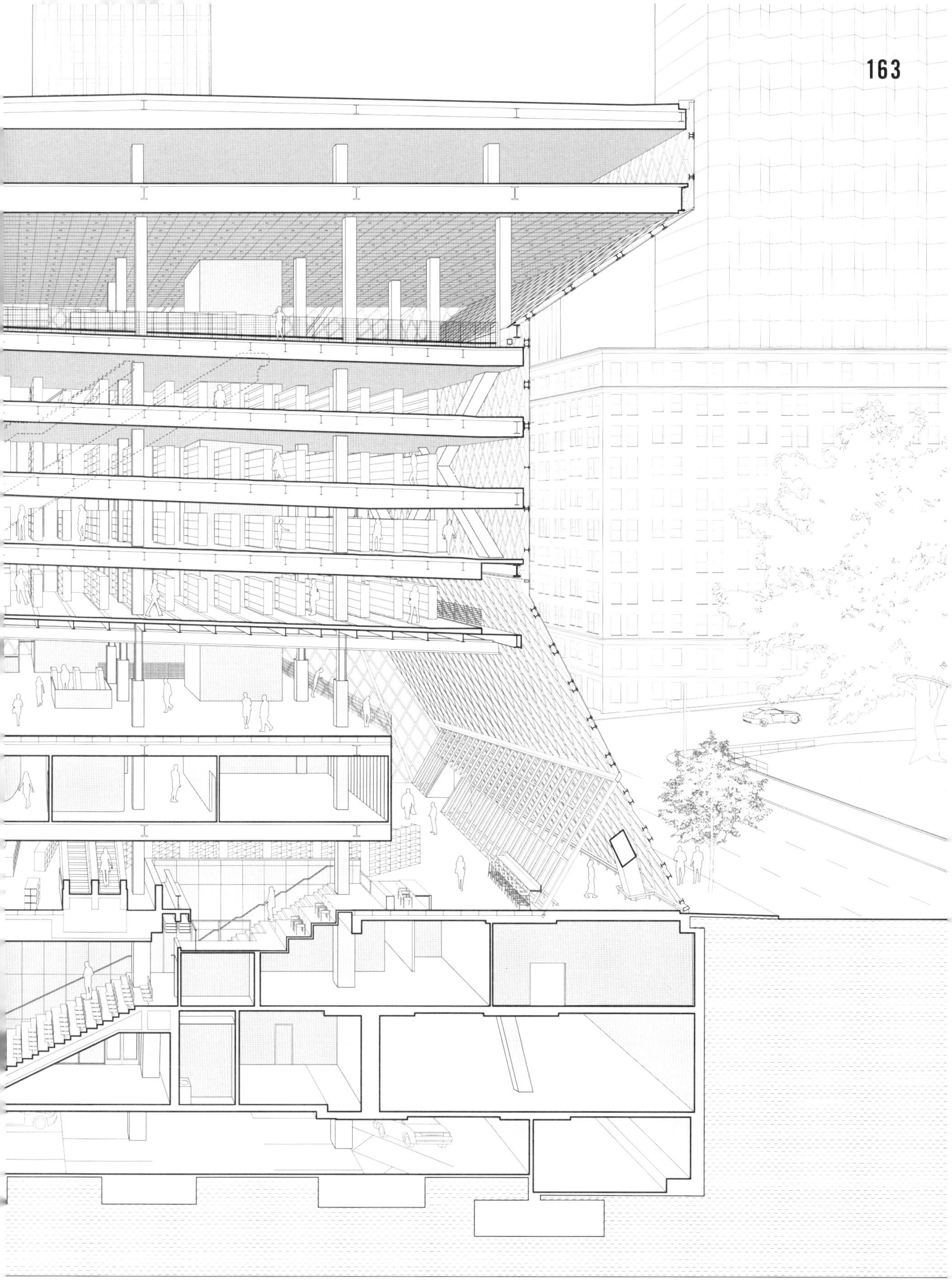

OMA / LMN Architects | 2004

장 액티브한 공간은, 적층되어 이동된 트레이 사이 상부에 놓여있다. 국부적인local 단면 변환은 각 트레이의 독특한 기능에 맞게 조정되어 있다. 서가가 있는bookstacks 4층은 컬렉션의 재편 및 확대를 촉진하고 건축 산책로처럼 책을 둘러볼 수 있게, 경사되고 연속된 나선형으로 이어져 있다. 경사진 강당은 직원의 공간과 교차하고 대지의 경사와 맞춰져 도시에 일관된 시각적 연속성을 제공한다. 1피트의 깊이 (30.5cm) 강관steel tube으로 세워진 메쉬형태의 입면mesh façade은 횡방향의 하중을 전달하고, 도서관 형태의 특성을 부여한다.

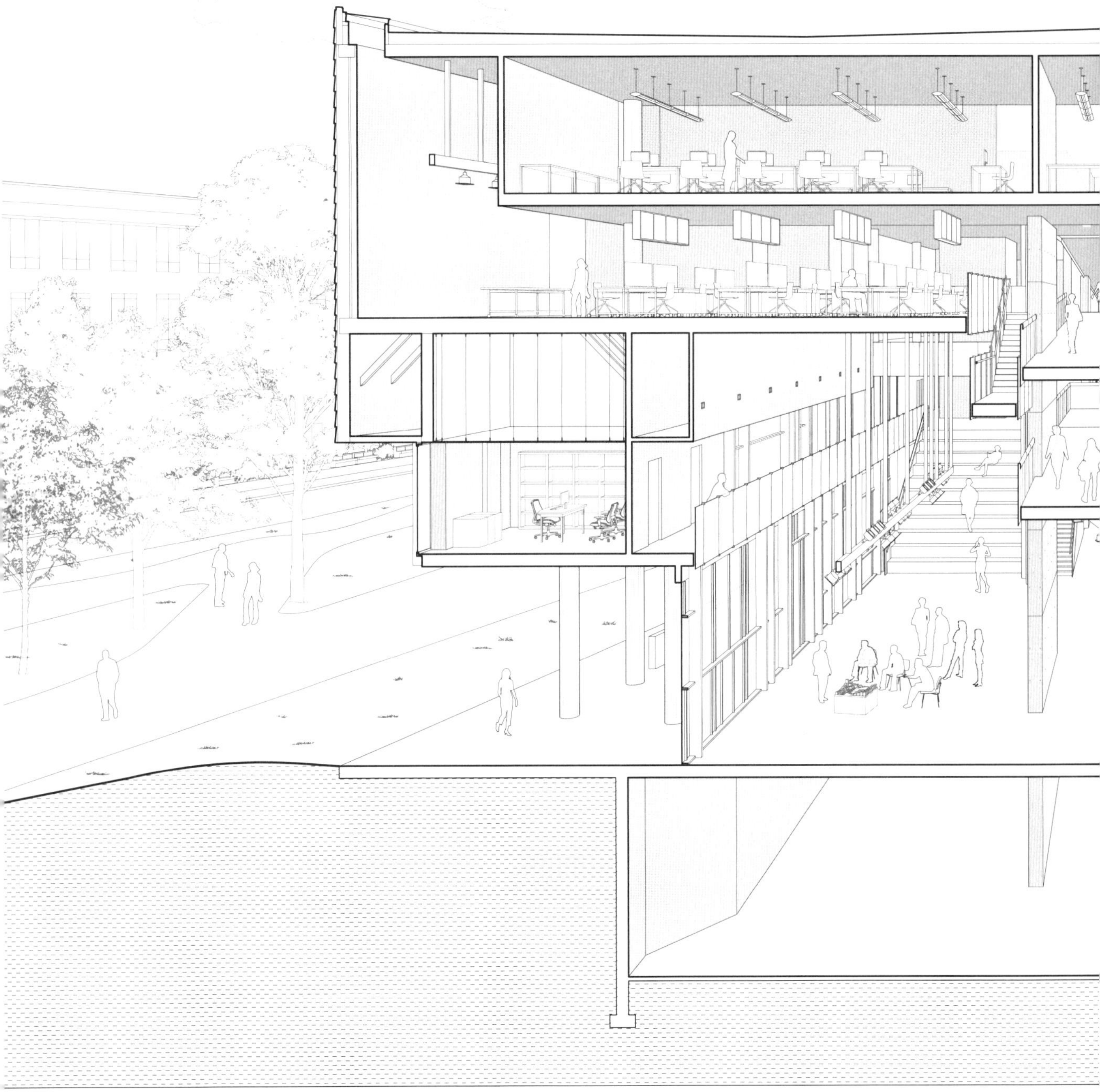

Knowlton Hall | Columbus, Ohio, USA

이 176,000평방 피트(16,350m²) 건축학교는 상당히 다양한 프로그램을 캠퍼스 안 조형적인 배치figural footprint를 통해 해결하였다. 2개의 평행되는 램프는 동선으로 필요한 길이를 넘어 전체 평면길이만큼 확장되는데, 이를 통해 모든 프로그램을 활성화한다. 램프는 지하에 위치한 상점과 강당에서 시작해 1층의 갤러리, 교실 및 크리틱 공간과 2층 사무실군ring of offices, 3층 스튜디오, 최상층의 도서관과 컴퓨터 룸으로 확장되며, 궁극적으로 외부 옥상 정원까지 달한다. 램프는 평면에서는 불연속적이지만 단면에서는 연속되는 영역을 표시하여, 층들이 수직 전단

Mack Scogin Merrill Elam Architects | 2004

shear을 통해 이어지도록 한다. 대리석 널판으로 덮인 콘크리트 구조는, 건물 매스mass 아래의 중정courtyard를 수용하기 위해서 하부에서 깎여져 있다. 두 개 층 높이의 공간은 내부를 활기차게 만든다. 수평 및 수직의 전단shear, 아트리움은, 볼륨을 중첩nest 그리고 가장 중요한 경사면은 원활한 사회적 교류를 촉진하기 위해 쓰여졌다. 그 결과 단면을 통해 활성화된 건물은 건축교육을 하는 기기machine처럼 활기찬 공간의 가능성과 즐거움을 표현하는 장소가 된다.

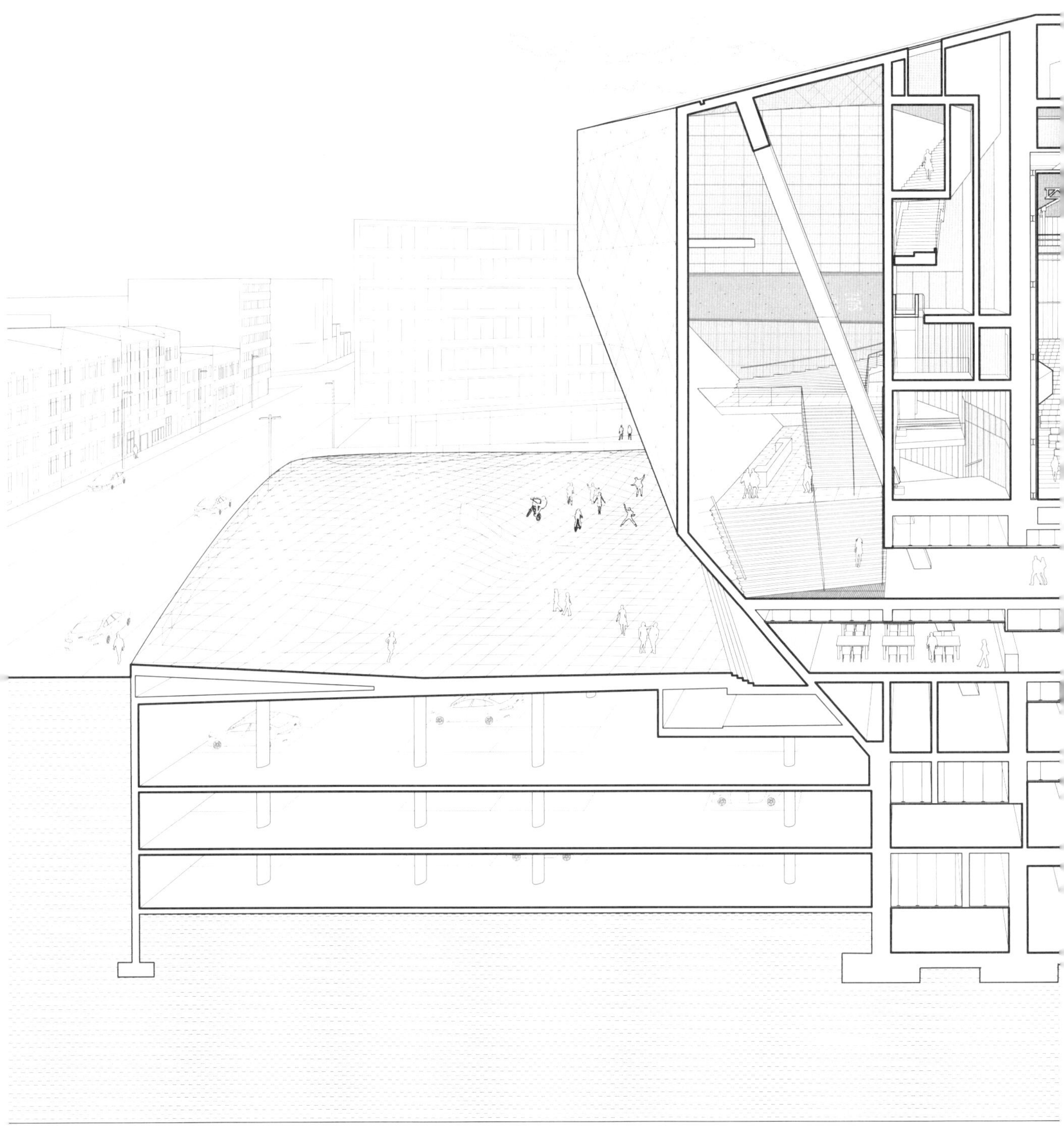

Casa da Música | Porto, Portugal

신발 상자shoe box 형태의 콘서트홀은 뛰어난 음향을 제공하지만, 건축적인 매력은 떨어지기 때문에, OMA의 '카사 다 무지카' 는 다각적인 외피 안에 혼합 프로그램을 배치하고, 그 안쪽에 직사각형 콘서트홀을 중첩nest시켰다. '카사 다 무지카' 의 메인 콘서트홀은 비어있는 보이드void로 개념화되어, 건물 중심에 공백으로 계획되었다. 복잡한. 보조적 프로그램ancillary support과 동선 공간은 이 컨서트홀 주변으로 배치되고, 각각의 공간의 단면은 기능에 의해 결정 되었다. 한쪽에는, 메인 계단이 우뚝 솟은 아트리움을 가로 지른다. 작은 레코딩 스튜디오와 리사이틀 홀은 계단식 바닥과

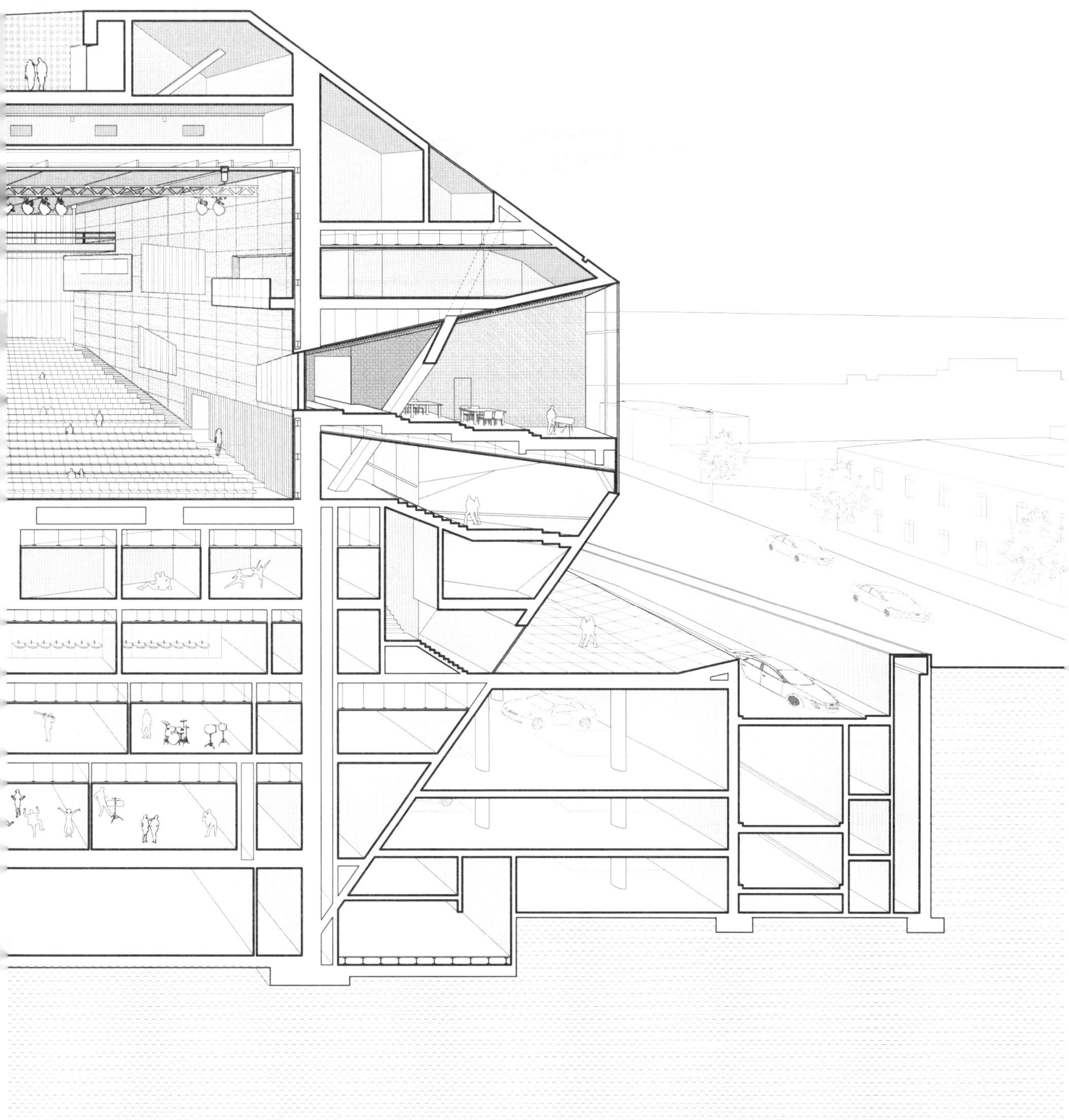

좁아지는 단면으로 계획된다. 볼록한 부분 아래에는, 상자 모양의 연습실, 댄스홀, 그리고 리허설 장소가 콘서트 홀을 구조적으로 지지하는 프레임 사이로 위치nest한다. 다면의 석재 외피는, 지면을 사선으로 만나서, 대지의 중앙에 홀로 서 있는 건물의 오브제적 성격을 강조한다. 연주 회장의 음향 상자의 양쪽 끝단에 위치한 개구부는 곡면 유리의 이중층으로 덮여 내부의 활동을 도시로 공개reveal한다. 이 하이브리드 단면에서, 지하의 주차장은 독립적인 슬라브 구조로 구축되어 진동을 완화시키며, 동시에 지형적인 표면을 만들어 그 위에 호기심 가득한 건물이 놓여지도록 한다.

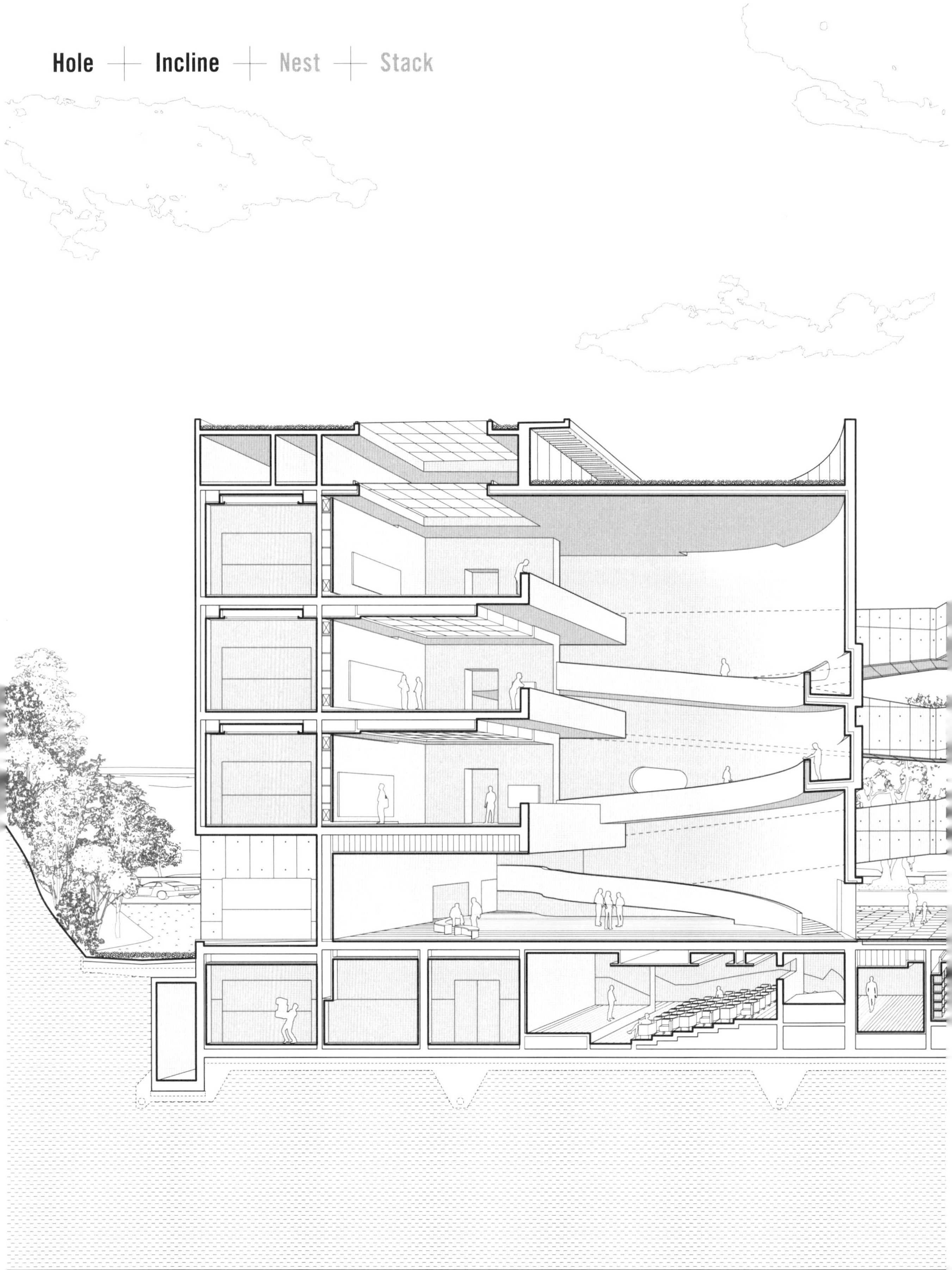

Iberê Camargo Foundation Museum | Porto Alegre, Brazil

이 복합 문화 건물은, 해안 고속도로와 식생이 울창한 절벽 사이 좁은 대지에 위치하고 있다. 이 협소한 사이트에 시자Siza는 부분적으로 흰색 철근 콘크리트 조각적 볼륨과 지하의 주각plinth을 위치시켰다. 주각은 아카이브, 강당, 도로 아래 주차장 등의 각종 프로그램을 포함하고 있고, 주차장은 도로 아래에 위치한다. 주요 전시공간을 포함한 조각적 볼륨은, 상부에서 채광되는 일련의 L자형 직사각형 갤러리가 4층 높이의 아트리움을 둘러싸고, 반대편으로는 오르내리는 동선 램프에 의해 구성된다. 이들은 내부와 외부 사이를 엮는weaves 연속적 산책로를 형성한다. 내부 램프는 선회하는 외벽에

Álvaro Siza | 2008

붙어nest있지만, 외부 램프는 건물의 외벽을 뚫고 콘크리트 튜브로 노출되어 외부 입구 정원을 캔틸레버된 램프와 아트리움 외벽으로 규정한다. 프랭크 로이드 라이트의 구겐하임 미술관처럼, 시자의 건축은 아트리움의 수직구성과 경사램프의 순환시스템을 결합시킨다. 이 하이브리드 단면에서 밀폐된 공간(램프)은 건물의 메인 볼륨 외부로 노출되어 해변과 미술관을 연결시킨다.

Università Luigi Bocconi | Milan, Italy

Università Luigi Bocconi를 위한 Grafton Architects' 의 디자인은 다양한 투과가 가능한permeable 공간의 단계적 차이gradation을 적층layering함으로써, 공모전에서 요구한 밀라노의 도시 조직urban fabric과 프로그램적으로 다양한 아카데미 건물을 통합하는데 성공한다. 70만 평방 피트의 ($65032m^2$) 건물은 컨퍼런스 홀, 극장, 회의실 교수 연구실 등의 프로그램으로 전체 262-피트-6-인치 바이 524피트 11인치(80× 160m)의 대지를 모두 채운다. 이 복합 건물의 디자인은, 구조를 마치 직조open weave하듯이 구성하여 건물의 상단과 측면에서 채광을 가능하게 하

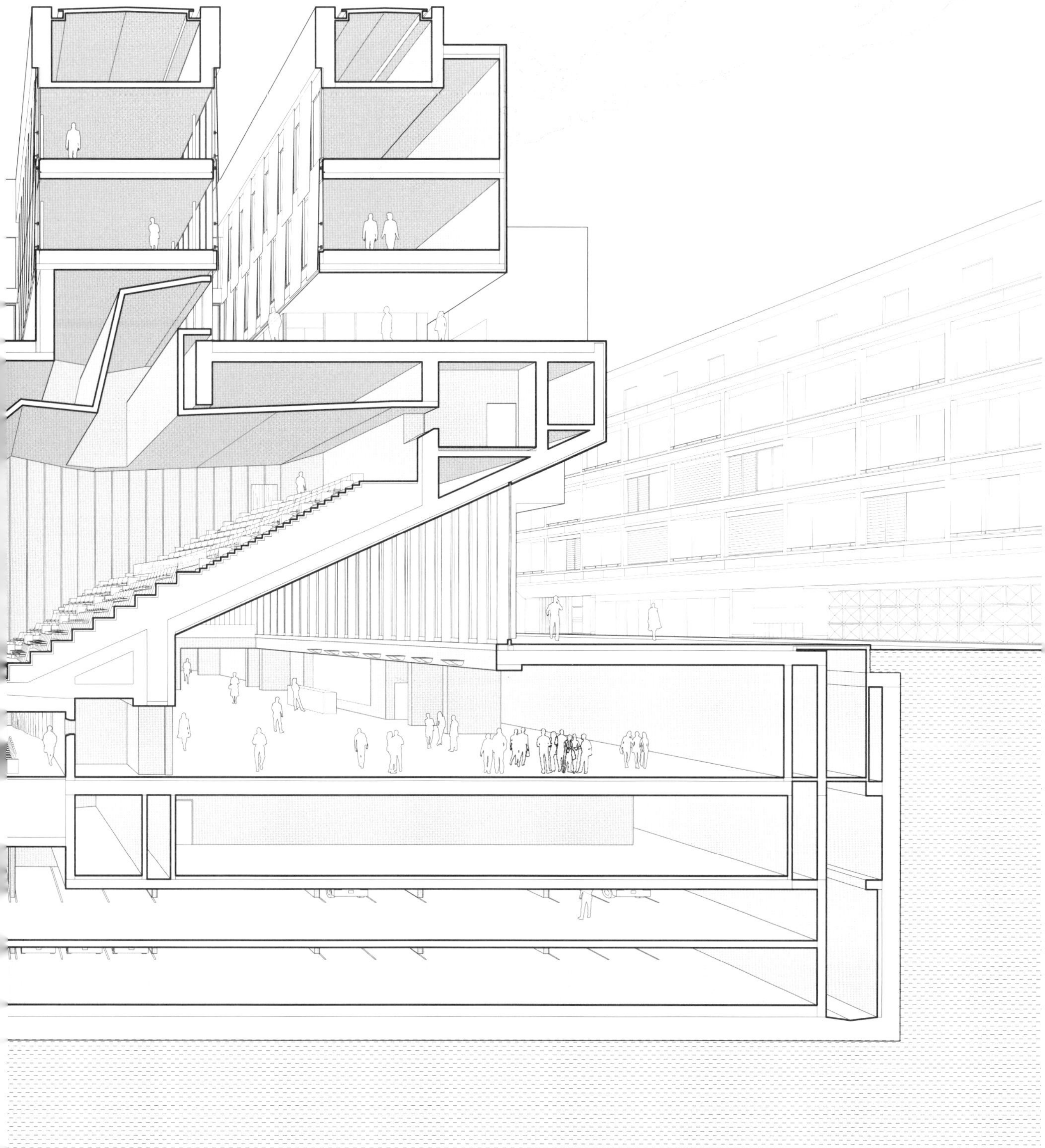

여 신중하게 일광을 받아 들인다. 강당The raked auditorium은 주차장 2개 층 위에 있으며 부분적으로 지면 아래에 위치한다. 교원의 사무실 열band은 사이사이의 열린 공간과 함께 비스듬한 오디토리움 위에 수직으로 걸려 있다. 강당 천장 사이의 틈은 구조물 안쪽으로 깊게 채광될 수 있게 하여 구조 깊숙이 간접 조명이 가능하게 된다. 이 하이브리드 단면에서 유리 프레임으로 된 입구는 거리에서 볼 때 하부로 보이드를 만들어 강당석 하부 쐐기 모양으로 만들어진 로비에 대한 전망을 가능하게 하여 대학과 도시 간의 시각적 관계를 강화한다.

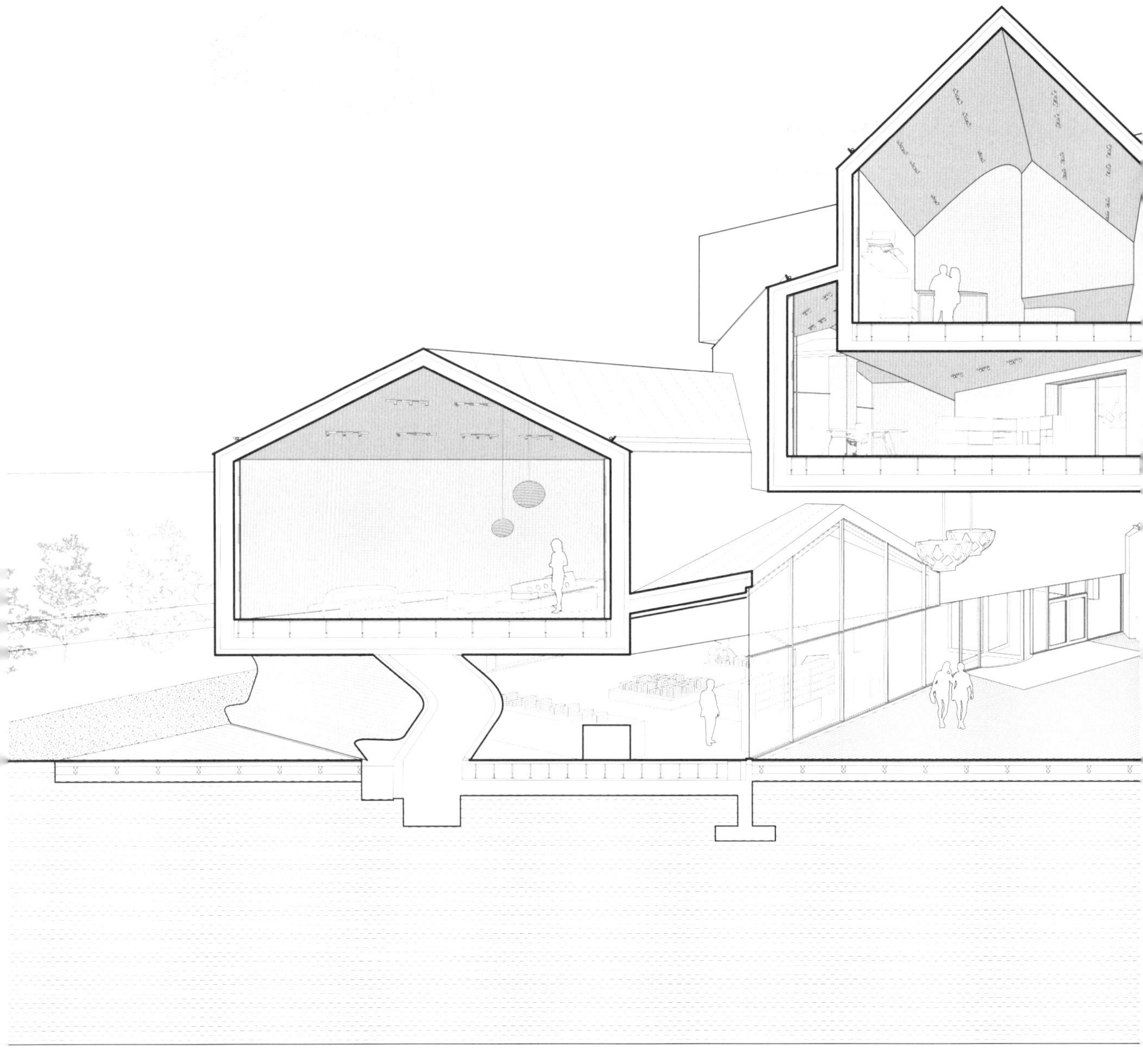

VitraHaus | Weil am Rhein, Germany

이 건물은, 컨퍼런스와 비트라 가구의 디스플레이 전시를 위해, 적층과 중첩stacked and nested을 이용한 12개 볼륨이 5층 높이로 지어졌다. 각 볼륨은 박공 지붕 주택의 원형적인iconic 상징적인 단면 프로필의 압출extrusion 형태로 만들어 졌으며 이는 가구의 전시를 위해 각 공간에 주택의domestic 스케일을 부여한다. 이 볼륨들은 회전되고 미끄러진다. 볼륨들이 서로 교차할 때intersect 새로운 형태가 단면 속에서 생겨난다. 조각적인 굽은 계단들은 수직 동선을 제공하고, 단 하나의 엘리베이터가 이런 볼륨 사이를 통과해 수직연속성의 독특한 느낌을 제공한다. 볼륨들은 9-7 /8인치

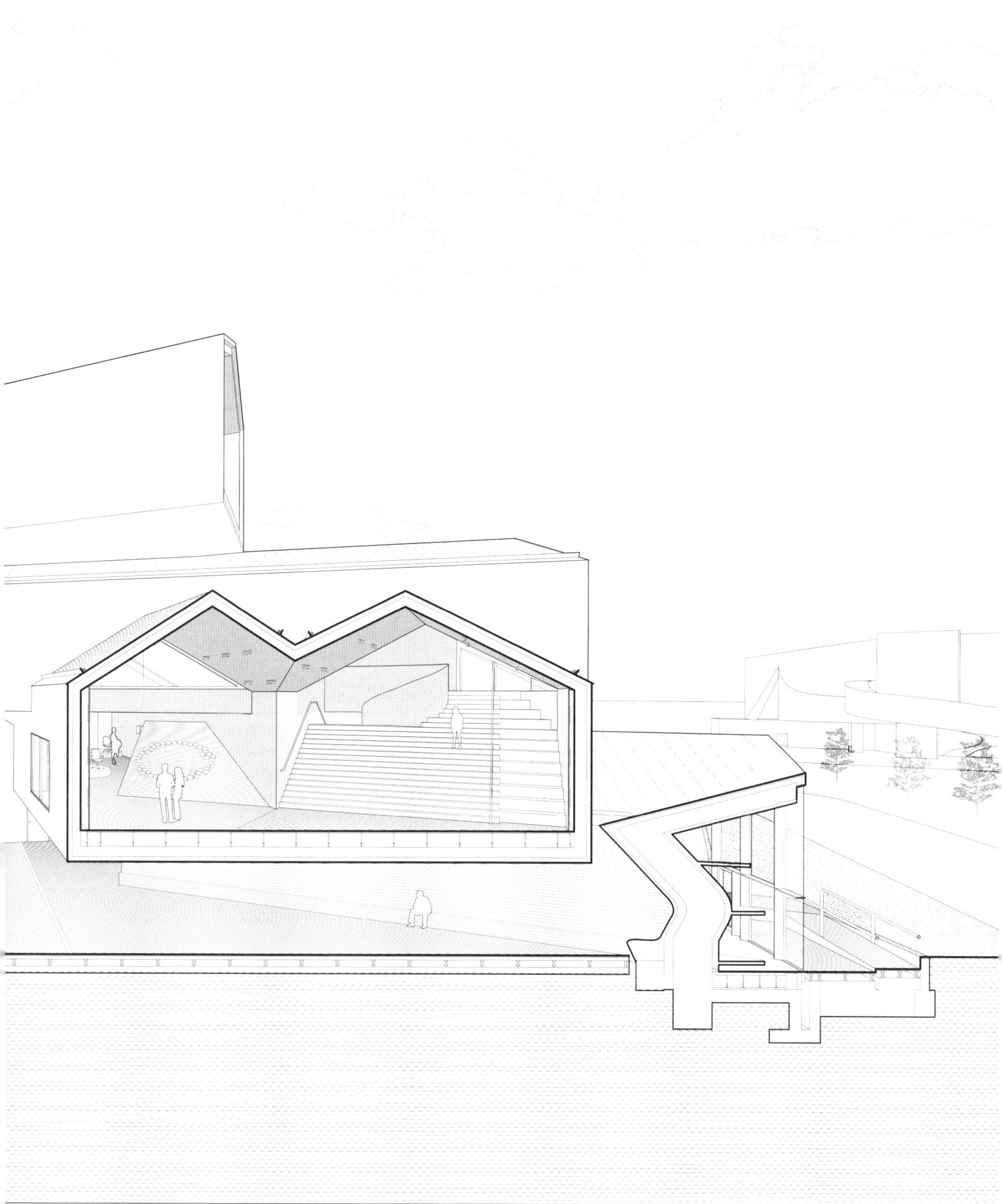

11-3 /4인치(25cm 와 30cm) 두께로 현장에서 타설한 콘크리트로 만든 튜브구조로, Vitra 캠퍼스와 풍경landscape beyond을 담기 위해 가장자리는 열려 있다. 상부 볼륨의 가장자리(단부)는 모두 캔틸레버되어 있으며, 가장 긴 경우 49피트(14.9m)에 달한다. 하부 볼륨의 가장자리는 마치 무게 때문에 형태가 뒤틀린 듯deflect 꺾여 현관에서 입장을 기다리는 방문객들이 앉는 의자의 등받이가 된다. 이러한 쌓여진 박공 형태의 유닛들로, 건물은 복잡한 내부 시퀀스뿐 아니라 다각적faceted인 외부 아트리움까지 생성한다.

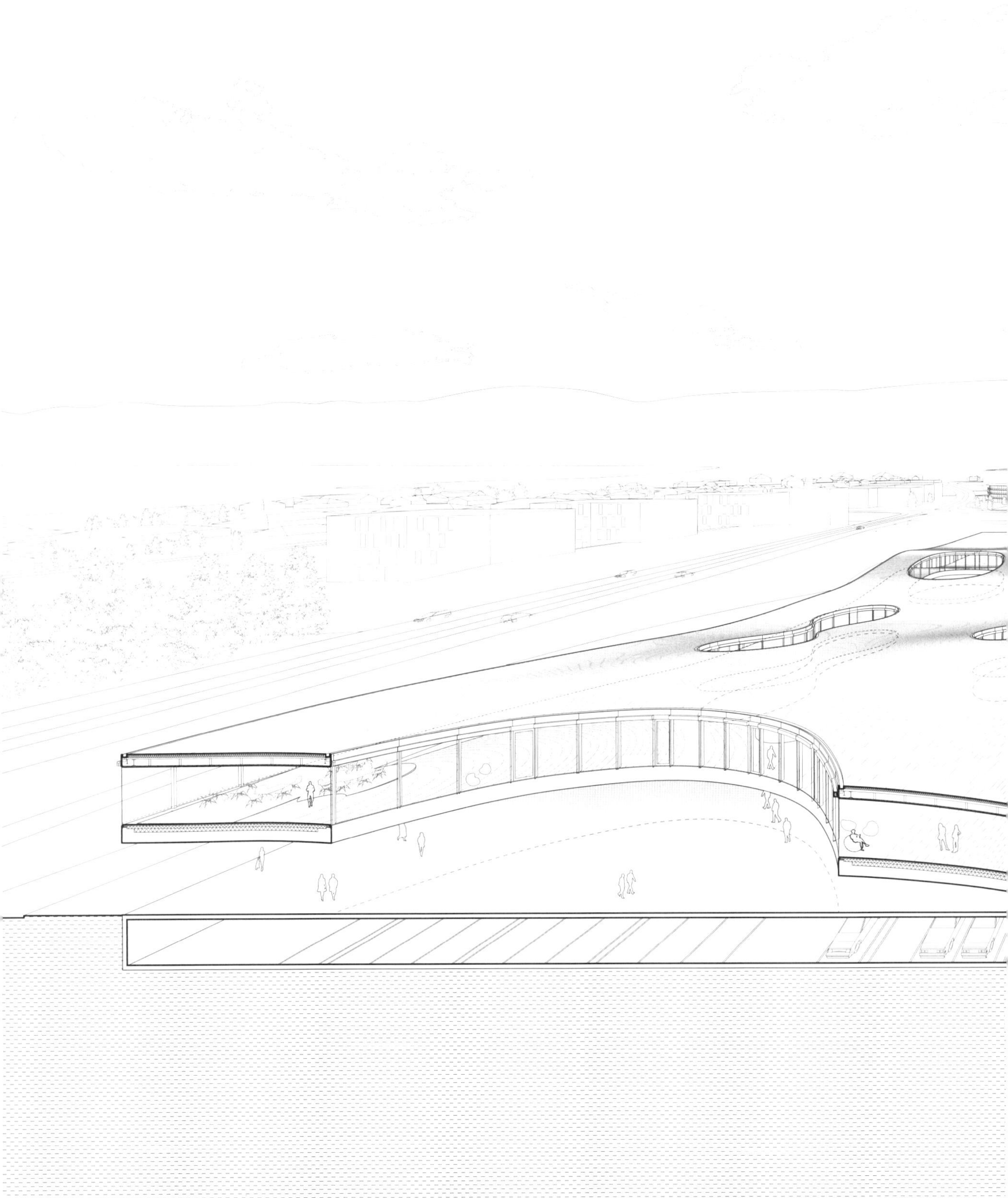

Rolex Learning Center | Lausanne, Switzerland

주변건물이 없는 열린 대지의 중앙에 위치한 '로잔 드 에콜 폴리 테크닉 캠퍼스 센터' 는 단일 수평 볼륨 안에 사회교류적 공간, 도서관, 카페, 미팅 홀의 프로그램을 담고 있다. 바닥은 2피트 두께(61cm) 콘크리트 슬래브로 형성되어 있고 지하 주차장 위로 곡면 쉘 구조로 구성되어, 건물 하부로 외부공간 및 캠퍼스의 동선이 지날 수 있게 하였다. 가는 철골 기둥들로 만들어진 9m × 9m의 그리드를 통해 물결치는 슬래브 위 철골과 집성재 천장a steel and glulam framed ceiling을 지지하고 있다. 이 건물은 3개의 단면이 조합된 하이브리드 형태라고 볼 수 있다. 직사각형의 166.5m × 121.5m 바닥면

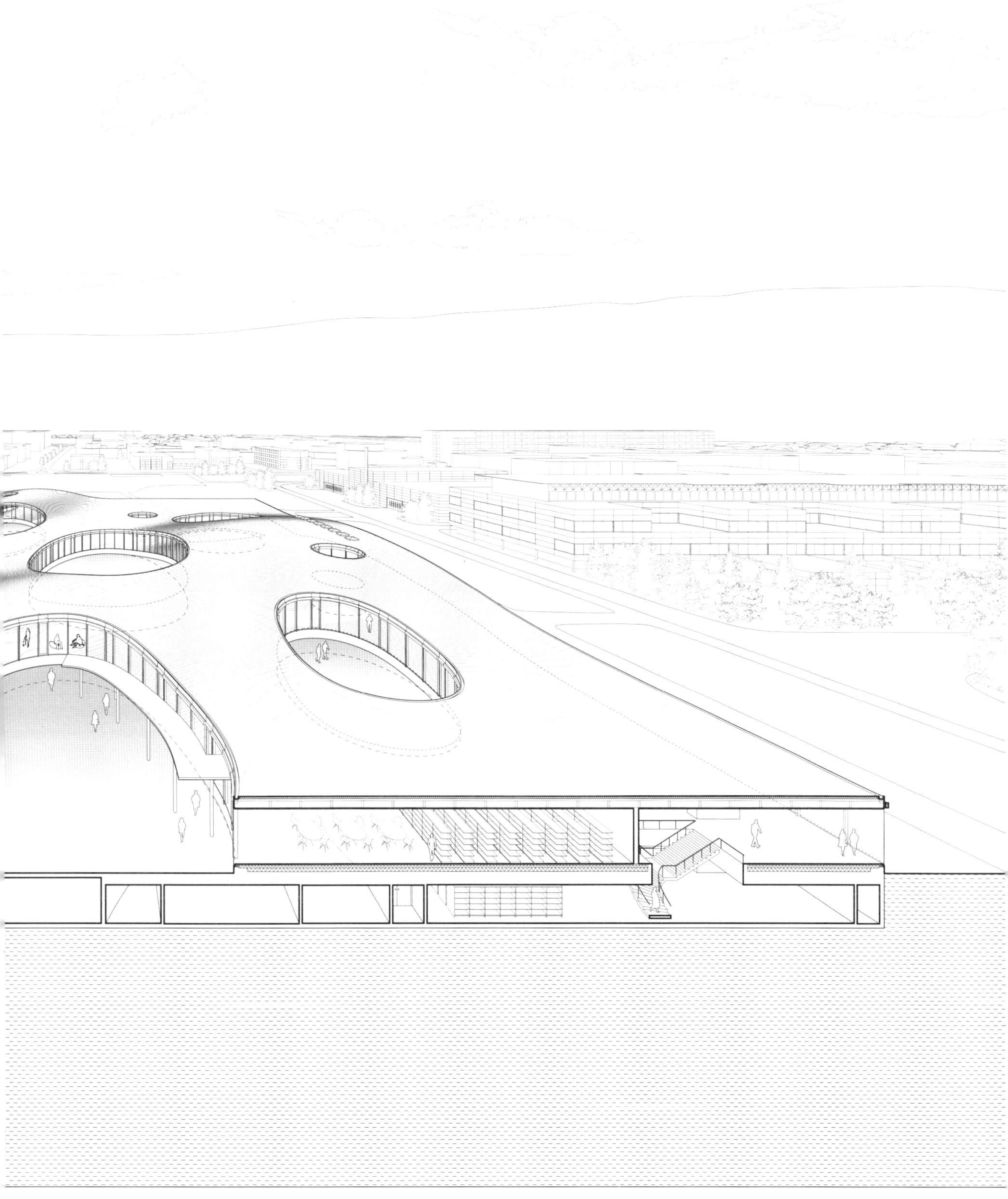

은 3.3m 내부의 천장 높이로 압출extrude되고, 공연장 같은 특정 프로그램에 대해서는 더 높게 압출된다. 돌출된 수평 공간은 지상으로부터 두 개의 아치형 영역으로 구분되어, 여기에 프로그램의 클러스터링 또는 분산배치puddling을 가능하게 한다. 이 압출된 형태는 14개 곡선 모양의 구멍에 의해 뚫리게 되며, 이를 통해 비스듬한 채광과 전망이 가능하게 된다. 이 하이브리드 단면의 누적 효과의 결과는 자유로운 평면free plan이 수직축으로 휘어진warp 전례 없는 공간이다.

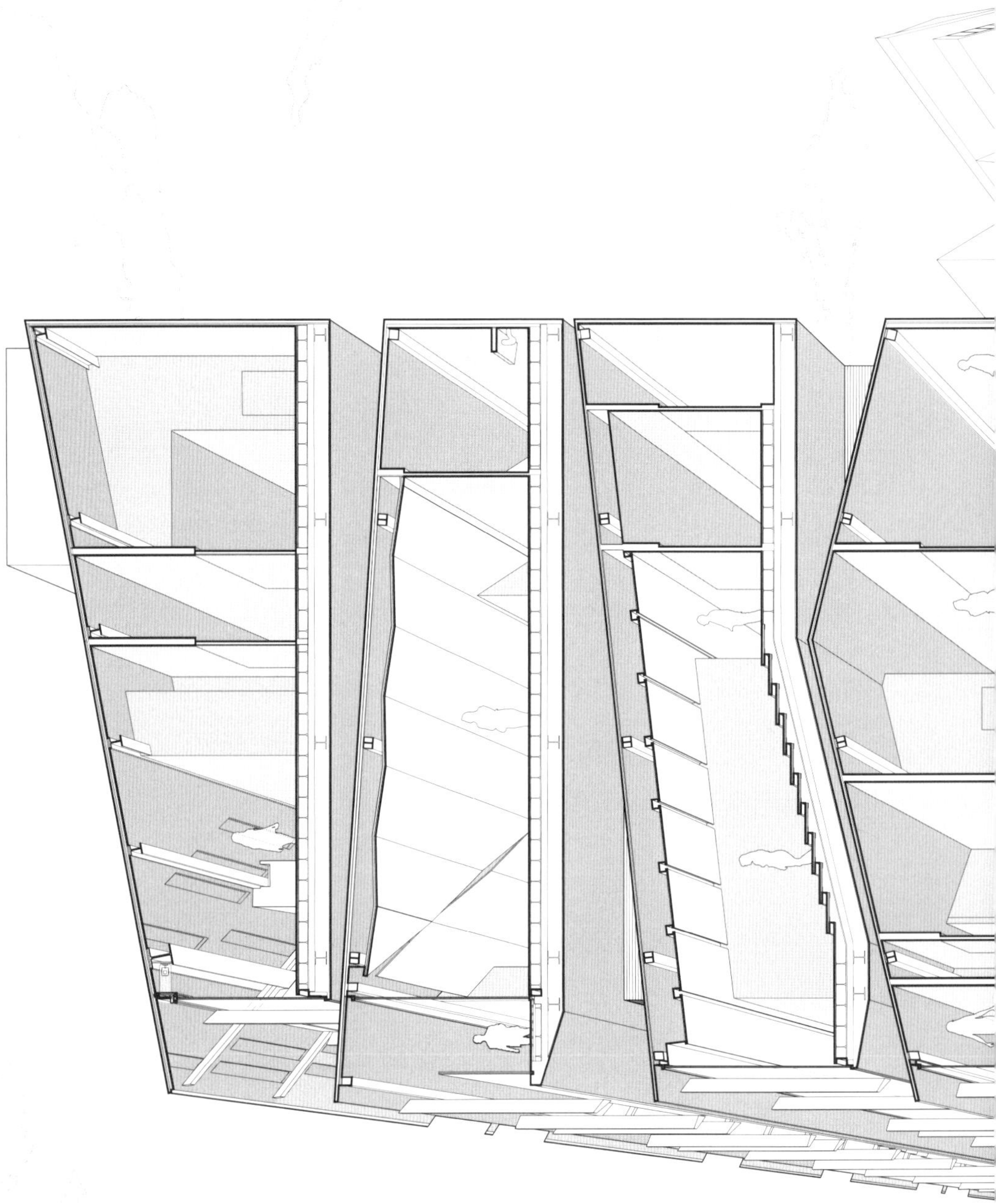

Asakusa Culture and Tourism Center | Tokyo, Japan

관광객을 위한 서비스의 용도를 포함하는 이 8층의 건물은, 도쿄의 역사적인 아사쿠사 신사의 입구에 인접해 있다. 건물은 다른 지붕 위에 또 하나 집을 올린 목조 주택의 쌓음을 연상시키는 방식으로 타워의 수직성을 생성하였다. 구조 강철로 둘러싸인 이 각각의 볼륨의 독특한 형태는, 각 프로그램의 특성을 반영하고 있다. 2층 높이의 현관 내부 공간double-height space for entry, 강당의 경사 바닥, 적층된 미팅 공간을 다양한 각도와 면으로 표현하고 있다. 하나의 볼륨의 천정모양과 그 다음 층 바닥 사이의 공간은 설비와 창고로 쓰여서 바닥을 그대로 쓸 수 있

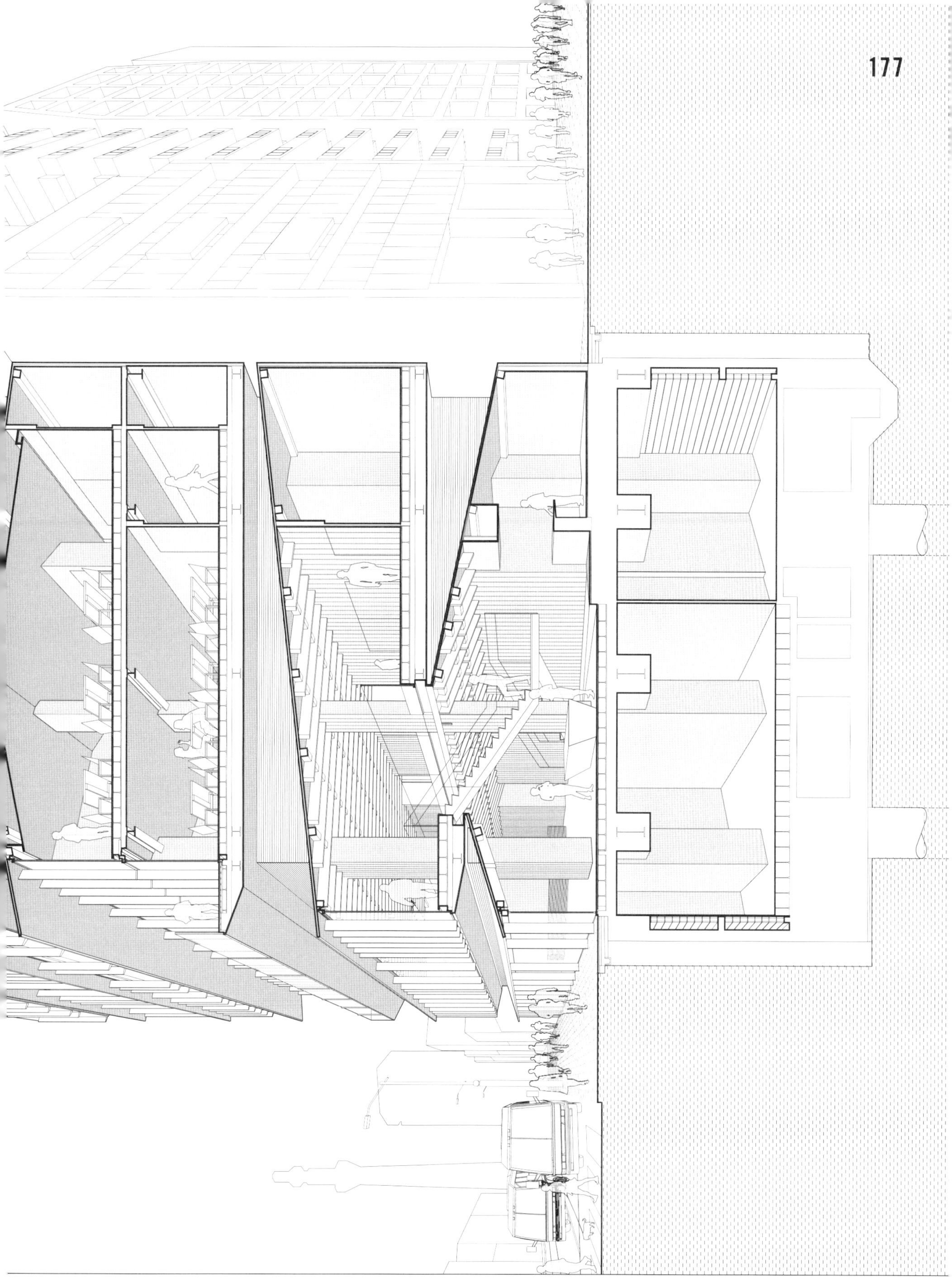

도록 하고 있다. 이러한 층사이interstitial 서비스 영역은, 볼륨 사이의 오목한 스팬드렐spandrel로 처리되어 레벨 사이의 명확한 구분을 만든다. 쌓인 볼륨은 그 독립적인 기하학적 모양과 다양한 평면 구성을 통해 계층stratification의 감각을 만들고, 입면에 적용된 삼나무 핀(지느러미)의 스크린은 차양역할 및 도시전망을 걸러filter주면서, 동시에 적층되고 형상화shaped된 단면의 외관을 통일시킨다.

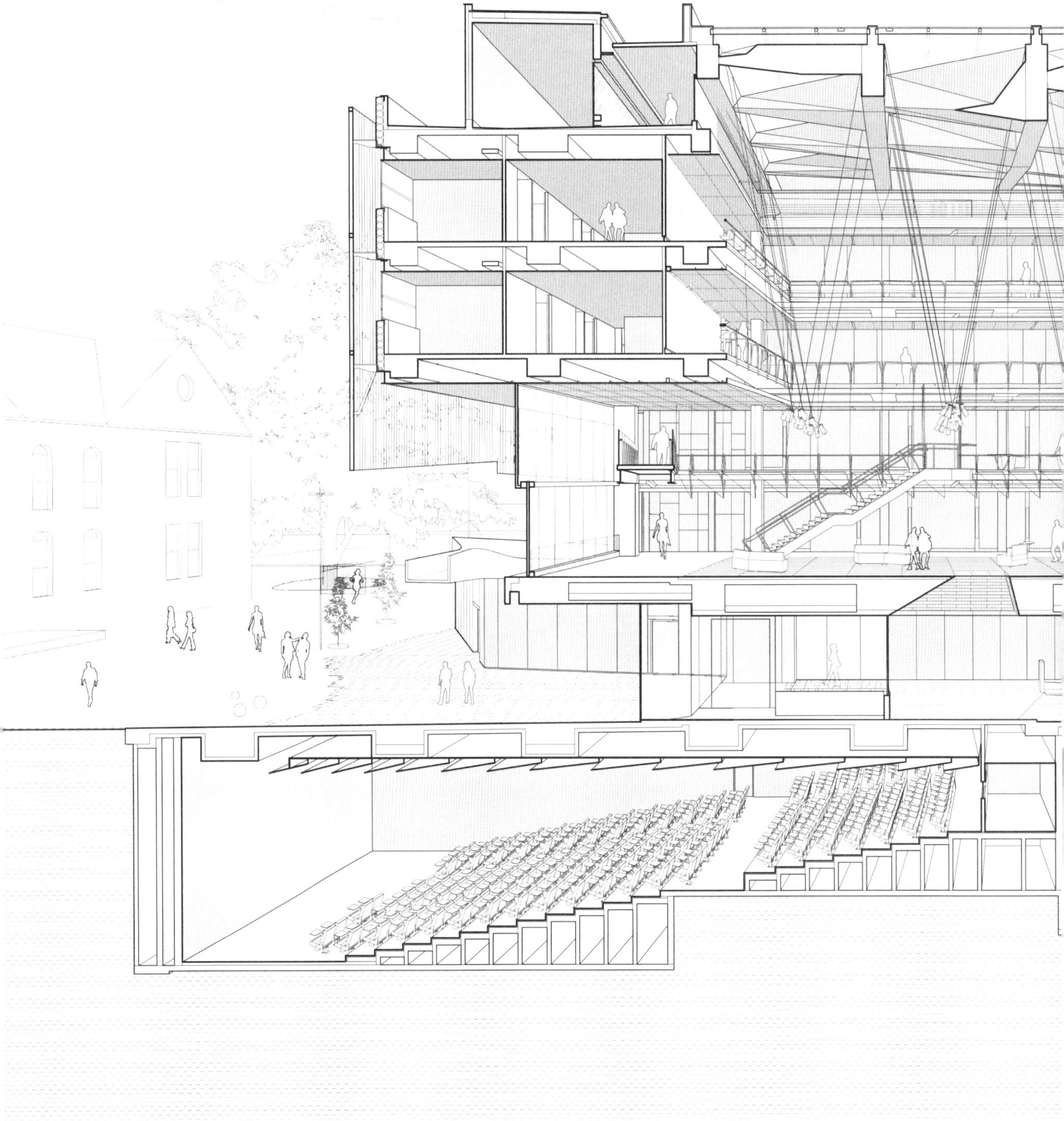

Melbourne School of Design | Melbourne, Australia

교육학을 구현하는 건축 학교로의 전통을 이어 가기 위해, 멜버른 대학 디자인 스쿨은 단면 전략, 구조 시스템 및 형식과 재료 재생과 같은 다양한 방식을 결합했다. 지상 레벨의 라이브러리와 제조 실험실은 시각적, 공간적으로 캠퍼스와 연결된 넓은 내부 산책로에 연결된다. 상부층의 교실, 스튜디오, 연구 공간은 제도drafting, 전시회, 이벤트가 가능한 공간으로, 중앙 아트리움 주위 두 부분wings으로 구성되어 있다. 몇 층에 걸친 보이드 공간의 주변으로 스튜디오의 확장 공간으로도 쓰일 수 있는 작업 공간과 응접 공간이 위치하며, 필요에 따라서는 즉흥 협업(콜라보)을 위한 공간으

NADAAA / John Wardle Architects | 2014

로 쓰일 수 있다. 아트리움 공간 속에선 2개의 건축적 요소가 강하게 드러난다. 첫 번째는, 주요 수직 동선을 제공하는 강력한 램프 시리즈로 하부의 강철 구조물이 잘 드러나 있다. 두 번째는 크리틱을 위해 방문하는 비평가들을 위해 스튜디오에 마련된 목재마감 볼륨wood-clad volume이다. 이 조각적인 형태의 볼륨은 우물(정간(井間)모양, coffered)모양의, 빛을 분산하는 천정의 깎은 듯 한 기하학을 내부로 확장시킨다. 건물은 경사, 중첩, 상형, 적층 그리고 관통의 단면 유형을 조합하여, 활기차고 유익한 학습 환경을 생성하고 있다.

Star Apartments | Los Angeles, California, USA

이 다용도 건물의 프로그램, 구조 및 단면은 전체 형태에서 읽혀진다. 기존의 단일 층 건물은 거리에서의 상업 공간과 그 위 4개 층은 노숙자들을 위해 제공되는 1층에는 102개의 아파트의 현관을 포함하도록 계획되었다. 각각의 주거유닛은 목재로 제작되어 계단식으로 적층된 콘크리트 플랫폼에 조성되었는데, 콘크리트 기둥으로 기존 건물 위로 세워졌다. 새로운 플랫폼과 기존 지붕 사이의 공간은 농구 코트, 정원, 운동, 산책로, 루프 등의 각종 야외 공동 프로그램이 위치한다. 비상계단을 포함한 3개의 경사 볼륨은 비스듬한 형태로 공중에서 아파트를 감

아 올리는 것처럼 외부로 보여진다. 모듈형 아파트는 외부 테라스 및 보도가 만들어질 수 있도록 적층되어 있다. 건물은 적층, 형상, 전단 및 관통 기법이 사용되어 저비용 도시 주택과 커뮤니티를 위한 건물에 외부와 내부 공간의 풍부한 조합을 생성한다.

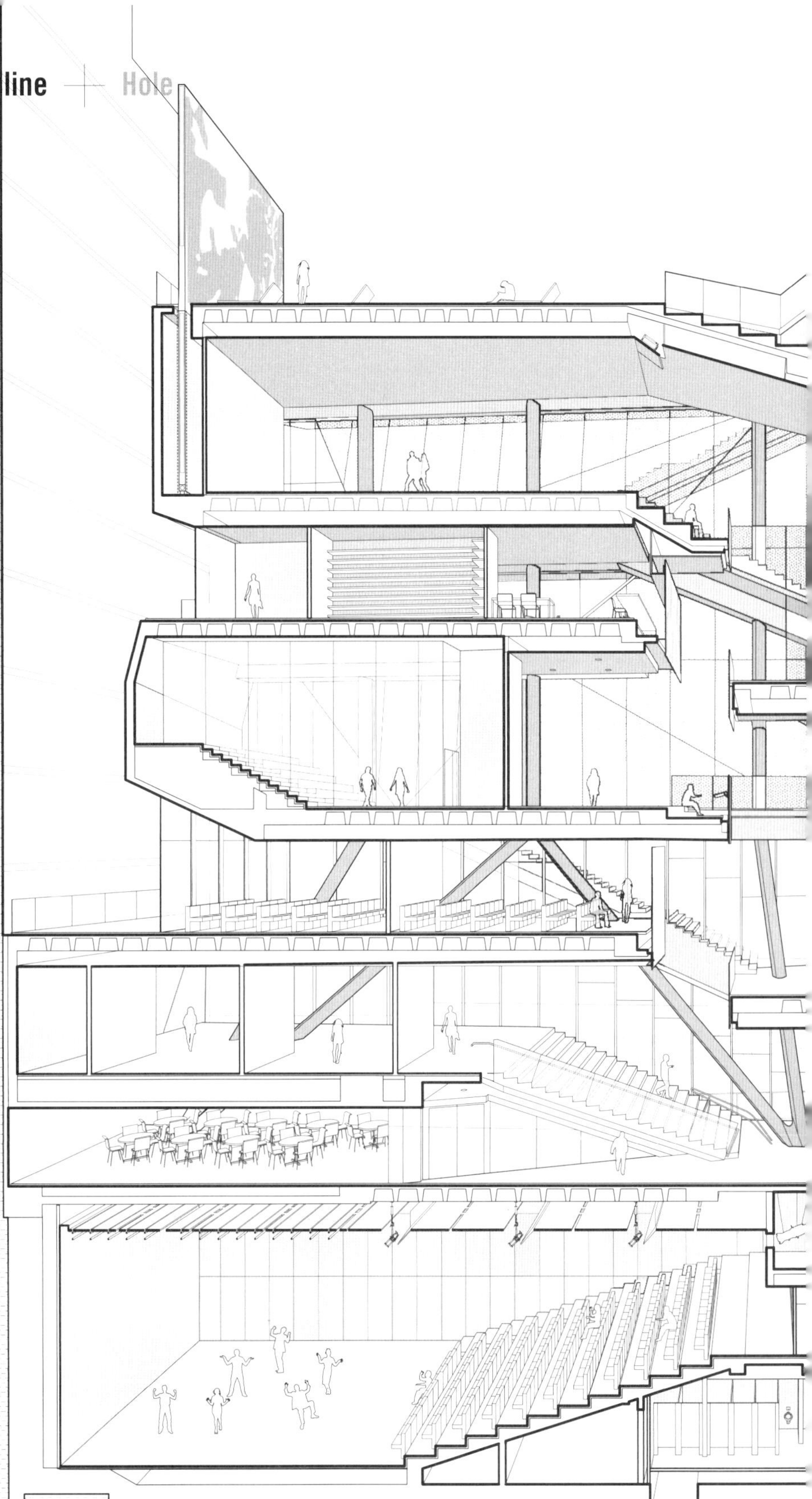

Museum of Image and Sound | Rio de Janeiro, Brazil

리우데 자네이루의 코파카바나 해변에 위치한 이 박물관은, 전시와 디스플레이를 위해 층들을 연결하며, 각 레벨들의 수직 전단으로 형성된 아트리움을 통해 상업 공간용for retail and restaurants 바닥에 연결된 구조이다. 직사각형의 평면에서 보자면, 사회적, 전시 프로그램은 내부와 외부에 각각 1개씩 위치한 2개의 선형 동선 축bar 사이에 위치하고 있다. 연주 홀은 지하에 자리잡고 있고, 노천 극장은 지붕에 위치한다. 정면에서 보이는 연속적인 외부 경로와 길쭉한 계단은, 건물의 측면에서 로버트 부르 마르쿠스가 설계한 산책로로 확장되는데, 지상 레벨에서부터

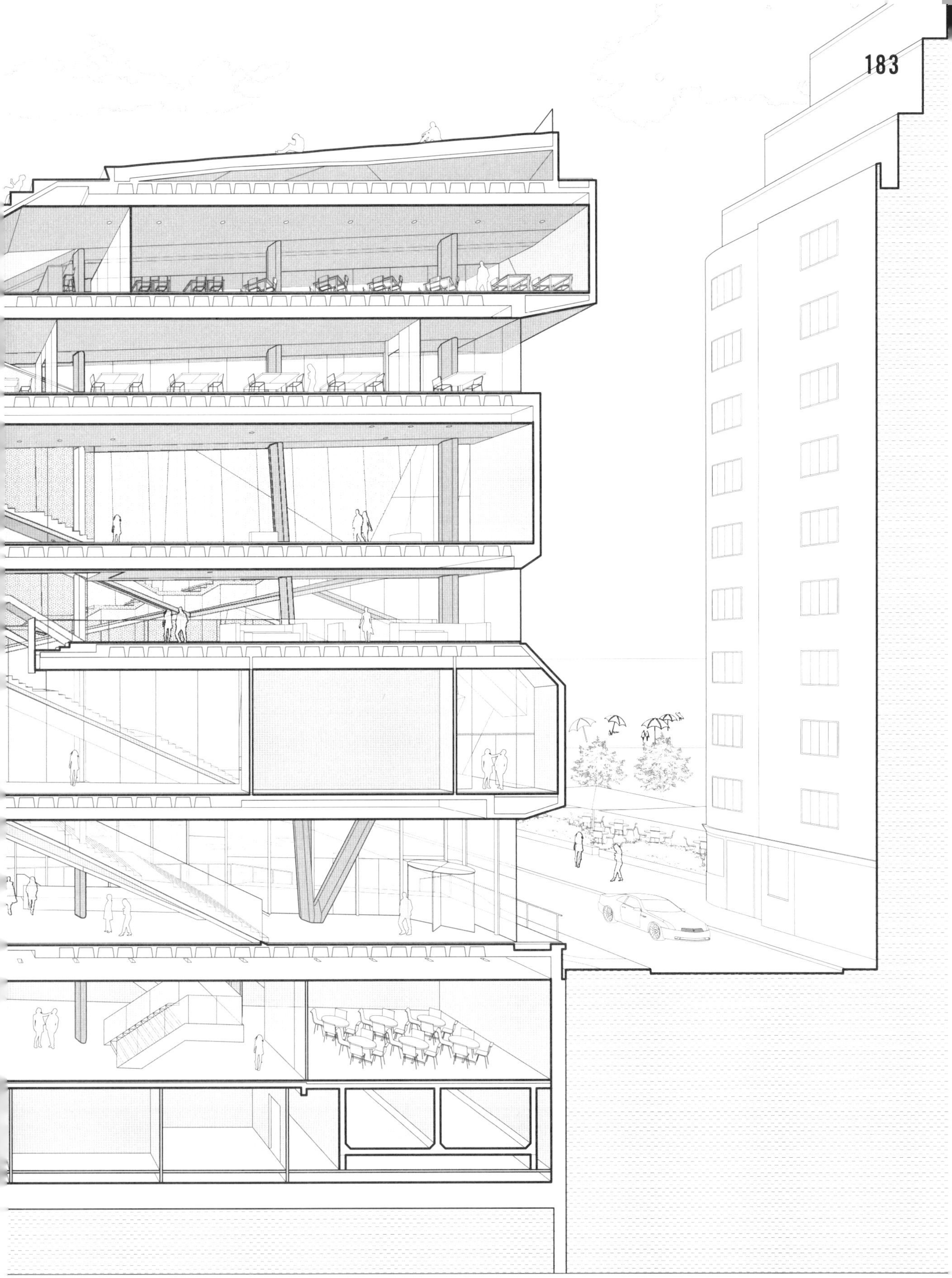

직접 액세스를 허용하는, 외부에 내부 사이의 경계를 넘어선 역사적인 산책로가 되도록 하였다. 이 수직 동선의 형태는 건물의 이미지를 결정한다. 이 수직 배열에 따라 외관의 표피는 오픈형 벽돌 블록으로 제작 구성되어, 박물관의 외부 풍경을 조절하고 박물관에 채광을 유입한다. 경사 스택 수직 전단 및 구멍의 복잡한 조합을 통해 구성된 이 단면은 리우데자네이루의 사회적, 문화적 활력을 증폭시킨다.

LTL아키텍쳐의 작품을 통해, 우리는 단면이 구조를 표현하는 수단, 내부 공간 및 양식의 구상적인 표현기법뿐만 아니라 디자인 발전 궤적의 중요한 열쇠로 작용함을 보여주려 한다. 평면이 기능, 조직 및 동선을 제어하기 위한 수단으로 많은 건축적 관심의 대상이라면, 단면은 사회적 결합방식, 환경 및 재료에 대한 질문을 던지는 중요한 수단이라고 생각한다. 단면을 통해

LTL IN SECTION

계획하고 사고하는 것은 건축적 형태architectural form, 내부 공간 및 대지 사이의 관계를 드러내는 것이며, 스케일이 실제적으로 느껴지는 수단이기도 하다. 단면은 건물에서 경험할 수 없는 시야를 드러내며, 그렇기 때문에 건축적인 실험과 탐험을 가장 잘 드러낸다.

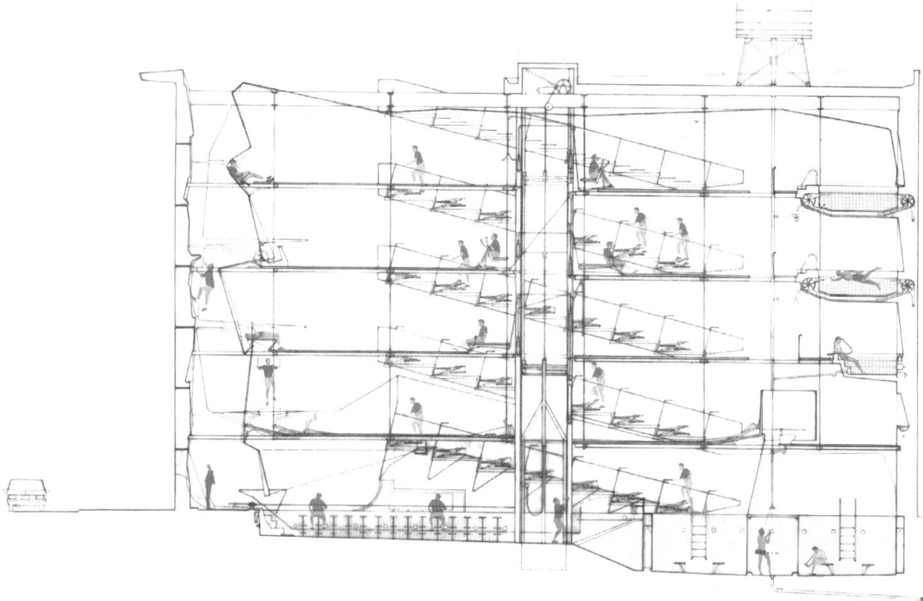

Sport Bars | New York, New York | 1997

이 프로젝트는, 단면의 개별 활동을 단면적으로 연결함으로써 헬스 클럽이나 스포츠 바를 구성하는 기계, 바디 및 건물 사이의 구별을 무너뜨리려 했다. 개별 운동 기계는 해당 건축 시스템에 결합되어 있다: 암벽 등반 벽은 입면이 된다: 건물의 외피막은 운동을 위한 저항 막을 겸하고 있다. 엘리베이터의 카운터 웨이트는 웨이트 머신에 같이 사용된다. 수영과 목욕의 배관은 설비배관으로도 쓰인다. 이러한 시스템을 하부 스포츠 바에서 연장된 3개의 수직 축과 구멍에 맞춰 구성함으로써, 후원자들은 텔레비전 스포츠 행사와 위의 체육관에서 이뤄지는 활동들을 편안히 앉아서 관람할 수 있게 되었다.

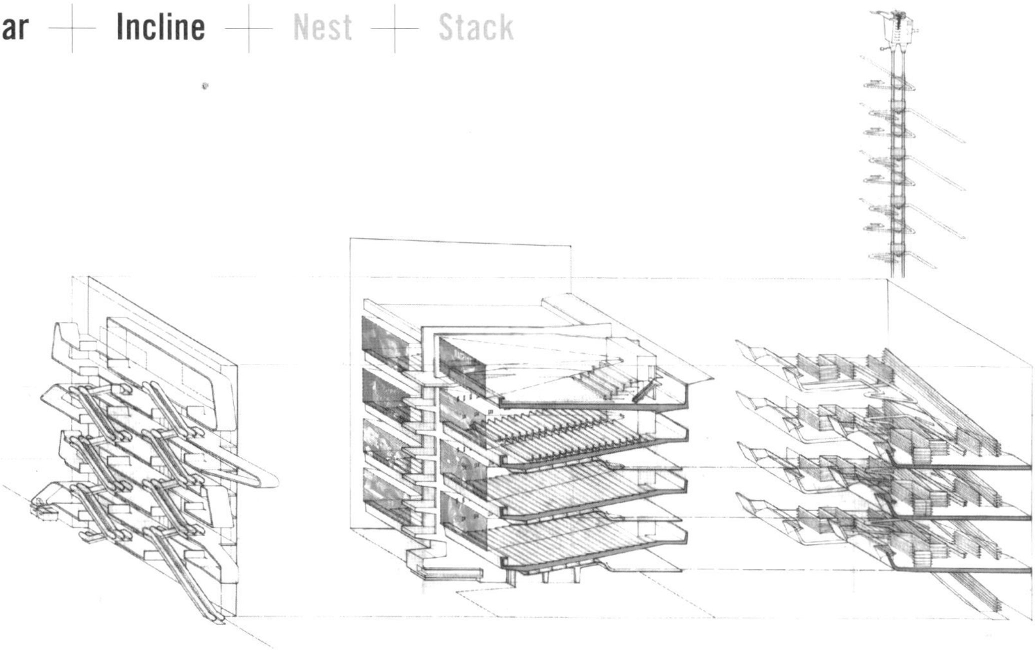

Video Filmplex | New York, New York | 1997

영화 관람의 문화를 탐구하는 이 실험적 프로젝트에서 우리는 다른 프로그램 사이의 흔치 않은 인접 관계를 가능하게 하기 위해 경사기법inclines 형상의 공간 시리즈를 중첩한 단면 작업을 시도하였다. 비디오 가게는 극장 바닥의 경사에 의해 형성된 틈새 공간에 위치하고 있다. 화장실은 2개의 극장 사이에 배치되어 있는데, 이는 화장실에서도 관람이 가능하도록 하기 위함이다. 적층stack의 두 매스는 수직 방향으로 전단sheared되어, 공유하는 공공 공간으로서의 외관을 설계할 수 있도록 하여, 양단의 비디오 필름플렉스를 하나로 사용 가능하도록 한다.

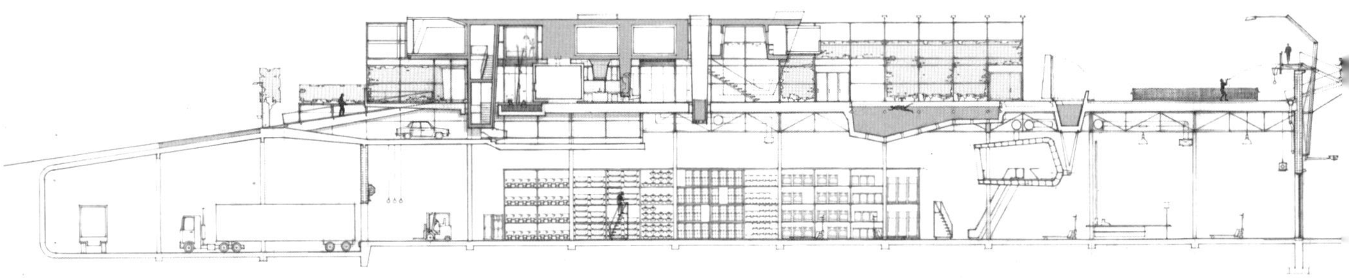

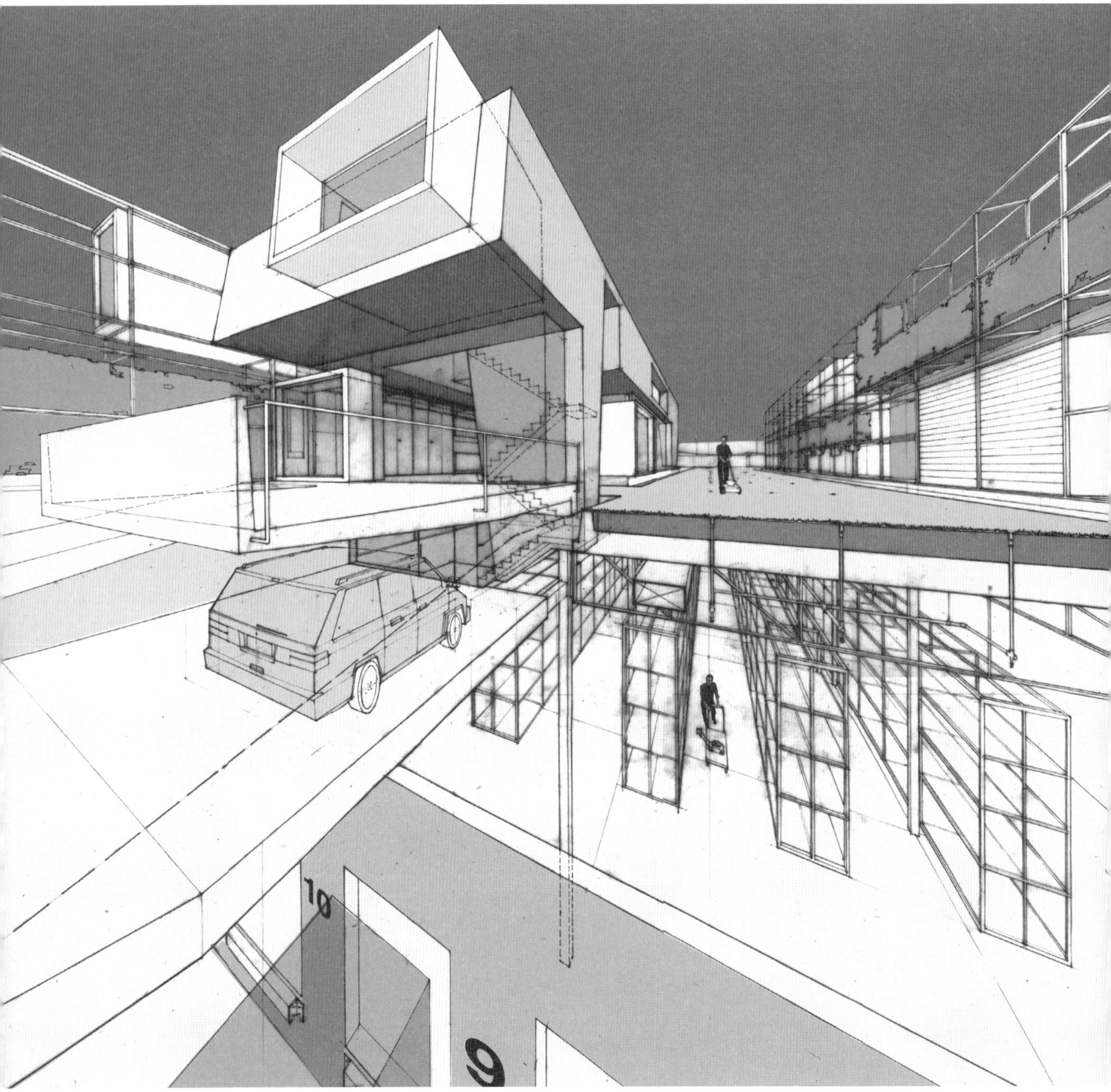

New Suburbanism | Prototypical American Suburb | 2000

이 제안은 소형 맨션과 거대박스형의 상업시설이라는 기존의 교외가 갖고 있던 기능을 받아들이면서 재구성 되었다. 수평적인 확장sprawl을 줄이면서 아메리칸 드림을 수용하는 새로운 단면 기법이 개발 되었는데, 집들은 거대박스형의 상업시설 지붕 위를 새로운 대지로 인지하여 적층되었다. 두 시스템 모두 새로운 단면 방식에서 비롯되는 효율성의 가능성을 사용, 구조 및 기계적 인프라를 공유하고 있다. 주택가는 근접되어 있음에도 불구하고, 상업 공간과 주차장 영역에서 그 자율성을 유지한다. 시각적으로도 물리적으로 주택들은 경사 도로 블록을 통해서만 통행이 가능하다.

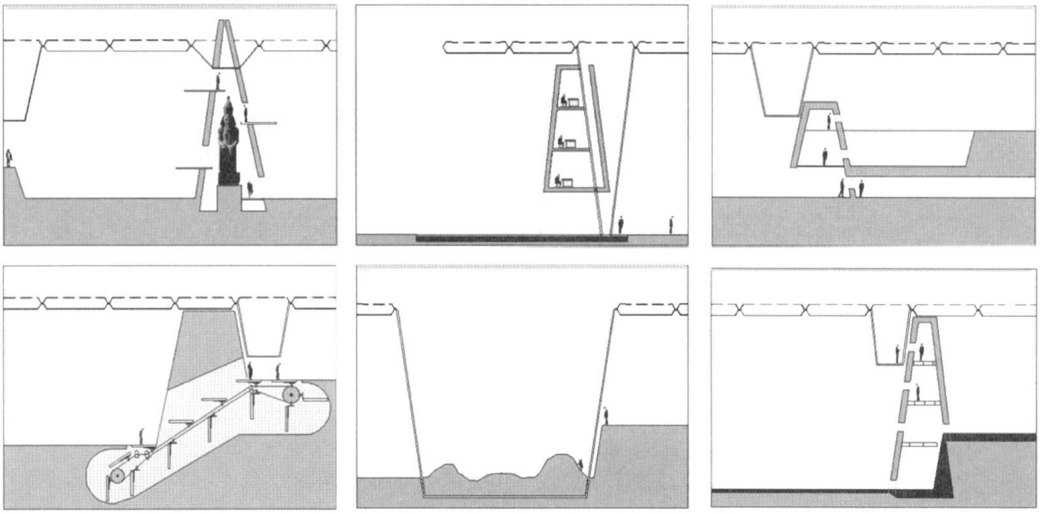

Great Egyptian Museum | Giza, Egypt | 2002

이집트의 예술과 문화의 웅장한 역사를 반증하기 위한 430만 평방 피트(40만 m²)의 이 거대한 박물관을 위해, 우리는 지상에서부터 공중(하늘)까지의 전 공간을 엮는 단면을 제안하였다. 태양 집열판의 캐노피와 유리는 사용 가능한 철탑의 풍경 위로 떠있다. 거꾸로 된 쐐기 모양의 유리Inverted glass-clad wedges는 하늘에서 떨어지는 듯 하고, 사막 평원으로부터 상승된 석재탑이 위로 상승한다. 이 두 요소의 다양한 단면의 변화exchange는, 전시 및 디스플레이의 폭넓은 가능성의 레퍼토리를 제공하며, 이는 건물, 개체 및 풍경을 통합한다.

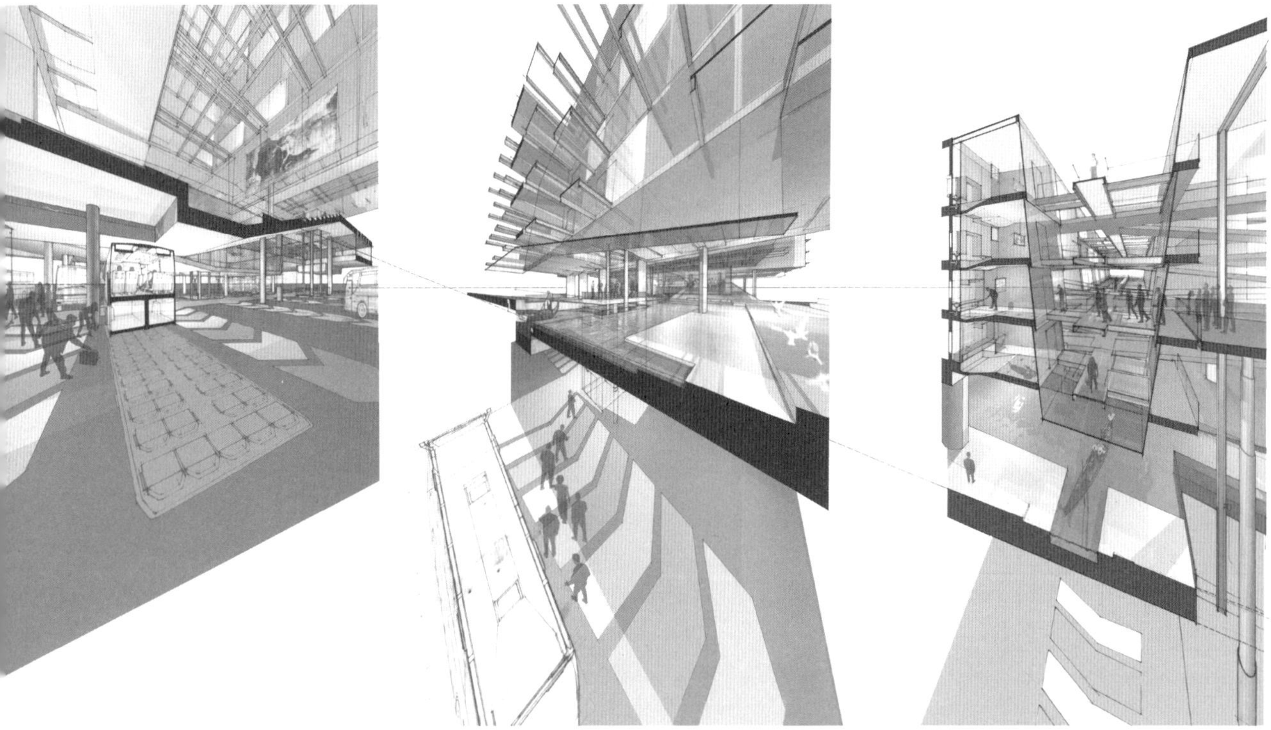

Tourbus Hotel | Between Munich and Venice | 2002

관광객을 위한 2개의 도시 사이 고속도로에 위치한 이 호텔은, 유럽 버스 투어의 특이한 조직과 사회적 관계를 강화하기 위하여, 하이브리드 단면 기법을 사용하였다. 시각적으로 활성화된 복도를 따라 햇빛을 유입하기 위해, 수평으로 전단된 방들의 5개의 중첩된 바stacked bars는, 일부는 레저의 풍경으로 일부는 유람선 갑판같이 열린 로비open lobby 위쪽에 배치되어 있다. 우리는 수직 전단 및 경사 단면을 통해 로비의 프로그램적 인접성을 조직했다. 대형 엘리베이터는 프로그램 매스the stack of programs에서 버스 주차장을 연결하는 반면, 램프는 로비를 위쪽 방까지 확장시킨다.

Bornhuetter Hall | Wooster, Ohio | 2004

효율성, 보안, 음향 제어 및 조직 위계를 위해, 기숙사는 일반적으로 하나하나의 층이 분리된 적층 단면으로 계획되고 있다. 이러한 제약 속에서도, 사회적 시각적인 교류를 강화하기 위해, 우리는 프로젝트의 가장 중요한 요소로 건물 표피의 일부로 외부중정exterior entry courtyard을 설계했다. 캔틸레버된 공부방study room들은 공동의 공유공간 속 개인적인 연구공간이 되도록 이 중정 공간 안에 중첩nest되어 있다. 기숙사에서 오고 가는 일상의 활동은 드라마틱한 공공의 이벤트가 되었다.

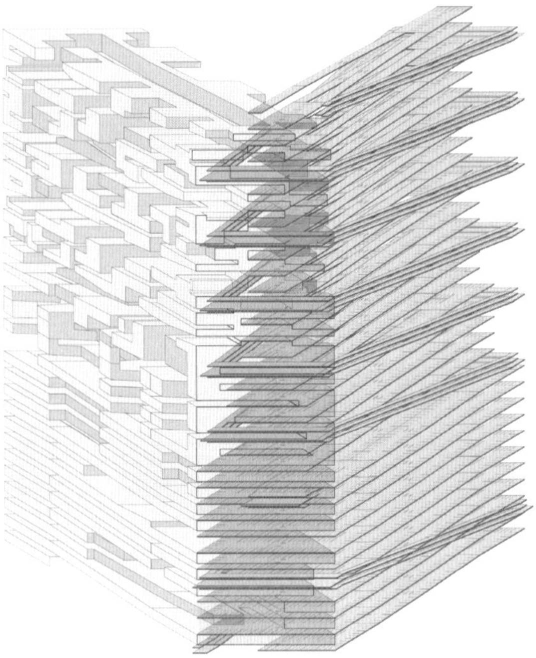

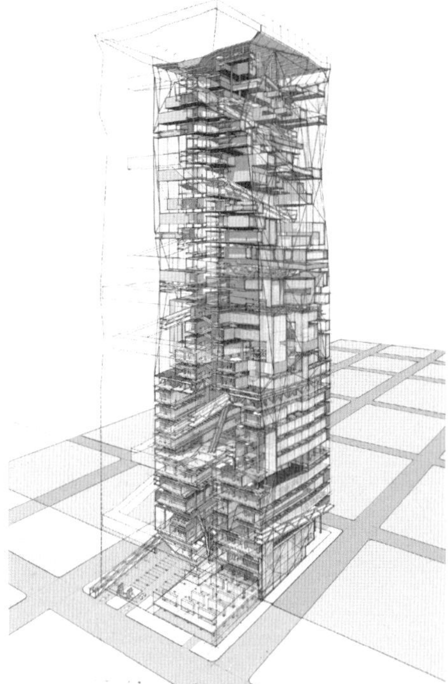

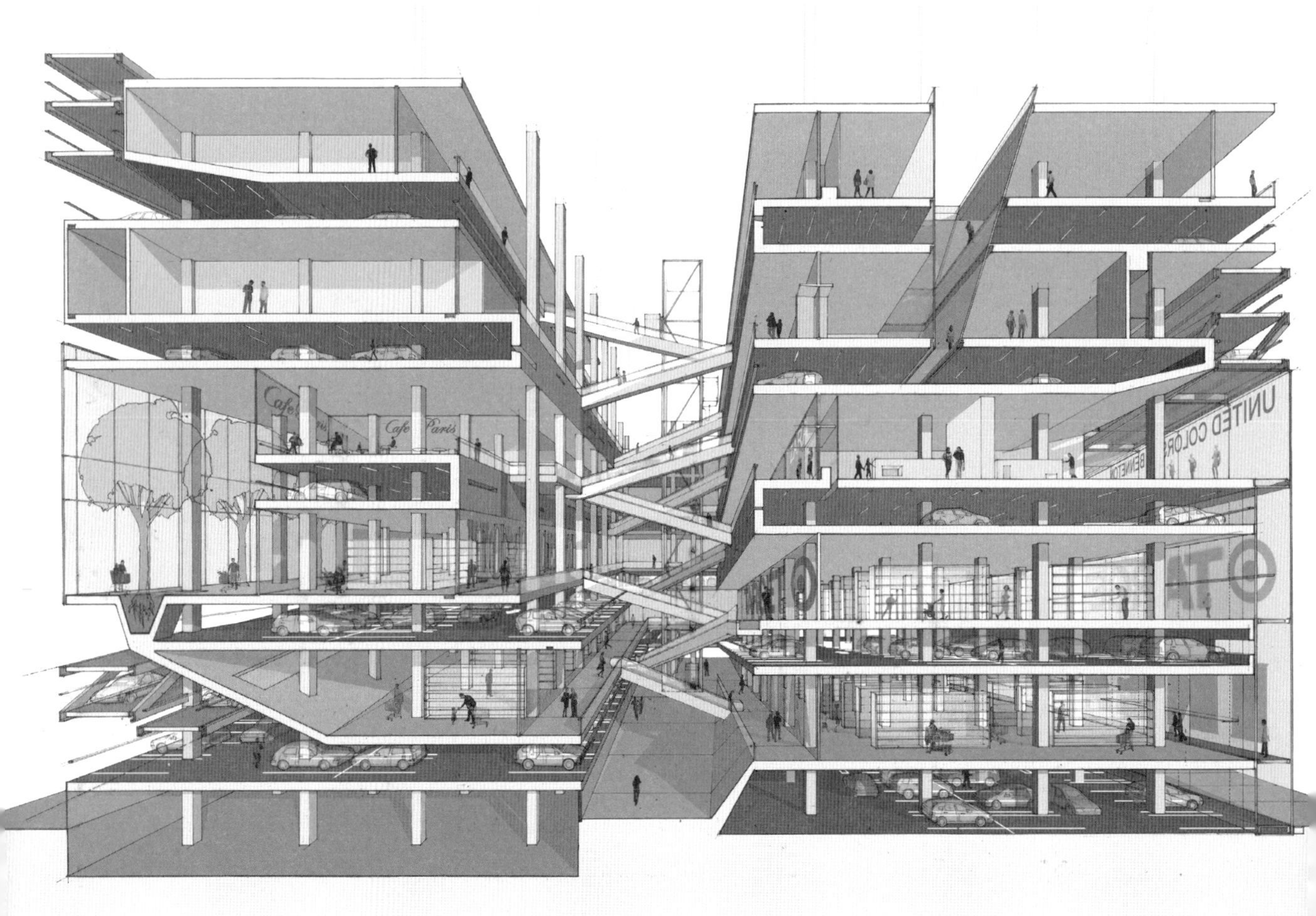

Park Tower | New York, New York | 2004

이 실험적speculative 타워를 위해, 우리는 지속적인 전형적인 고층의 적층 마루를 나선형태로 연결하고, 친환경 차량(제로 배출 차량)을 위한 드라이브업 초고층(마천루) 빌딩을 계획하기 위해 경사 단면을 이용했다. 이는 스위치백 주차 램프를 도입하자는 의견에서 시작되었는데, 다층의 차고와 주거 지역을 샌드위치sandwich of inhabitable space식으로 배치를 하여 고층 도시 생활high-rise urban living의 즐거움과 차량 접근의 보편성을 결합하였다. 타워가 올라갈수록, 이 이중 나선 구조는 채광과 경치를 제공하는 보이드와 복합층 아트리움을 포함하기 위해 변형된다.

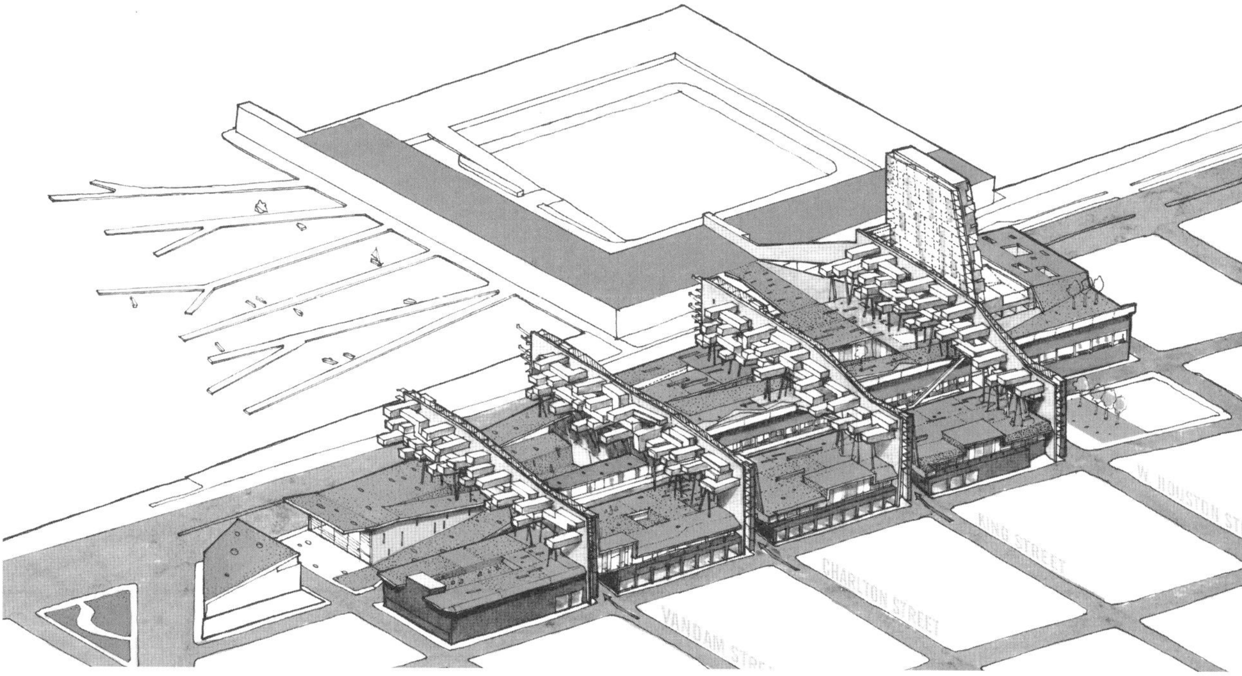

The Grid and the Superblock | New York, New York | 2007

뉴욕 시내 20세기 초에 만들어진 두 개의 슈퍼블록은 맨해튼 그리드 패턴을 무시하고 지어졌는데, 우리는 이러한 비정상적인 구조의 특이성이 어떻게 활성화된 단면을 통해 새로운 도시계획을 가능하게 할 수 있는지 고민하였다. 이러한 모노리스Monoliths 위로 동서 거리 그리드를 확장한 일련의 고가 주택 교량을 통해, 우리는 기존의 거대한 옥상을 천창으로 뚫고 경사면을 적용해 연결을 활성화하여 공중위raised 도시의 대지로 활성화 시키려고 하였다. 뉴욕시의 대부분이 뚜렷하게 구분된 그리드인 반면, 이 계획안은 완연한 다층 레벨의 도시 계획을 제안하고자 하였다.

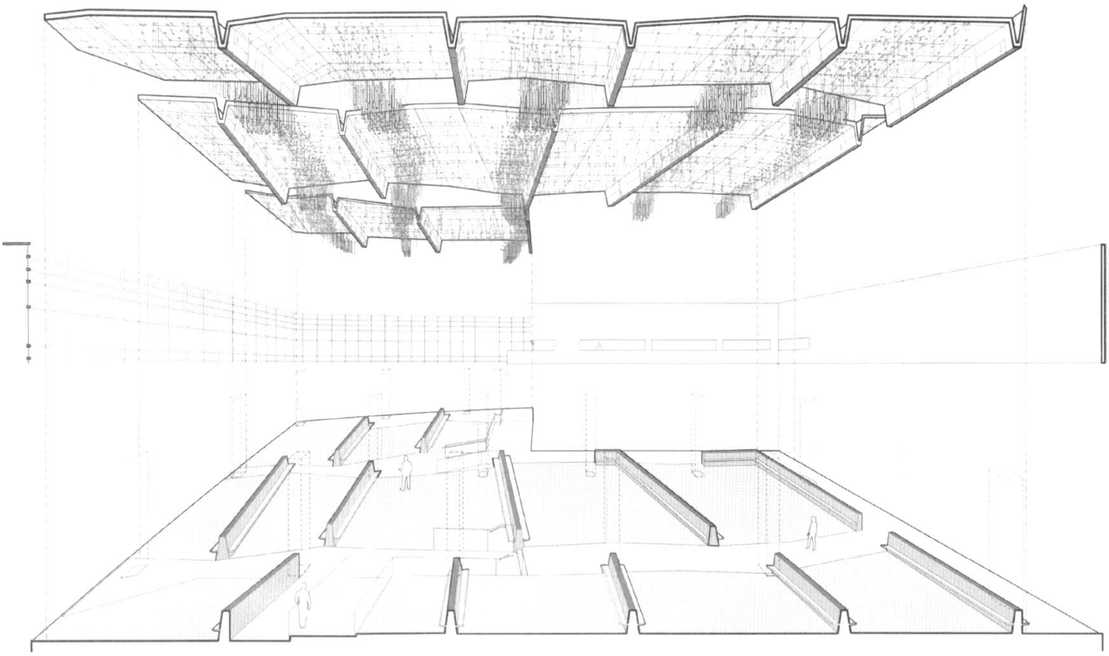

The Buffet at the MGM Grand | Las Vegas, Nevada | 2009

600석의 좌석과 뷔페 식당 시설을 위한 설계에서 우리는, 카지노의 일반적인 평평한 층에서부터 활성화된 식사 공간을 만들기 위한 단면 디자인에 착수 하였다. 전체 공간 안의 작은 공간을 구획하기 위해서 바닥과 천장의 형태를 조정하였다. 긴 의자 좌석의 높은 등받이는 대규모의 평평한 수평 평면을 나누고 있으며, 천장에 이와 일치하는 주름 형태는 공간 구획을 더 강화시키고 있다. 이 두 접힌 표면 사이의 시각적 수직적 간격은 식사 공간을 가로지르는 균일한 수평 보이드를 만들어 모든 곳에서 서빙 스테이션과 외부 수영장의 전망이 보이도록 한다.

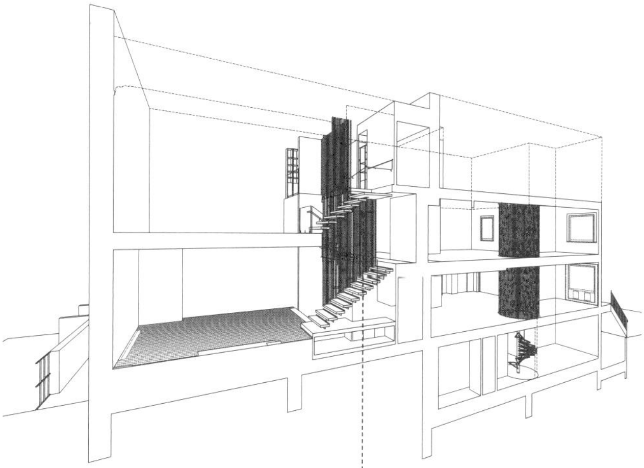

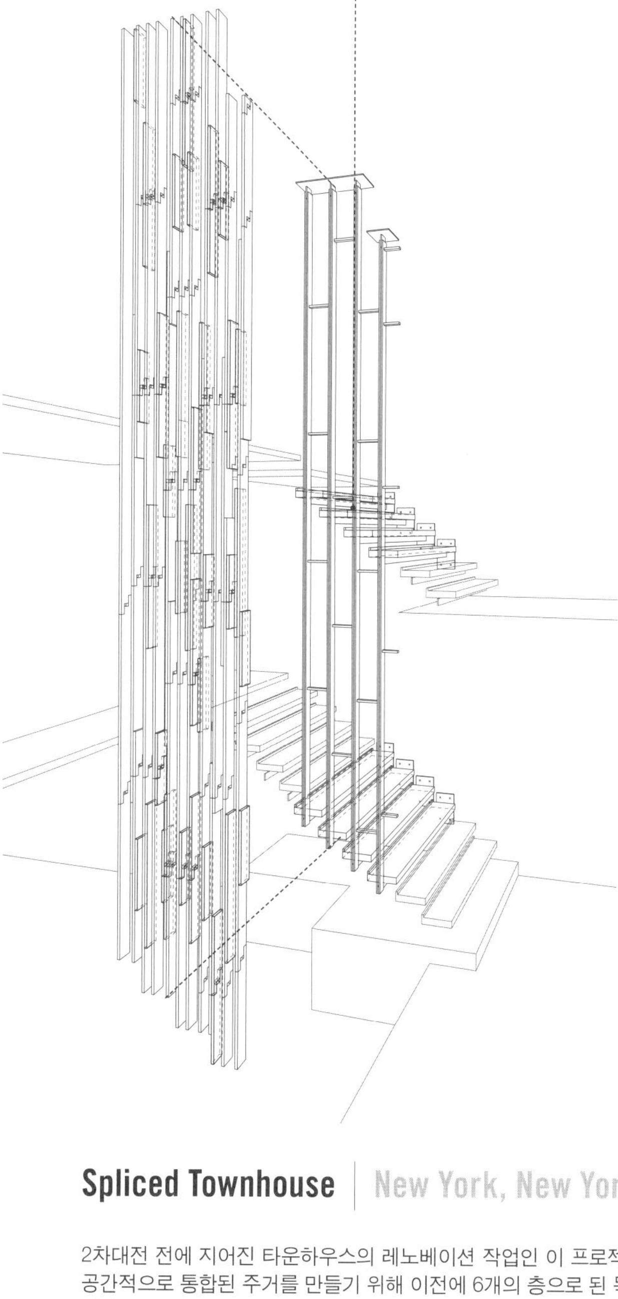

Spliced Townhouse | New York, New York | 2010

2차대전 전에 지어진 타운하우스의 레노베이션 작업인 이 프로젝트는, 공간적으로 통합된 주거를 만들기 위해 이전에 6개의 층으로 된 독립적 아파트의 레벨을 통합했다. 우리는 이러한 어긋난 부분을 지우지 않고, 스틸과 오크(나무)로 만든 새로운 계단을 통해 지속적인 연결을 만들며 수직 전단의 효과를 노출하고 강화했다. 부분적으로는 캔틸레버되고 cantilevered, 부분적으로는 매달린 마루 사이의 접합부를 연결하는 계단들은 단면의 제거된 부분 사이의 시각적 상호 작용을 보여주면서, 더불어 건물의 다양한 레벨을 연결stitching하였다.

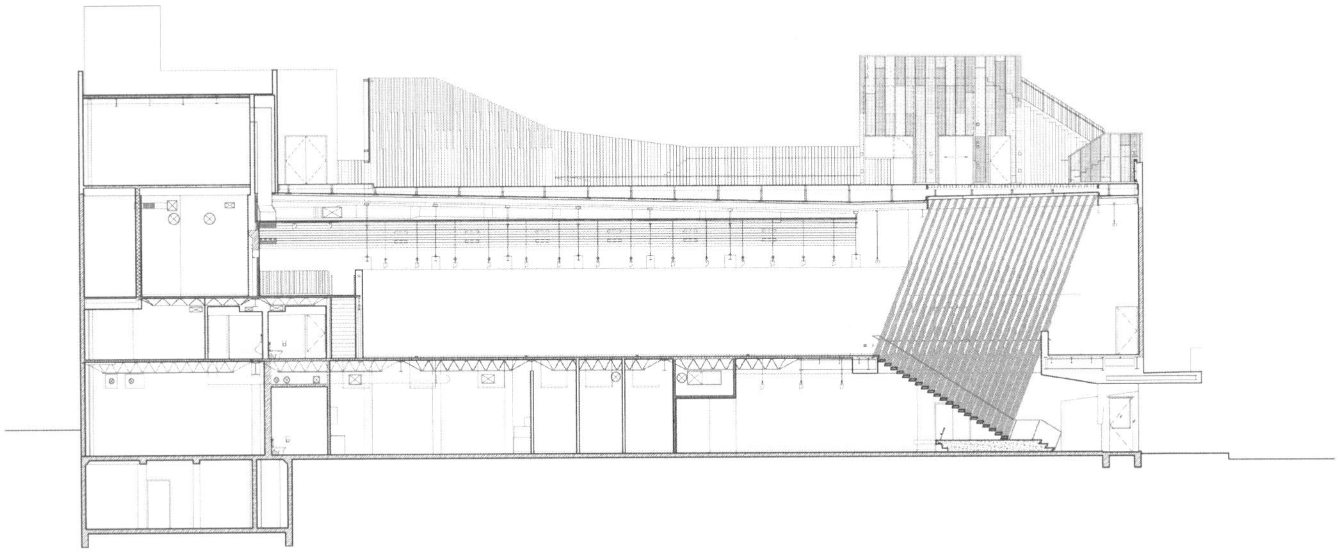

Arthouse | Austin, Texas | 2010

기존 건물의 쌓여있는 층stacked section을 활성화하고 방문자를 현대 미술 센터의 로비에서 2층 갤러리로 이동하도록 유도하기 위해, 계단을 지붕에서부터 매달고 슬라브에 구멍을 뚫어 건물의 전체 높이를 거쳐 매달리도록 계획하였다. 스물 한 개의 계단 발판tread의 수직연장은 2개의 축으로 기울어져 있으며 계단에서 파생된 기울기에 의해 정해져 있다. 미세한 세부 사항의 논리는 단면의 전체 모양을 따른다. 이러한 경사면으로 인해, 계단의 폭은 거리 레벨에서 2층의 커다란 갤러리로 오를수록 넓어지게 된다.

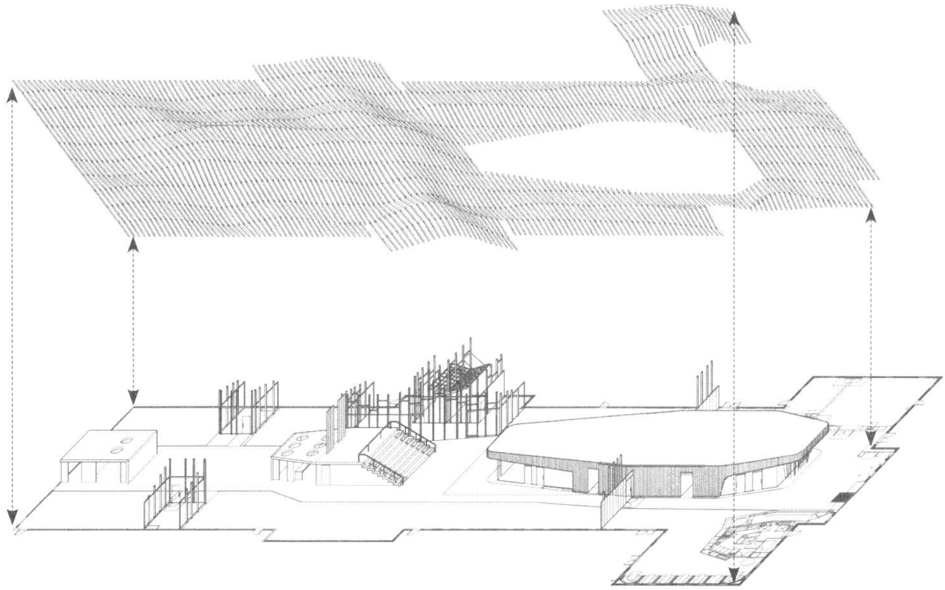

CUC Administrative Campus Center | Claremont, California | 2011

기존의 유지 보수 건물을 열린 사무실open office로 바꾸는 레노베이션은 단층의 단순한 단면에 의해 제한되어 있었다. 그럼에도 불구하고 우리는 상대적으로 높은 천장과 광대한 기둥 없는 공간을 활용하여 일련의 개별 회의 공간과 집단 관람석 좌석을 중첩nest시켰다. 우리는 공간 전체를 통일하기 위해 건물 전체에 맞춤형 선형 배플custom linear baffles모양 천장을 삽입하였다. 배플의 구름 모양의 지형은 여전히 자연광의 유입을 통한 채광을 가능하게 하면서, 사회적인 공간을 정의하고 기계 시스템을 보이지 않도록 조정한다.

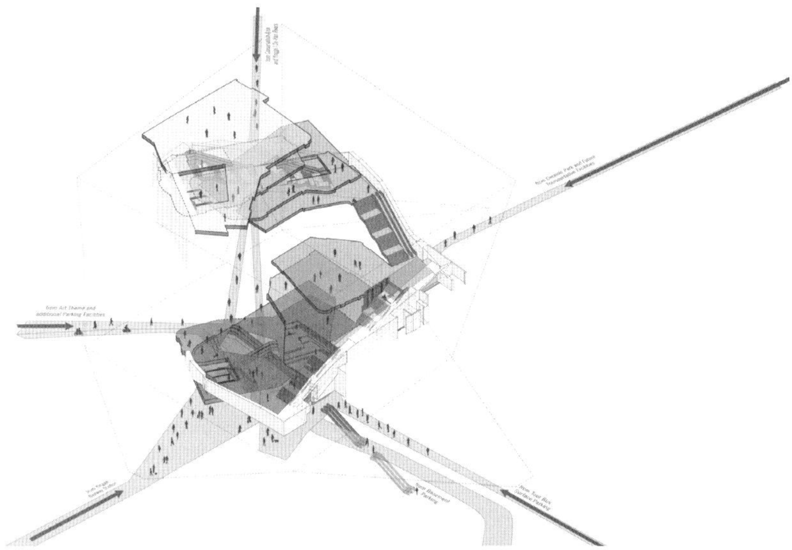

New Taipei City Museum of Art | New Taipei City, Taiwan | 2011

2011 대만 신 타이페이 미술관을 위한 공모전 계획안으로, 우리는 로비를 통해 아래에서 유입되는 단일 기둥 볼륨으로 프로그램을 구성했다. 아트리움과 대형계단을 결합한 로비는 전망과 빛의 고려 및 내부 프로그램상의 요구사항에 따라 이동하고 건물의 8개의 층을 나선으로 통과한다. 로비는 각 층level에서 계획하고 읽기 쉬운 형태를 형성하지만, 이는 끊임없이 형태가 변화되고shaped, 경사지고inclined, 그리고 hole기법의 통해 공공 산책로를 만들면서 복합적인 단면이 된다.

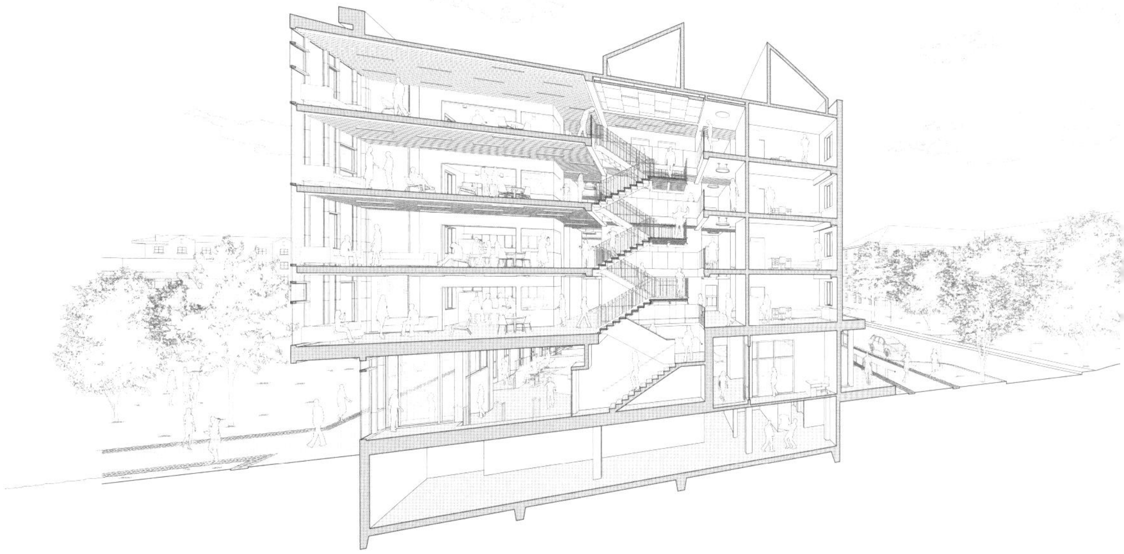

Living and Learning Residence Hall 6 | Washington DC | 2012

우리는 갈로우데트 대학의 청각장애기준(청각장애인을 위해서 시야를 확보하고, 채광을 다르게 하는 기준)을 충족하기 위해, 기존 기숙사 타입의 균일성을 파괴하는 새로운 타입에 도전하였고 구멍 기법을 사용한 단면에서 그 가능성을 찾고자 하였다. 청각장애 학생을 위한 이 기숙사는 반복적으로 쌓인 슬래브의 설계에 공극을 삽입함으로써, 네 개의 층을 연결하는 4층 아트리움을 만들었다. 주순환 계단은 물리적 연속성을 제공한다. 아트리움의 공극과 삽입 계단 사이의 큰 보이드는, 청각 장애인 주민의 의사 소통 및 삶의 질 향상을 핵심으로 하는 시각의 변화를 제한했다.

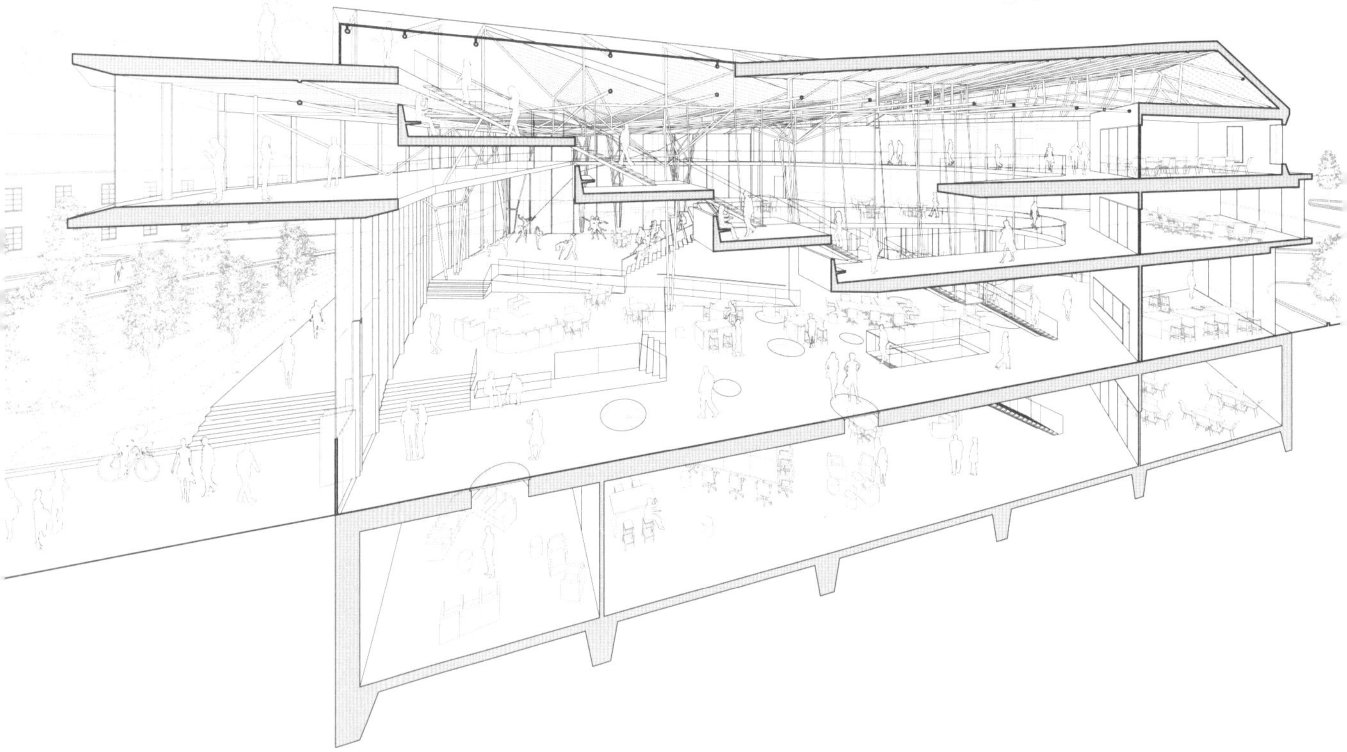

Liberal Arts College Campus Center | Northeastern United States | 2014

캠퍼스 센터의 프로토타입을 위해, 우리는 경사와 통일된 관통 단면 유형을 사용하였는데, 이는 집단적 공간과 전통적인 학술공간 간의 관계를 강화하기 위함이었다. 중앙 아트리움은 그 주위에 필요한 관련사무실이나 교실로 조직되었다. 아트리움의 바닥은 경사 및 상형 개념으로 디자인 되어, 마치 여행의 경로를 따라 사회적 교류를 유도하고, 프로그램의 특이성, 다양성 및 유연성이 가능하도록 하였다. 우리는 내부에 온도존의 경사를 만들고, 열효과를 극대화하기 위해 모양의 천정과 중첩된 내부 공간을 설계했다. 아트리움은 건물을 관통하여 캠퍼스의 장을 확장시킨다.

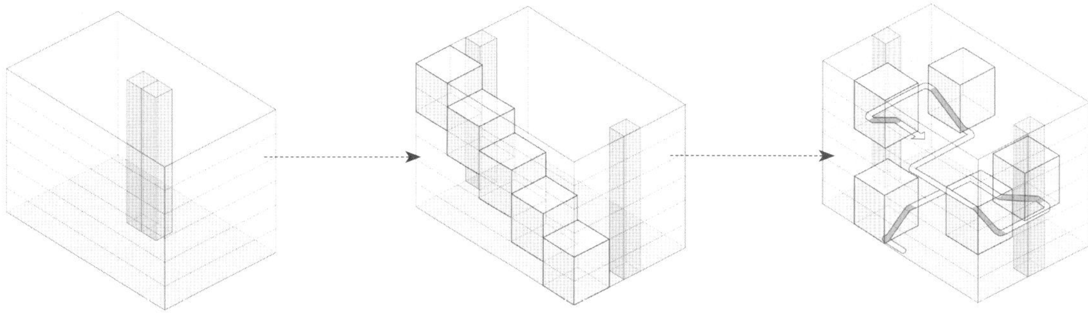

Office Building | New York, New York | 2015

뉴욕 자선 단체의 새로운 사무실을 위한 공모전 계획안은, 효율적인 사무실을 위해 단면 호일sectional foils과 같은 이층 높이 볼륨double-height volumes의 시퀀스를 사용했다. 이러한 다섯 개의 높은 공간이 적층된 평면바닥stacked floor plates의 통로 역할을 하여, 층levels 사이에서 공용공간common spaces, 도서관과 회의실들을 제공한다. 이 공간에 계단을 통합함으로써 우리는 대화를 촉진하고, 부서간의 예기치 못한 만남과 교류를 가능하게 하는 지속적인 공공 산책로의 가능성을 탐구하였다.

높이에 의한 단면 구분

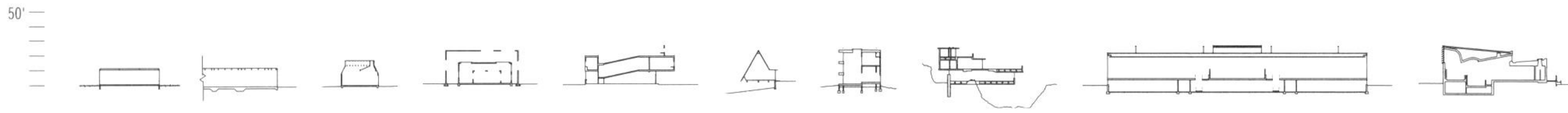

p. 44 48 134 140 118 66 148 88 54 74

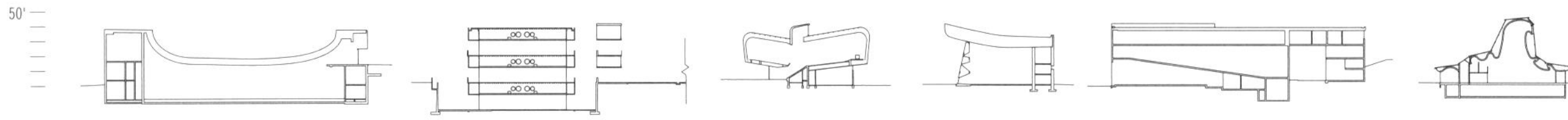

80 56 76 68 124 78

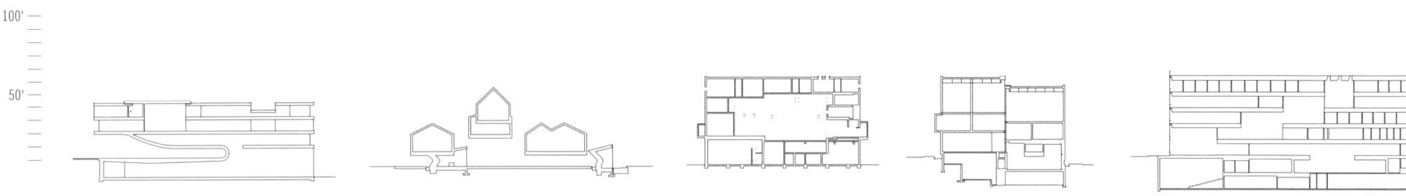

160 172 146 98 94

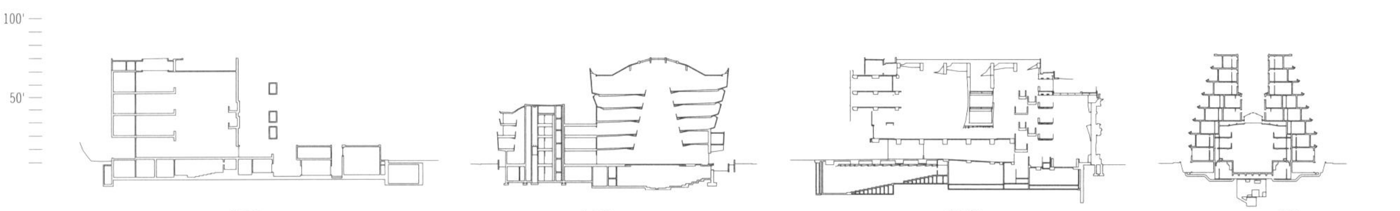

168 122 178 86

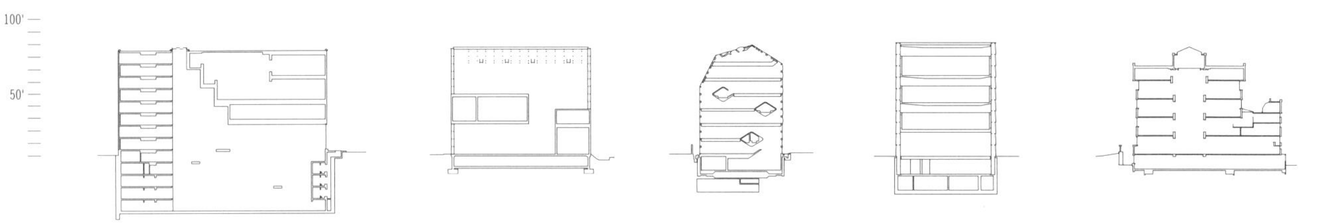

90 152 144 60 102

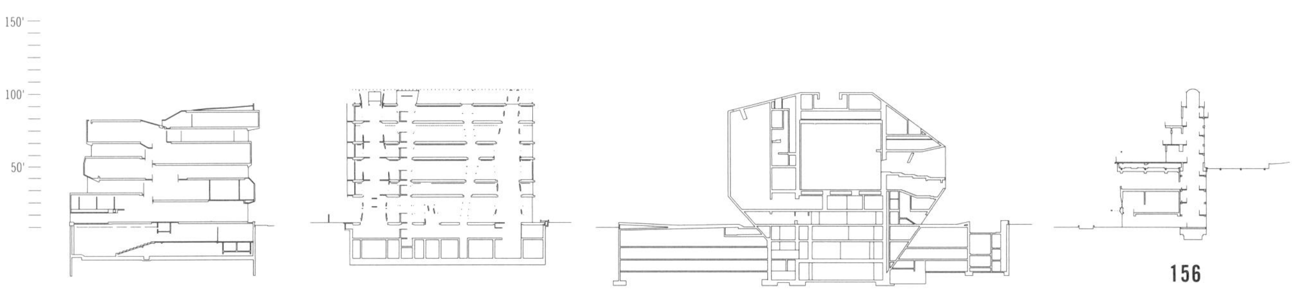

182 112 166 156

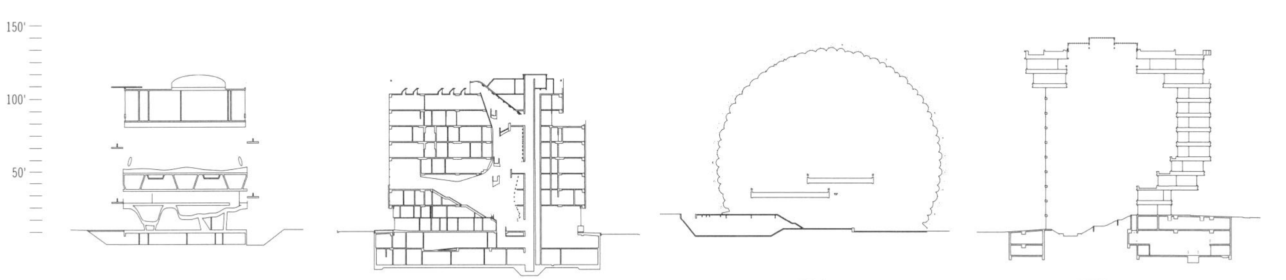

62 114 138 106

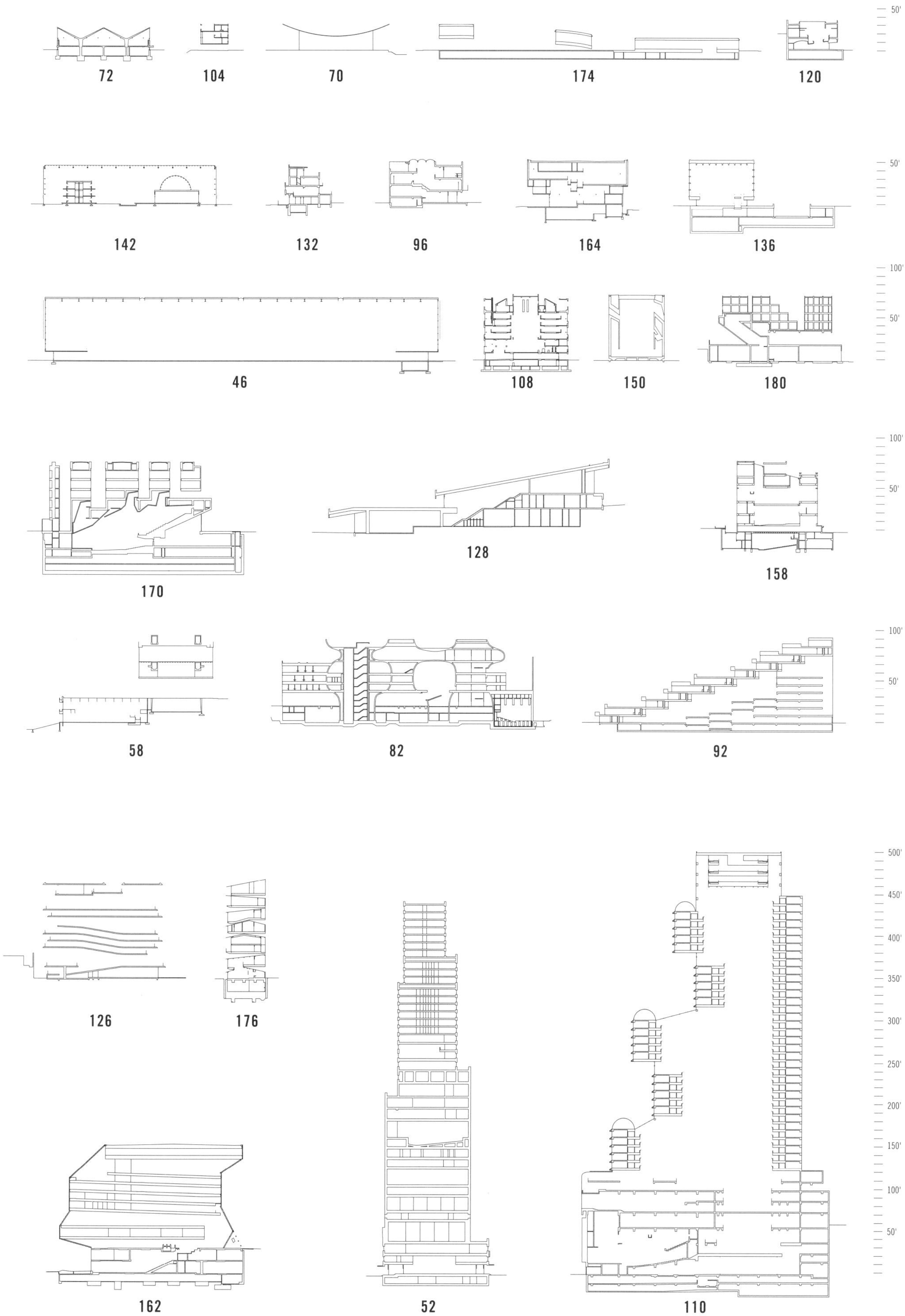
72
104
70
174
120
50'
142
132
96
164
136
50'
100'
50'
46
108
150
180
100'
50'
170
128
158
100'
50'
58
82
92
500'
450'
400'
350'
300'
250'
200'
150'
100'
50'
126
176
162
52
110

건축가 찾아보기

도면 크레디트

이 책을 통해 소개되는 예순 세 개의 도면은 연구, 사진, 도면 조사, 건물의 디지털 모델링 및 그 모델의 해석을 포함한 다중의 공정을 거쳐 선으로만 그려진 단면투시도이다. LTL 아키텍처는 이 책을 위해 공헌해 주신 다음 분들께 감사를 표한다: 사이러스 펜냐로요 Peñarroyo와 알렉 헨리는 전체적인 책의 설계 및 개발에 중요한 관리 책임을 담당하였다. 특히 알렉 헨리는 에리카 아론죠, 케네쓰 가네트, 제니 홍, 크리스틴 나시르 그리고 코리스 응과 같이 모든 도면의 미세한 조정에 도움을 주었다. 이 책은 많은 우수한 인재들의 헌신적이고 정확한 노력 없이는 실현되지 않았을 것이다. 다음의 (아래)페이지에서 도면을 작업한 사람들을 밝혀 놓았다. 작업 과정에서 각 도면에 관여하는 사람들의 수가 많은 경우도 있었지만, 별표는 도면의 발전에 가장 중요한 작업을 한 이를 나타낸다.

Erica Alonzo
46*

Laura Britton
44 80* 82* 150*

Nerea Castell Sagües
54 76* 80 94* 106* 120* 122* 148 168

Debbie Chen
62* 70 78* 86 96* 110* 134 166* 168*

Erica Cho
104* 124* 180*

Kenneth Garnett
60 78 88 94 102 136 182

Kevin Hayes
76* 126* 136* 140*

Alec Henry
56 134* 162

Krithika Penedo
72* 74 78* 86 96* 126* 142*

Rennie Jones
56* 74 86 102 110* 140

Van Kluytenaar
94* 108* 128* 158* 178*

Anna Knoell
86 102 108 124 134 146 150

Zhongtian Lin
44 48 62* 66 70* 74 82* 92* 108* 110* 112* 128 136* 140 144 156* 160* 162 164 172* 180*

Lindsey May
54* 62 74 90 92 96 102 110 112 120 152* 160*

Asher McGlothlin
136

Cyrus Peñarroyo
52* 60* 68* 72 74 90* 98 114 132* 138* 150 152* 170* 174* 176*

Anika Schwarzwald
56 68 72 88 118 120 126 132 140

Hannah Sellers
86 94

Abby Stone
66* 118* 146* 148* 152* 164*

Yen-Ju Tai
138

Regina Teng
48* 58* 60* 74* 104* 144* 172

Antonia Wai
98* 102* 114* 158* 162* 164 166* 176 178* 182*

Chao Lun Wang
88* 102*

Tamara Yurovsky
54* 56 162*

Weijia Zhang
128 146

이 예순 세 개의 도면은 LTL 건축사무소의 작업이며 해석이며 사무실 안에서 실행되었다. 이 출판을 위한 작업의 일부는 프린스턴 건축대학과 파슨스 디자인 대학에서 지원을 받았다. 무급인턴은 전혀 쓰지 않았다.

감사의 글

이 책은 많은 기관과, 기업, 동료와 친구, 가족들의 다년 간의 관대한 지원의 결과물이다. 특히 책을 만들기 앞서 진행된 초기의 논의와 최종적인 크리틱을 통해 필수 불가결한 도움을 준 LTL 건축가 직원의 재능과 노고에 감사를 전한다. 또한 책을 집필하기 시작하면서, 우리는 단면의 담론에 대해 시간과 통찰력을 아끼지 않고 제공해 준 동료들의 관대함과 지원에 많은 용기를 얻을 수 있었다. 특히, 스탠 앨런, 스텔라 베스, 다나 커프, 데이비드 레벤, 아놀드 루이스, 베스 어윈 루이스, 가이 노덴손Guy Nordenson, 너트 오펜하이머, 피터 페린스키Pelsinski, 존사라 루스Jonsara Ruth, 카렌 스톤리Karen Stonely, 엔리케 워커, 사운드라 웨들Saundra Weddle, 로버트 웨들Robert Weddle, 사라 화이팅Sarah Whiting, 그리고 론 위테Ron Witte에게 감사한다. 프로젝트 발달 단계에서 이들의 예리한 관찰력은, 이 책을 풍부하게 하고 논지를 강화시켰고, 제라드 카티Gerard Carty, 엘리자베스 딜러Elizabeth Diller, 마이클 말찬Michael Maltzan, 마이클 만프레디Michael Manfredi, 크리스 멕보이Chris McVoy, 찰스 렌프로Charles Renfro, 쇼지 사다오Shoji Sadao, 리카르도 스코피디오Ricardo Scofidio, 네이더 테라니Nader Tehrani, 마리온 바이스Marion Weiss, 그리고 로버트 베네트Robert Wennett를 포함하여 작품 도면의 정확성과 명료함을 위해 자신의 시간과 자원을 제공해준 동료들에게 감사의 뜻을 전한다. 그리고 작품들을 제공해 주신 모든 건축가와 엔지니어에게 감사의 말씀을 전한다. 이들의 작업이 없이는 단면에 대한 이 책의 논의와 논거가 만들어 질 수 없었을 것이다.

이 출판물의 주요 부분을 구성하는 예순 세 개의 프로젝트에 대한 도면 드로잉이 있기까지 도움을 주신 다음의 개인 및 단체의 지원과 관대함에 감사드린다: 알바 알토 박물관, 아체보잘론소aceboX-alonso 스튜디오, 컬럼비아 대학의 에이버리 건축 및 미술 도서관 연구소, 리노 보Lino Bo연구소와 P. M. Bardi, 버크 잉겔스Bjarke Ingels 그룹, 마르셀 브로이어 디지털 아카이브, 시라큐스 대학 도서관, 스탠포드 대학 도서관의 R. 버크 민스터 풀러 컬렉션, 파리 건축 문화재 단지Cité de L'architecture et du Patrimoine, 딜러 스코피디오 + 렌프로, 스튜디오 푸크사스Fuksas, 그래프턴Grafton 아키텍쳐, 헤닝 라르센 건축 스튜디오Architectuurstudio HH, 스티븐홀 아키텍쳐, 이토 도요와 어소시어츠 사무실, 조르다 건축사무소Jourda Architectes 파리, 펜실베니아 대학 건축 아카이브의 루이스 칸 컬렉션, 쿠마 켄고와 어소시어츠, 르 꼬르뷔제 재단, 마이클 마르탄 아키텍처, 모포시스, 찰스 무어 재단, MVRDV, NADAA, MOMA의 구드비히 미스 반 데로 아카이브, 뉴틀링 시리데크Neutelings Riedijk 아키텍쳐, OMA, Pezo Von Ellrichshausen, 존 포트만과 어소시어츠, 예일 대학 도서관 아카이브에서 제공받은 케빈 로쉬 존 딩켈루 어소시어츠 아카이브Kevin Roche John Dinkeloo and Associates Records, 로버트 스턴, 미국 의회 도서관의 폴 마빈 루돌프 아카이브, 캘리포니아 대학 산타 바바라 대학 미술관의 건축 및 디자인 컬렉션의 루돌프 M 쉰들러 아카이브, 맥 소코긴 메릴 일람 건축사무소Mack Scogin Merrill Elam Architects, 와이즈/맨 프레디Weiss/Manfredi, 컬럼비아 대학 에이버리 건축 및 미술 도서관의 로이드 라이트 재단 아카이브에 감사를 전한다.

이 책의 완성을 위해 다년간의 지원과 격려를 아끼지 않은 프린스턴 건축에도 감사한다. 프로젝트 초기 단계에서 귀중한 통찰력과 방향을 제공해준 에디터 '메간 캐리' 와 정확한 피드백과 결과물이 나오기까지 인내를 가지고 지켜봐 준 '사라 스태멘Sara Stemen' 에게 특별한 감사의 말을 전한다. 나아가, 책 안에서 건축의 담론을 도움이 되는 지속적인 코멘트를 아끼지 않은 케빈 리퍼트Kevin Lippert와 마지막으로 작업을 완성할 수 있도록 용기와 격려를 준 나의 가족-다이나츠루마키 , 토시 츠루마키, 크리스 츠루마키, 베스 어윈, 루이스 아놀드 루이스, 그리고 마사 루이스-에게 진심 어린 감사의 뜻을 전한다.

도판 출처

p. 7 Unite d'Habitation image © F.L.C. / ADAGP, Paris / Artists Rights Society (ARS), New York 2016
8 Commerzbank image © drawn by BPR for Foster + Partners, courtesy of Foster + Partners
8 Limerick County Council image courtesy of Bucholz McEvoy Architects
10 Bow-Wow House image courtesy of Atelier Bow-Wow
11 Chicago Convention Center image courtesy of Art Resource for MoMA
11 Menil Collection museum image courtesy of Fondazione Renzo Piano
12 Maison Dom-ino image drawn by LTL Architects
12 T-House image courtesy of the Estate of Simon Ungers
13 Ontario College of Art and Design image courtesy of aLL Design
13 Tower House image courtesy of GLUCK+
14 Pantheon image drawn by LTL Architects
14 Villa Foscari image drawn by LTL Architects
14 Berlin Philharmonic image © 2016 Artists Rights Society (ARS), New York / VG Bild-Kunst, Bonn
14 Yoyogi National Gymnasium image courtesy of Tange Associates
15 Kimbell Art Museum image courtesy of the University of Pennsylvania Architectural Archives
15 Agadir Convention Center image drawn by LTL Architects
15 Seattle Art Museum: Olympic Sculpture Park image courtesy of Weiss/ Manfredi
16 Unity Temple image © Frank Lloyd Wright Foundation, The Frank Lloyd Wright Foundation Archives
16 Villa Baizeau image drawn by LTL Architects
16 Beekman Penthouse Apartment image courtesy of the Library of Congress
17 Lower Manhattan Expressway image courtesy of the Library of Congress
18 Cité Napoléan image drawn by LTL Architects
18 Très Grande Bibliothèque image © OMA
18 Galeries Lafayette image courtesy of Ateliers Jean Nouvel
18 Simmons Hall image courtesy of Steven Holl Architects
19 Villa Savoye and Palais des Congres images © F.L.C. / ADAGP, Paris / Artists Rights Society (ARS), New York 2016
20 Jussieu and Educatorium images © OMA
20 Museum of Memory image courtesy of Estudio Arquitectura Campo Baeza
20 Harpa image courtesy of Henning Larsen Architects
21 Fun Palace image courtesy of Canadian Centre for Architecture
21 Heidi Weber Museum image © F.L.C. / ADAGP, Paris / Artists Rights Society (ARS), New York 2016
21 Climatroffice image courtesy of Foster + Partners
21 Tokyo Opera House image courtesy of Ateliers Jean Nouvel
21 Le Fresnoy Art Center image courtesy of Bernard Tschumi Architects
22 Eyebeam image courtesy of MVRDV
22 Wall House image courtesy of FAR frohn&rojas
23 Gordon Strong Automobile Objective Building image © Frank Lloyd Wright Foundation, The Frank Lloyd Wright Foundation Archives
24 Leicester Engineering Building image courtesy of Canadian Centre for Architecture
24 Oita Prefectural Library image ©Arata Isozaki & Associates
24 Hyatt Regency San Francisco image courtesy of The Portman Archives
24 City Museum of Antwerp image courtesy of Neutelings Riedijk Architects
25 American Library Berlin image courtesy of Steven Holl Architects
25 City Museum of Antwerp image courtesy of Neutelings Riedijk Architects
25 Technical University Delft Library image courtesy of Mecanoo Architecten
25 Museum aan de Stroom image courtesy of Neutelings Riedijk Architects
33 Plug-in City image courtesy of the Archigram Archive, © Archigram
33 Chicago Central Area Transit Planning Study image courtesy of Graham Garfield Collection
34 UNESCO Headquarters image courtesy of Fondazione MAXXI
35 Yokohama Terminal image courtesy of Foreign Office Architects
35 Eyebeam image courtesy of Diller Scofidio + Renfro
36 Building 2345 image courtesy of Höweler + Yoon
36 Nature-City image courtesy of WORKac
37 Market Hall image courtesy of MVRDV
37 Abu Dhabi Performing Arts Center image courtesy of Zaha Hadid Architects
37 Norwegian National Opera and Ballet image courtesy of Snøhetta
37 Vanke Center image courtesy of Steven Holl Architects
43 Glass House photo by Wikimedia user Edeltiel licensed under CC BY SA
43 Palace of Labor photograph by Wikimedia user pmk58 licensed under CC BY SA
43 Kanagawa Institute of Technology photo © Ahmad Setiadi
51 S. R. Crown Hall photograph by Joe Ravi licensed under CC BY
51 Salk Institute photo by Doug Letterman licensed under CC BY
51 Sao Paulo Museum of Art photo by Wikimedia user Morio licensed under CC BY SA
51 Kunsthaus Bregenz photograph by Boehringer Friedrich licensed under CC BY
51 Expo 2000 photo © Hans Jan Durr
65 Notre Dame du Haut photograph by Francois Philip licensed under CC BY
65 Hunter College Library photo courtesy of Special Collections Research Center at Syracuse University Libraries
65 Seinajoki Library photo courtesy of Hanna Kotila
65 Church of Sainte-Bernadette du Banlay photo © Damien Froelich
65 Bagsværd Church photo by Erik Christensen licensed under CC BY SA
65 Cité de l'Océan et du Surf photo © Jonathan Chanca
85 13 Rue des Amiraux photo by Remi Mathis licensed under CC BY SA
85 Fallingwater photo courtesy of the Library of Congress
85 Mountain Dwellings photo by Flickr user SEIER+SEIER licensed under CC BY
85 Barnard College Diana Center photo by Flickr user Forgemind Archimedia licensed under CC BY
101 Larkin Building photo © Frank Lloyd Wright Foundation, The Frank Lloyd Wright Foundation Archives
101 Single House at Weissenhofsiedlung photo by Wikimedia user Shaqspeare licensed under CC BY
101 Ford Foundation Headquarters photo © Vincent Chih-Chieh Chin
101 Phillips Exeter Academy Library photo by Flickr user Pablo Sanchez licensed under CC BY
101 Sendai Mediatheque photo © Takao Shiraishi
101 41 Cooper Square photo by Wikimedia user Beyond My Ken licensed under CC BY SA
117 Villa Savoye photo by Flickr user jelm6 licensed under CC BY
117 V. C. Morris Gift Shop photo courtesy of the Library of Congress
117 Exterior of The Solomon R. Guggenheim Museum, New York © SRGF, NY. Photo by Jean-Christophe Benoist licensed under CC BY.
117 Kunsthal photo © Janvan Helleman
117 1111 Lincoln Road photo by Phillip Pessar licensed under CC BY
117 Moesgaard Museum photo © Mathias Nielsen
131 Villa Moller photo by wikimedia user Szojak licensed under CC BY SA
131 House N photo © Kazunori Fujimoto
131 Mont-Cenis Training Center photo © Oliver Hoffmann
131 Prada Aoyama photo by Wikimedia user Wiii licensed under CC BY SA
131 Poli House photo © Sarah Kramer
131 La Coruña Center for the Arts photo © Jose Carlos Melo Dias
155 Yale Art and Architecture Building photo by Sage Ross licensed under CC BY SA
155 Villa VPRO photo © James Leng
155 Seattle Central Library photo by Bobak Ha'Eri licensed under CC BY
155 Casa da Música photo © Nerea Castell

155 Iberê Camargo Foundation Museum photo by wikimedia user Ricardo RMX licensed under CC BY SA
155 Università Luigi Bocconi photo by Paolo Gamba licensed under CC BY
155 VitraHaus photo by Wladyslaw Sojka licensed under CC BY
155 Melbourne School of Design photo © Joe Lewit
155 Rolex Learning Center photo © Jonas Klock
155 Star Apartments photo by Laurie Avocado licensed under CC BY
155 Museum of Image and Sound rendering courtesy of Diller Scofidio + Renfro
191 Bornhuetter Hall photo © Rudolph Janu
194 MGM Buffet photo © Michael Moran
195 Spliced Townhouse photo © Michael Moran
196 Arthouse photos © Michael Moran
197 Administrative Campus Center photo © Michael Moran
199 Living and Learning Residence Hall 6 photo © Prakash Patel

Throughout: Detailed sections of Frank Lloyd Wright buildings redrawn by LTL Architects and used with permission of Frank Lloyd Wright Foundation, Scottsdale, AZ